MATHEMATIQUES
&
APPLICATIONS

Directeurs de la collection:
J. M. Ghidaglia et P. Lascaux

15

MATHEMATIQUES & APPLICATIONS
Comité de Lecture / Editorial Board

Directeurs de la collection:
J. M. GHIDAGLIA et P. LASCAUX

Instructions aux auteurs:

Les textes ou projets peuvent être soumis directement à l'un des membres du comité de lecture avec copie à J. M. GHIDAGLIA ou P. LASCAUX. Les manuscrits devront être remis à l'Éditeur *in fine* prêts à être reproduits par procédé photographique.

Radyadour Kh. Zeytounian

Modélisation asymptotique en mécanique des fluides newtoniens

Springer-Verlag

Paris Berlin Heidelberg New York
Londres Tokyo Hong Kong
Barcelone Budapest

Radyadour Kh. Zeytounian
Université des Sciences et Technologies de Lille
U.F.R. de Mathématiques Pures et Appliquées
Département de Mécanique Fondamentale

59655 Villeneuve d'Ascq cedex, France

Mathematics Subject Classification:
76-01, 76B15, 76D05, 76D07, 76D10, 76D30, 76D33, 76F20, 76N15, 81Q15

ISBN 3-540-57838-2 Springer-Verlag Berlin Heidelberg New York

Avant-Propos

Ce livre est un Cours de mécanique des fluides et non de mathématiques. Il s'adresse cependant aussi bien aux étudiants de Troisième Cycle, Chercheurs et Ingénieurs en Mécanique qu'aux étudiants et jeunes Chercheurs en Mathématiques Appliquées confrontés à la résolution de problèmes industriels.

Il s'agit en fait d'un Cours de 3ème Cycle enseigné à l'Université des Sciences et Technologies de Lille aux étudiants en mécanique se préparant à la recherche dans les divers domaines de la mécanique des fluides.

Notre propos est de familiariser les étudiants aux concepts actuels de la modélisation asymptotique et à leurs applications aux écoulements des fluides newtoniens dans diverses configurations.

Le point de départ de cette modélisation asymptotique étant, en toute généralité le modèle de Navier-Stokes pour les écoulements d'un fluide compressible, visqueux et conducteur de la chaleur, ce modèle de Navier-Stokes, supposé être un modèle "exact", est exposé au Chapitre I.

Du point de vue des Mathématiques ce livre ne présente aucune difficulté particulière. Le seul point qui peut poser problème lors de la lecture a trait au déroulement logique et systématique de l'exposé qui met en place tout le formalisme de la modélisation asymptotique (Chapitre II à VI).

Sans une compréhension profonde de ce formalisme il sera difficile à l'étudiant de bien comprendre et d'assimiler entièrement les diverses applications présentées aux Chapitres VII à XI.

Il sera surtout difficile d'appliquer la modélisation asymptotique aux problèmes que le futur chercheur ou ingénieur aura à analyser.

Ce livre est avant tout un Cours théorique et expose principalement l'obtention asymptotique de modèles simplifiés, rationnels plus facile à résoudre, la résolution ultime, qui ne sera pas envisagée dans ce livre, relevant de l'analyse numérique.

Cette obtention de modèles mathématiquement plus simple à résoudre est réalisée grâce à la présence de paramètres réduits dans les équations de Navier-Stokes et les conditions aux limites et initiales associées. Les modèles asymptotiques en question étant des formes approchées, simplifiées, du modèle exact de Navier-Stokes lorsque les paramètre réduits, sans dimensions, prennent leur valeurs limites.

De ce fait, l'étude des solutions, et surtout de leur structure, qui donne en fait lieu à l'apparition de couches ou autres régions asymptotiquement significatives fait souvent défaut.

De nombreux collègues, aussi bien Mécaniciens que Mathématiciens Appliqués, ont pris connaissance de la version initiale de ce cours et ont émis de nombreuses critiques aussi bien sur le fond que sur la forme de l'exposé. J'ai essayé, dans la mesure du possible, de tenir compte de ces diverses critiques dans cette présente version définitive. Au lecteur de juger du résultat, mais de toute façon je suis le seul responsable des éventuelles erreurs et des imperfections que l'on trouvera dans cet Ouvrage, tel qu'il est présenté aux lecteurs.

On trouvera à la fin du livre des références précises qui, en règle générale, sont citées dans le texte, ainsi qu'une Bibliographie et un Index Aphabétique.

Nous remercions les Directeurs de la Collection J.M. Ghidaglia et P. Lascaux, qui ont bien voulu accueillir ce Cours dans leur Collection "Mathématiques et Applications" de la S.M.A.I. *

Radyadour Kh. Zeytounian

Printemps 1993

Paris

* La frappe du manuscrit a été réalisée grâce à une aide généreuse
du Ministère de la Recherche et de l'Enseignement Supérieur (D.R.E.D.).

TABLE DES MATIÈRES

Chapitre I

LE MODÈLE EXACT DE NAVIER-STOKES

Ce livre n'étant pas nécessairement destiné à un spécialiste de la Mécanique des Fluides, nous avons cru nécessaire de le faire commencer par un chapitre qui amène très rapidement le lecteur au modèle mathématique de Navier-Stokes (y compris quelques variantes pour les applications aux mouvements atmosphériques et océaniques) qui sera celui sur lequel nous travaillerons dans toute la suite et qui est de ce fait supposé être "exact".

Le lecteur au fait de la Mécanique des Fluides pourra utiliser ce Chapitre I comme un moyen de préciser les notations utilisées, qui peuvent ne pas être, exactement, celles auxquelles il est habitué. Pour le lecteur qui est plus intéressé par les Mathématiques Appliquées, mais qui n'a qu'une connaissance limitée de la Mécanique des Fluides, nous avons cherché à présenter le strict minimum indispensable pour la compréhension de tout ce qui suit, notre source principale étant le livre de P. Germain et P. Muller (1980). Pour cette dernière catégorie de lecteurs, il est presque inévitable que subsistent pas mal de zones d'ombre, qui ne peuvent être comblées qu'en lisant un ouvrage de Mécanique des Milieux Continus, tel que celui de G. Duvaut (1990), particulièrement adapté. Ce dernier livre est construit de manière que les pages de 1 à 54 sont pratiquement suffisantes, à condition de les compléter par les pages 177 à 186.

Comme le présent livre n'est pas à dominante mathématique un minimum de connaissances sur la phénoménologie des écoulements de fluides newtoniens constitue un complément presque indispensable; à cet effet on consultera les livres de E. Guyon, J-P. Hulin et Luc Petit (1991) et de J. Padet(1990).

1.1. Les trois lois de conservation de la mécanique du milieu continu

Soit un milieu continu qui occupe à l'instant $t = 0$ une région ouverte Ω_0 de $\mathbb{R}^3$ et à l'instant $t > 0$ une région $\Omega(t)$.

Le temps est donc désigné par t et les coordonnées cartésiennes x_i, $i = 1, 2, 3$, repèrent la position d'un point $M(\mathbf{x})$, relativement à un repère galiléen, éventuellement une approximation d'un tel repère, appelé repère du laboratoire, selon une terminologie qui s'explique d'elle-même.

On considère que le mouvement (l'écoulement) du fluide est décrit de manière adéquate, si on connait le vecteur vitesse $\mathbf{u}$ du fluide, comme fonction de t et de $\mathbf{x}$. De même, on suppose que l'état thermodynamique est convenablement précisé si l'on connait la masse volumique (la densité) $\rho(t, \mathbf{x})$ et l'énergie interne spécifique $e(t, \mathbf{x})$.

Le principe de la conservation de la masse est le fondement de la mécanique classique. Il exprime que la masse d'un système matériel qu'on suit dans son mouvement reste constante.

Soit $\omega(t) \subset \Omega(t)$ un tel système, le principe énoncé exprime que

$$(1.1) \qquad \frac{D}{Dt} \int_{\omega(t)} \rho(t,\mathbf{x})d\mathbf{x} = 0,$$

où $D/Dt = \partial/\partial t + u_j \partial/\partial x_j$ est la dérivée particulaire liée aux composantes $u_j, j = 1,2,3$, de la vitesse $\mathbf{u}(t,\mathbf{x})$. Par application de la formule donnant la derivée particulaire d'une intégrale de volume, il resulte que

$$(1.2) \qquad \int_{\omega(t)} \left[\frac{\partial\rho}{\partial t} + \frac{\partial\rho u_j}{\partial x_j} \right] d\mathbf{x} = 0, \quad \forall \omega(t) \subset \Omega(t).$$

Si la quantité $\partial\rho/\partial t + \partial\rho u_j/\partial x_j$ est une fonction intégrable dans $\Omega(t)$, ce qui est implicitement supposé dès lors que l'on écrit son intégrale, alors d'après un résultat classique de la théorie de l'intégration :

$$(1.3) \qquad \frac{\partial\rho}{\partial t} + \frac{\partial\rho u_j}{\partial x_j} = 0.$$

L'équation (1.3) est connue sous le nom d'*équation de continuité*. On peut aussi écrire cette équation de continuité sous la forme suivante :

$$(1.4) \qquad \frac{D}{Dt}(\text{Log}\,\rho) + \text{div }\mathbf{u} = 0.$$

Nous voulons maintenant traduire en équations les lois de conservation de la quantité de mouvement (loi fondamentale de la dynamique) et celle de l'énergie (premier principe de la thermodynamique).

Pour cela, par la pensée, nous considérons $\Omega(t)$ comme deux sous-sytèmes $\Omega_1(t)$ et $\Omega_2(t)$ séparés par la surface matérielle $\Sigma(t)$. Désignons par $\mathbf{n}$ la normale unitaire à $\Sigma(t)$ extérieure à $\Omega_1(t)$. Avec Cauchy nous faisons l'hypothèse suivante :

"l'action de $\Omega_2(t)$ sur $\Omega_1(t)$ peut-être représentée par une densité de forces $\mathbf{F}(M,t;\mathbf{n})$ sur la surface $\Sigma(t)$ et cette densité ne dépend que de t, de $M \in \Sigma(t)$, et de la normale $\mathbf{n}$ en M à $\Sigma(t)$."

L'énoncé de la loi fondamentale de la dynamique se traduit alors par deux égalités vectorielles :

$$(1.5) \qquad \int_{\omega(t)} \left(\rho\frac{D\mathbf{u}}{Dt} - \rho\mathbf{f} \right) d\mathbf{x} = \int_{\partial\omega} \mathbf{F}(M,t;\mathbf{n})ds$$

$$(1.6) \qquad \int_{\omega(t)} \mathbf{OM} \wedge \left(\rho\frac{D\mathbf{u}}{Dt} - \rho\mathbf{f} \right) d\mathbf{x} = \int_{\partial\omega} \mathbf{OM} \wedge \mathbf{F}ds,$$

oú nous avons choisi comme repère physique $(0, x_i)$ un repère galiléen. Précisons que dans les équations (1.5) et (1.6) on a supposé que les forces extérieures agissant sur $\omega(t)$ sont des forces massiques de densité volumique ρf dans $\omega(t)$.

D'après le théorème de Cauchy (dont une démonstration se trouve au § 4.1 du livre de Duvaut (1990)), les actions de contact de densité $\mathbf{F}(M, t; \mathbf{n})$ sur $\partial\omega(t)$ peuvent s'écrire sous la forme suivante :

$$(1.7) \qquad\qquad \mathbf{F}(M, t; \mathbf{n}) = \sigma_{ij} n_j \mathbf{e}_i,$$

oú les $\mathbf{e}_i$, $i = 1, 2, 3$ forment une base orthonormée et les σ_{ij} sont les composantes d'un tenseur $\mathcal{S}$, lequel est le *tenseur des contraintes de Cauchy*. De (1.6), on peut démontrer la relation de symétrie suivante :

$$(1.8) \qquad\qquad \sigma_{ij} = \sigma_{ji}.$$

Ainsi, les forces intérieures au fluide (mais extérieures pour le fractionnement) peuvent, en coordonnées cartésiennes, être représentées par un tenseur symétrique $\mathcal{S}$ et de (1.5) nous pouvons écrire :

$$(1.9) \qquad\qquad \int_{\omega(t)} \left(\rho \frac{D\mathbf{u}}{Dt} - \rho \mathbf{f} \right) d\mathbf{x} = \mathbf{e}_i \int_{\partial w} \sigma_{ij} n_j ds$$

ou encore, en supposant que les σ_{ij} possèdent des dérivées partielles intégrables, on peut appliquer le théorème de la divergence au second membre de (1.9) et on obtient,

$$\int_{\omega(t)} \left\{ \rho \left(\frac{D\mathbf{u}}{Dt} - \mathbf{f} \right) - \frac{\partial}{\partial x_j} \sigma_{ij} \right\} d\mathbf{x} = 0$$

c'est à dire

$$(1.10) \qquad\qquad \rho \frac{D\mathbf{u}}{Dt} = \frac{\partial \sigma_{ij}}{\partial x_i} + \rho f_i \quad \text{dans } \Omega(t).$$

Les équations (1.10) sont les *équations du mouvement* du milieu continu.

Pour obtenir l'équation de l'énergie du milieu continu il faut faire appel au premier principe de la thermodynamique :

"la dérivée temporelle de l'énergie totale (énergie interne + énergie cinétique) est égale à la puissance de tous les efforts extérieurs au domaine agissant sur le fluide contenu dans le domaine, dans le mouvement du fluide, à laquelle il convient d'ajouter le taux de chaleur reçue par le fluide, contenu dans le domaine, et provenant de l'extérieur de celui-ci".

La puissance des forces extérieurs ρf, a une densité qui est (en composantes cartsiennes) $\rho f_i u_i$, tandis que celles des forces $\mathbf{F}$ (actions de contact) a une densité par rapport à la mesure des aires, sur la surface bordant le domaine, qui est $u_i \sigma_{ij} n_j$.

Le taux de chaleur reçue est composé d'une part de ρR, qui est la chaleur reçue par rayonnement (par exemple, effet du rayonnement solaire dans les mouvements de l'atmosphère et les théories du climat), d'autre part de

$$(1.11) \qquad\qquad q(t, \mathbf{x}; \mathbf{n}) = -q_i(t, \mathbf{x}) n_i,$$

qui est une densité relativement à la mesure des aires sur le bord du domaine et l'on dit que le vecteur $\mathbf{q}(t, \mathbf{x})$, de composantes cartésiennes q_i est le vecteur flux de chaleur. Ainsi, on peut écrire la loi de la conservation de l'énergie sous la forme intégrale suivante :

$$(1.12) \qquad \int_{\omega(t)} \left\{ u_i \left[\rho f_i - \rho \frac{Du_i}{Dt} + \frac{\partial \sigma_{ij}}{\partial x_j} \right] - \rho \frac{De}{Dt} + \sigma_{ij} \frac{\partial u_i}{\partial x_j} + \rho R - \frac{\partial q_i}{\partial x_i} \right\} d\mathbf{x} = 0.$$

L'équation (1.12) étant valable quel que soit $\omega(t) \subset \Omega(t)$, il en résulte l'*équation de l'énergie* suivante :

$$(1.13) \qquad \rho \frac{De}{Dt} = \sigma_{ij} d_{ij} - \frac{\partial q_i}{\partial x_i} + \rho R \quad \text{dans } \Omega(t),$$

oú les d_{ij} sont les composantes cartésiennes du tenseur des taux de déformation, noté $\mathcal{D}$ et on a la formule

$$(1.14) \qquad 2d_{ij} = \frac{\partial u_i}{\partial x_j} + \frac{\partial u_j}{\partial x_i}.$$

Finalement, nous avons obtenu les trois équations aux dérivées partielles associées aux trois lois de conservation de la mécanique du milieu continu :

$$(1.15) \qquad \begin{cases} \dfrac{\partial \rho}{\partial t} + \dfrac{\partial \rho u_i}{\partial x_i} = 0; \\[2mm] \rho \left(\dfrac{\partial u_i}{\partial t} + u_j \dfrac{\partial u_i}{\partial x_j} \right) = \dfrac{\partial \sigma_{ij}}{\partial x_j} + \rho f_i; \\[2mm] \rho \left(\dfrac{\partial e}{\partial t} + u_j \dfrac{\partial e}{\partial x_j} \right) = \sigma_{ij} d_{ij} - \dfrac{\partial q_i}{\partial x_i} + \rho R. \end{cases}$$

Précisons encore que le second principe de la thermodynamique dit : qu'il existe une fonction scalaire, l'entropie spécifique s, telle que pour tout système matériel $\omega(t)$ on a l'inégalité :

$$(1.16) \qquad \int_{\omega(t)} \left(\rho \frac{Ds}{Dt} - \rho \frac{R}{T} \right) d\mathbf{x} \geq \int_{\partial \omega} \frac{\mathbf{q} \cdot \mathbf{n}}{T} d\omega$$

et il en resulte l'inégalité ponctuelle

$$(1.17) \qquad \rho \frac{Ds}{Dt} \geq \rho \frac{R}{T} - \text{div} \left(\frac{\mathbf{q}}{T} \right),$$

qui est équivalente au second principe de la thermodynamique. Si maintenant on élimine le terme ρR entre (1.17) et l'équation de l'énergie, on obtient l'inégalité dite de Clausius-Duhem,

$$(1.18) \qquad \rho \left(T \frac{Ds}{Dt} - \frac{De}{Dt} \right) + \sigma_{ij} d_{ij} - \mathbf{q} \cdot \frac{\mathbf{grad} \, T}{T} \geq 0,$$

où T désigne la température (absolue), grandeur d'origine thermodynamique, sur laquelle il n'est pas nécessaire de s'étendre ici.

1.2. Les lois de comportement des fluides newtoniens

Dans un problème de mécanique des fluides, on considère que les densités massiques $\mathbf{f}$ et R sont des champs donnés, en revanche, les six composantes du tenseur des contraintes de Cauchy σ_{ij} et les trois composantes du vecteur densité de flux de chaleur q_i sont des champs inconnus.

Pour aboutir aux équations d'évolution de Navier-Stokes pour les fluides newtoniens, il faut donc s'imposer certaines lois physiques complémentaires, appelés lois de comportement, dont le rôle est d'expliciter les σ_{ij} et les q_i à l'aide d'opérateurs portant sur des champs, tels que la vitesse ou la température ou encore la pression p.

C'est exactement à ce niveau qu'intervient la nature du milieu considéré, en l'espèce un fluide ; dans ce cas il existe une application f telle que

$$(1.19) \qquad\qquad \mathcal{S} = f(\mathcal{D}).$$

Pour ce qui nous concerne, parmi la très grande variété de fluides nous ne considérerons que les fluides, appelés *newtoniens*, ou linéairement visqueux et conducteurs de la chaleur. Pour ces fluides, on écrit les lois de comportement sous la forme :

$$(1.20) \qquad \begin{cases} \sigma_{ij} = -p\delta_{ij} + \tau_{ij}; \\[2mm] q_i = -k\dfrac{\partial T}{\partial x_i}; \\[2mm] \tau_{ij} = 2\mu d_{ij} + \lambda \operatorname{div}\mathbf{u}\,\delta_{ij}, \end{cases}$$

où $\delta_{ij} = 0$ pour $i \neq j$ et $\delta_{ii} \equiv 1$. Dans (1.20), les τ_{ij} sont les composantes du tenseur des contraintes de viscosité $\mathcal{T}$ et les coefficients μ et λ sont les deux coefficients de viscosité, lesquels sont en général fonctions de la température T et aussi de la masse volumique ρ. A la place de λ on introduit bien souvent le coefficient μ_v de viscosité de volume (ou dilatation) tel que :

$$(1.21). \qquad\qquad \mu_v = \lambda + \frac{2}{3}\mu.$$

Dans (1.20) les composantes du vecteur densité de flux de chaleur $\mathbf{q}$, sont supposés satisfaire à une loi de Fourier et k est le coefficient de diffusion de la chaleur, qui est aussi fonction de T et de ρ. On notera que la loi de Fourier est bien en conformité avec l'inégalité de Clausius-Duhem (1.18) (la chaleur ne peut se déplacer par diffusion que d'un point à haute température vers un point à basse température). De plus, cette inégalité de Clausius-Duhem permet de montrer que les trois coefficients k, μ et μ_v sont nécessairement non négatifs (processus thermodynamiquement admissible).

La formulation donnée plus haut, des lois de comportement, n'a pas abouti à l'objectif recherché, qui était de former les équations de Navier-Stokes, car ces lois ont nécessité l'introduction de la température (absolue) $T(t, \mathbf{x})$ et de la pression (statique ou thermody-namique) $p(t, \mathbf{x})$. Il faut donc formuler d'autres lois de comportement pour ces deux champs, à condition de ne pas en introduire de nouveaux à cette occasion.

La thermodynamique classique (ou encore la thermodynamique statique) qui est celle des processus réversibles fournit la réponse cherchée.

Mais pour cela il faut considérer deux classes de fluides. La première classe est celle des liquides, éventuellement dilatables, dont la masse volumique ρ peut dépendre de la température T mais pas de la pression p, la seconde classe est celle des gaz qui sont régis pas des *lois d'état*.

Pour ce qui concerne les gaz, disons, ici, simplement qu'il suffit de connaître la fonction $e(\tau, s)$ qui donne l'énergie interne spécifique comme fonction du volume spécifique $\tau = 1/\rho$, inverse de la masse volumique et de l'entropie spécifique $s(t, \mathbf{x})$. Ainsi on a la loi d'état,

$$(1.22) \qquad\qquad e = e(\tau, s)$$

et de plus on dispose aussi de la relation de Gibbs

$$(1.23) \qquad\qquad de = -p d\tau + T ds,$$

que l'on doit considérer comme une identité différentielle et qui a comme conséquence les deux relations suivante :

$$(1.24) \qquad\qquad T = \frac{\partial e}{\partial s} \quad \text{et} \quad p = -\frac{\partial e}{\partial \tau}.$$

Dans le cas des liquides, même si la masse volumique ρ n'est pas constante, ce qui est le cas pour un liquide dilatable, la caractéristique essentielle, à notre niveau, est son *incompressibilité* ; la masse volumique ne variant pas sous l'effet d'un changement de pression.

C'est là un comportement très différent de celui des gaz qui a des conséquences qui peuvent être essentielle sur la structure des équations gouvernant le fluide (dans ce cas on parlera plutôt d'équations de Navier-Fourier pour les liquides) et sur la structure de ses solutions. Sans qu'il nous soit possible ici de la justifier, nous devons attirer l'attention du lecteur sur le fait suivant : pour un liquide, au sens oú nous l'entendons, la pression ne se déduit pas de e et de ρ par l'intermédiaire d'une loi d'état. Le champ de pression $p(t, \mathbf{x})$ à t fixé est une fonctionnelle des autres champs $\rho(t, \mathbf{x})$, $T(t, \mathbf{x})$ et $\mathbf{u}(t, \mathbf{x})$, mais tous considérés au même instant t ; cela rend l'étude mathématique plus difficile.

1.3 Les équations de Navier-Stokes pour les gaz parfaits à chaleurs spécifiques constantes

Dans la suite de cet ouvrage nous ferons usage du modèle dit du *gaz parfait* à chaleurs spécifiques constantes, caractérisé par la loi d'état :

$$(1.25) \qquad\qquad e(\tau, s) = \frac{1}{\gamma - 1} \tau^{1-\gamma} \exp\left(\frac{s}{c_v}\right)$$

où c_v désigne la chaleur spécifique à volume constant, qui est une constante, tandis que $\gamma = c_p/c_v$, avec c_p la chaleur spécifique à pression constante qui est aussi une constante. Mais en fait, on utilise plus volontiers les deux lois d'état :

$$(1.26) \qquad p = R\rho T \quad \text{et} \quad e = c_v T,$$

la première étant connue sous le nom de loi de Mariotte.

Deux grandeurs liées aux précédentes jouent un rôle essentiel, ce sont l'enthalpie spécifique

$$(1.27) \qquad h = \frac{p}{\rho} + e = c_p T,$$

et la célérité du son, notée a, reliée à p, ρ et T par les relations

$$(1.27) \qquad a^2 = \gamma\frac{p}{\rho} = \gamma RT$$

et précisons que $R = c_p - c_v$, qui est la relation de Mayer. En définitive on a abouti aux équations de Navier-Stokes suivantes :

$$(1.28a) \qquad \frac{D\rho}{Dt} + \rho(\nabla \cdot \mathbf{u}) = 0\,;$$

$$(1.28b) \qquad \rho\frac{D\mathbf{u}}{Dt} + \nabla p = \nabla \cdot (2\,\mu\,dev\,\mathcal{D}) \\ + \nabla(\mu_v \nabla.\mathbf{u}) + \rho\mathbf{f}\,;$$

$$(1.28c) \qquad \rho c_v \frac{DT}{Dt} + p\nabla \cdot \mathbf{u} = \nabla(k\nabla T) \\ + 2\,\mu\,dev\,\mathcal{D} : dev\,\mathcal{D} \\ + \mu_v |\nabla \cdot \mathbf{u}|^2 + \rho R\,;$$

$$(1.28d) \qquad p = R\rho T,$$

où $dev\,\mathcal{D} = \mathcal{D} - \frac{1}{3}(\nabla.\mathbf{u})\mathcal{I}$, avec $\mathcal{I}$ le tenseur unité de composantes δ_{ij} et

$$dev\,\mathcal{D} : dev\,\mathcal{D} = \left(d_{ij} - \frac{1}{3}\frac{\partial u_i}{\partial x_i}\right)^2.$$

Enfin, au niveau des équations de Navier-Stokes (1.28) l'opérateur nabla, ∇, a pour composantes cartésiennes les $\dfrac{\partial}{\partial x_i}$, $i = 1, 2; 3$.

1.4 Les équations de Navier-Fourier pour les liquides (non dilatables)

Dans le cas du liquide non dilatable on déduit des équations (1.28) les équations de Navier-Fourier suivantes :

(1.29)
$$
\begin{cases}
\nabla.\mathbf{u} = 0; \\
\rho\dfrac{D\mathbf{u}}{Dt} + \nabla p = \nabla.[2\mu(T)\mathcal{D}] + \rho\mathbf{f}; \\
\rho c_v(T)\dfrac{DT}{Dt} = \nabla[k(T)\nabla T] + 2\mu(T)\mathcal{D} : \mathcal{D} + \rho R; \\
c_v(T) = \dfrac{De}{DT}.
\end{cases}
$$

Au niveau de (1.29), c_v désigne la chaleur spécifique à volume constant, il s'agit plutôt d'une fonction de la température T, reliée à la fonction énergie interne spécifique par la dernière des équations du système (1.29).

Un cas particulier important est celui pour lequel le coefficient de viscosité μ est indépendant de la température T. dans ce cas on introduit le coefficient de viscosité cinématique, constant

(1.30)
$$
\nu_0 = \frac{\mu}{\rho},
$$

en supposant que ρ reste constant.

Le système se découple alors en deux, d'une part on obtient les *équations de Navier* pour les fluides (liquides) incompréssibles :

(1.31)
$$
\nabla.\mathbf{u} = 0;
$$
$$
\frac{D\mathbf{u}}{Dt} + \nabla(p/\rho) = \nu_0\Delta\mathbf{u} + \mathbf{f},
$$

oú Δ est l'opérateur de Laplace, d'autre part l'équation pour la température :

(1.32)
$$
c_v(T)\frac{DT}{Dt} = \nabla\left[\frac{k(T)}{\rho}\nabla T\right] + 2\nu_0\mathcal{D} : \mathcal{D} + R,
$$
$$
c_v(T) = \frac{De}{DT}.
$$

Enfin, lorsque $\mu(T) = 0$ au niveau du système (1.29), on dira que nous avons affaire au système d'Euler-Fourier ; les champs $\mathbf{u}$ et p satisfaisant aux équations d'Euler. Nous revenons au § 1.5 sur la formulation des conditions aux limites et initiales à associer aux systèmes de Navier-Stokes, Navier-Fourier et Navier. Nous voulons avant cela présenter très rapidement les équations de Navier-Stokes pour les écoulements géophysiques (atmosphère et océan).

1.5 Les équations de la mécanique des fluides pour les écoulements géophysiques (atmosphère et océan).

Pour l'analyse des écoulements géophysiques il faut travailler dans un repère local d'origine en un point $\mathcal{P}_0$, situé sur la sphère terrestre.

Ce repère (non galiléen) est en mouvement de rotation (supposé uniforme) à la vitesse $\boldsymbol{\Omega} = \Omega_0 \mathbf{e}$ autour de l'axe Sud-Nord, de la sphère terrestre, ayant pour direction celle du vecteur unitaire.

(1.33) $\mathbf{e} = \sin\varphi\mathbf{k} + \cos\varphi\mathbf{j},$

oú φ est la latitude algébrique du point origine $\mathcal{P}_0$, situé sur la sphère terrestre et $\mathbf{i}, \mathbf{j}$ et $\mathbf{k}$ sont trois vecteurs unitaires dirigés respectivement vers l'Est, le Nord et le Zenith (dans le sens opposé à l'accélération de la pesanteur, $\mathbf{g}$).

Il faut donc tenir compte, dans les équations du mouvement géophysique, de l'influence de l'accélération de Coriolis, qui est l'une des caratéristiques dominantes de la dynamique de l'atmosphère et des océans. Précisons encore que l'accélération de la pesanteur $\mathbf{g}$, est l'accélération gravitationnelle composée de la force d'attraction newtonienne et de la force centrifuge de la rotation.

On note par $\mathbf{v} = (u, v, w)$ la vitesse relative du mouvement géophysique étudié dans le repère mobile $(\mathcal{P}_0; \mathbf{i}, \mathbf{j}, \mathbf{k})$. Si maintenant L_0 est une échelle de longueur horizontale caractéristique du mouvement géophysique considéré dans une région autour du point origine $\mathcal{P}_0$ et si cette région a une étendue "beaucoup" plus petite que le rayon de la sphère terrestre (de rayon $a_0 \simeq 6367$ km), alors il s'avère(*) que l'on peut repérer "avec une très bonne approximation" (c'est l'approximation dite du "plan tangent" du Météorologue) les mouvements géophysiques dans un système de coordonnées cartésiennes (rectangulaires) lié au plan normal à $\mathbf{g}$.

Comme $\mathbf{g} = -g\mathbf{k}$ on notera encore par x et y les coordonnées cartésiennes du plan normal à $\mathbf{k}$ et on supposera que les directions des axes $\mathcal{P}_0 x$, $\mathcal{P}_0 y$ et $\mathcal{P}_0 z$ coïncident exactement avec celles de $\mathbf{i}, \mathbf{j}$ et $\mathbf{k}$, la coordonnée z étant mesurée verticalement ascendante dans la direction de $\mathbf{k}$.

L'atmosphère peut-être le siège de vents relativement violents, c'est à dire que le vecteur vitesse peut prendre des valeurs assez grandes (mais malgré tout nettement plus faible que celles de la vitesse du son), bien que les perturbations de la pression et aussi celle de la température (absolue) et de la masse volumique restent faibles.

Au repos l'atmosphère est en équilibre hydrostatique

(1.34) $\dfrac{dp_s}{dz} + \rho_s g = 0, \quad p_s = R\rho_s T_s\,,$

et aussi

(1.35) $\dfrac{d}{dz}\left[k(T_s)\dfrac{dT_s}{dz}\right] + \rho_s R = 0,$

(*) Pour le Lecteur intéressé par les applications de la mécanique des fluides aux mouvements atmosphériques nous pouvons recommander notre livre : *Meteorological Fluid Dynamics*, édité chez Springer-Verlag à Heidelberg en 1991.

oú l'indice inférieur "s" indique la situation de repos (à vitesse nulle) qui est uniquement une fonction de la coordonnée z.

De ce fait, pour l'atmosphère en mouvement (lorsque la vitesse est différente de zero) on peut postuler l'existence de perturbations thermodynamiques atmosphèriques telles que :

$$(1.36) \qquad \pi = \frac{p - p_s(z)}{p_s(z)}, \quad \omega = \frac{\rho - \rho_s(z)}{\rho_s(z)}, \quad \theta = \frac{T - T_s(z)}{T_s(z)},$$

soient des quantités " petites" devant l'unité.

Si maintenant on veut écrire les équations de Navier-Stokes pour les écoulements atmosphériques (l'air étant supposé être un gaz parfait à c_p et c_v constants) on peut, supposer d'une part que $\mu_v = 0$ (hypothèse de Stokes, pour les gaz monoatomiques), d'autre part que les coefficients μ et k sont des fonctions uniquement de z, par l'intermédiaire de $T_s(z)$. Mais nous n'écrirons pas, ici, ces équations car nous nous intéressons, dans ce qui suit, essentiellement aux phénomènes atmosphériques dits "adiabatiques", qui ont lieu en-dehors de régions proche du sol, dans l'atmosphère libre. Dans ce cas nous pouvons écrire les équations suivantes :

$$(1.37) \qquad \begin{cases} \dfrac{D\mathbf{v}}{Dt} + 2\Omega_0(\mathbf{e} \wedge \mathbf{v}) + \dfrac{1}{\rho}\nabla p + g\mathbf{k} = 0; \\[2mm] \dfrac{D \log \rho}{Dt} + \nabla . \mathbf{v} = 0; \\[2mm] p = R\rho T; \\[2mm] c_p \rho \dfrac{DT}{Dt} - \dfrac{Dp}{Dt} = 0. \end{cases}$$

Au niveau du système (d'Euler) (1.37) on a :

$$(1.38) \qquad \frac{D}{Dt} = \frac{\partial}{\partial t} + u\frac{\partial}{\partial x} + v\frac{\partial}{\partial y} + w\frac{\partial}{\partial z} \cdot$$

Pour ce qui concerne les mouvements océaniques, on peut avec une très bonne approximation supposer que le fluide (l'eau) est incompressible, la masse volumique ρ étant une grandeur conservative le long des trajectoires (fluide stratifié). Dans ce cas pour $\mathbf{v}$, p et ρ nous pouvons écrire les équations suivantes, avec l'hypothèse que $\mu = \mu(z)$:

$$(1.39) \qquad \begin{cases} \rho\left\{\dfrac{D\mathbf{v}}{Dt} + 2\Omega_0(\mathbf{e} \wedge \mathbf{v})\right\} + \nabla p + \rho g\mathbf{k} = \mu \Delta \mathbf{v} + \dfrac{d\mu}{dz}\left(\dfrac{\partial \mathbf{v}}{\partial z} + \nabla w\right); \\[2mm] \nabla . \mathbf{v} = 0; \\[2mm] \dfrac{D\rho}{Dt} = 0, \end{cases}$$

oú $w = \mathbf{v}.\mathbf{k}$. La dernière équation du système "océanique" (1.39) est l'équation dite "d'isochoricité" et elle tient compte du caractère stratifié du fluide incompressible qui n'est plus soumis aux effets du champs de la température (pas de conduction de la chaleur ni de rayonnement).

On trouvera une justification asymptotique de l'obtention des écoulements dits isochores dans le cas de $\mu \equiv 0$, au chapitre 9 de Zeytounian (1991a).

1.6 Les conditions initiales et aux frontières

Le problème des conditions initiales pour les divers systèmes d'équations mis en évidence aux §§ 1.3–1.5 est relativement facile à résoudre.

Comme nos équations sont des équations d'évolution et que pour trouver les champs en fonction du temps il faut connaître la valeur de ces champs à un instant initial fixé (que nous choisissons comme étant $t = 0$), il est évident que le nombre de conditions initiales sera égal au nombre de dérivées temporelles dans les équations. Tout d'abord, pour les équations de Navier-Stokes (1.28) nous avons trois dérivées temporelles relativement à ρ, $\mathbf{u}$ et T ; ainsi à ces équations de Navier-Stokes (1.28a)–(1.28d), il faut associer les conditions initiales suivantes :

$$(1.40) \qquad \mathbf{u} = \mathbf{u}^0, \rho = \rho^0 \quad \text{et} \quad T = T^0 \quad \text{en} \quad t = 0,$$

oú $\mathbf{u}^0$, ρ^0 et T^0 sont en toute généralité des fonctions de la position $\mathbf{x}$.

Ensuite, pour les équations de Navier-Fourier (1.29) les conditions initiales ne porteront que sur $\mathbf{u}$ et T :

$$(1.41) \qquad \mathbf{u} = \mathbf{u}^0 \quad \text{et} \quad T = T^0 \quad \text{en} \quad t = 0,$$

tandis que pour les équations de Navier (1.31) il ne faut s'imposer qu'une seule condition initiale sur $\mathbf{u}$:

$$(1.42a) \qquad \mathbf{u} = \mathbf{u}^0 \quad \text{en} \quad t = 0.$$

L'équation pour la température (1.32) devra aussi être resolue avec condition initiale :

$$(1.42b) \qquad T = T^0 \quad \text{en} \quad t = 0.$$

Pour les équations adiabatiques (d'Euler) de l'atmosphère (1.37) il nous faut imposer de nouveau des conditions initiales pour $\mathbf{v}$, ρ et T :

$$(1.43) \qquad \mathbf{v} = \mathbf{v}^0, \quad \rho = \rho^0, \quad T = T^0, \quad \text{en} \quad t = 0,$$

et on notera que les hypothèses $\mu_v = \mu = k = 0$ n'ont aucune incidence sur la nature des conditions initiales.

Enfin, aux équations "océaniques" (1.39) òn imposera les conditions initiales

$$(1.44) \qquad \mathbf{v} = \mathbf{v}^0 \quad \text{et} \quad \rho = \rho^0 \quad \text{en} \quad t = 0.$$

Passons maintenant au problème de la formulation des conditions aux frontières. Ce problème est beaucoup plus délicat et le fait que l'on soit à $\mu = k = 0$ ou au contraire à μ et (ou) k différent de zéro à une importance fondamentale.

De façon générale le choix des conditions aux frontières doit se justifier non seulement par des considérations d'ordre physique (les conditions posées doivent être raisonnablement vérifiées par l'expérience) mais aussi par des raisons d'ordre mathématique : il faut que le choix assure la cohérence mathématique de la théorie, c'est-à-dire, en principe, permette de trouver une solution et une seule, qui depende en outre continûment des données (stabilité).

Nous nous intéressons dans ce qui suit uniquement au cas d'un fluide baignant une paroi imperméable qui est supposé immobile et que nous noterons par Σ.

Dans le cas du fluide dit parfait qui correspond justement à $\mu_v = \mu = 0$, on a que la composante normale de la vitesse $\mathbf{u}.\mathbf{n} = u_n$ est nulle (condition de glissement) :

$$(1.45) \qquad \mathbf{u}.\mathbf{n} = u_n = 0 \quad \text{sur la paroi } \Sigma.$$

Dans le cas d'un fluide (réel) visqueux lorsque $\mu_v \neq 0$ et $\mu \neq 0$, il apparaît au voisinage de Σ des efforts tangentiels qui tendent à accélérer les filets les moins rapides et à freiner les filets les plus rapides ; il est donc naturel qu'il faille écrire une condition supplémentaire portant sur les composantes tangentielles de la vitesse. La condition d'adhérence pose qu'une paroi imperméable freine tellement le fluide visqueux en contact avec elle que, le long d'une telle paroi, la vitesse (relative) du fluide est nulle. Dans notre cas,cela veut dire que :

$$(1.46) \qquad \mathbf{u} = 0 \quad \text{sur } \Sigma.$$

Si en particulier, nous considérons le système de Navier (1.31) nous constatons que le système des équations d'Euler (correspondant à $\nu_0 \equiv 0$), qui gouverne le mouvement des fluides parfaits, et oú seules figurent les dérivées partielles premières de $\mathbf{u}$ et de p, est d'ordre moins élevé que le système des équations de Navier ($\nu_0 \neq 0$), oú figure le terme $\nu_0 \Delta \mathbf{u}$, qui régit le mouvement des fluides visqueux envisagés. On conçoit donc que, puisque la condition nécessaire de glissement est, comme nous l'avons constaté, suffisante dans le cas d'un fluide parfait en ce sens qu'il n'est pas possible d'écrire alors sur les frontières des conditions plus fortes (il n'en résulte pas néanmoins que l'unicité soit toujours assurée), il convient par contre, dans le cas d'un fluide visqueux, d'écrire des conditions supplémentaires : c'est bien le cas quand on remplace la condition de glissement (1.45) par la condition d'adhérence (1.46).

Lorsque $k = 0$, il s'avère qu'il n'y a pas de condition à imposer à la température. En fait, lorsque $k = 0$, $\mu_v = 0$ et $R = 0$, l'équation de l'énergie (1.28c) peut être remplacée par l'équation de conservation de l'entropie spécifique :

$$(1.47) \qquad \frac{Ds}{Dt} = 0, \quad s = c_v \log(\frac{p}{\rho^\gamma}),$$

et dans ce cas une seule condition initiale doit-être imposée en $t = 0$: $s = s^0$, si l'on suppose que l'écoulement de fluide est partout continu.

Lorsque $k \neq 0$ l'équation (1.28c), en ce qui concerne les termes faisant intervenir T, s'apparente à une équation de type parabolique et de ce fait il faut s'imposer sur la paroi

Σ une condition sur la température T. Cette condition peut s'écrire sous la forme assez générale suivante :

$$(1.48) \qquad -k\frac{\partial T}{\partial n} + \lambda(T - T_\Sigma) = \phi \quad \text{sur } \Sigma,$$

oú T_Σ, λ et ϕ sont des fonctions données sur Σ. Lorsque k et ϕ sont nuls sur Σ on a, à la place de (1.48), une condition de type Dirichlet, tandis que pour $\lambda = 0$ la condition correspondante est de type Neumann.

Dans ce qui suit, pour ce qui nous concerne, nous écrivons une condition quelque peu différente, bien adaptée au divers problèmes que nous traiterons. La paroi étant toujours imperméable et notée Σ on impose sur Σ un champ de température :

$$(1.49) \qquad T = T_{00} + \Delta T_0 \Xi(t, \mathcal{P}), \quad \text{sur } \Sigma;$$

oú $T_{00} = $ Constante est une température constante de référence (la température ambiante moyenne, par exemple), tandis que ΔT_0 est un écart de température lié au champ de température Ξ qui est une distribution de températures données en fonction du temps t et des points $\mathcal{P}$ de la paroi Σ.

Mais la frontière qui délimite le domaine d'écoulement peut-être aussi une interface entre deux fluides non miscibles (par exemple, l'eau et l'air) et dans ce cas l'interface n'est pas connue à priori (il faut déterminer sa position en fonction du temps) ; on dit alors que l'on a affaire à un problème d'écoulement avec surface libre(*) et il faut écrire des conditions de transmission à la traversée de cette surface libre. Soit $\mathbf{N}$ le vecteur unitaire de la normale à l'interface, notée F, et orientée dans un certain sens et W_N la vitesse normale de propagation de cette interface F.

Ainsi : $\mathbf{u} \cdot \mathbf{N} = W_N$, et cette identitié doit avoir lieu de part et d'autre de F, sur F^+ et F^-. Mais les équations aux discontinuités classiques (voir, Germain et Muller (1980 ; §§ III.2.4., III.3.2., III.4.4., et III.8.4.) impliquent.

$$(1.50) \qquad [-p\mathbf{N} + \mathcal{T}\mathbf{N}] = 0 \quad \text{et} \quad [\mathbf{q} \cdot \mathbf{N}] = 0,$$

en désignant par $[f]$ le saut de f, quand on traverse F dans le sens indiqué par $\mathbf{N}$.

Disons quelques mots pour terminer ce § 1.6, sur les conditions "à l'infini". Lorsque le domaine de calcul s'étend à l'infini il faut tout naturellement préciser le comportement de la solution à l'infini. En général $\mathbf{u}$, p et ρ doivent tendre à l'infini vers des limites bien définies.

Cependant, dans bien des cas, l'écriture de ces conditions à l'infini est beaucoup plus délicate et doit être faite de telle façon qu'elle permette de privilégier la bonne (et unique)

(*) Au chapitre XI nous considérons justement le problème des ondes à la surface (libre) de l'eau. Dans ce cas il faut écrire deux conditions (cinématique et dynamique) sur la surface libre dont la forme est inconnue. En particulier, lorsque les effets de la viscosité sont négligés, la condition dynamique consiste à imposer la continuité de la pression à travers la surface libre qui est une surface matérielle (condition cinématique).

solution du problème mathématique formulé, modélisant le phénomène d'écoulement de fluide considéré. Nous n'en dirons pas plus ici.

1.7. Sur l'unicité, l'existence et la régularité des solutions

Concernant la structure mathématique des problèmes que posent la mécanique des fluides, il faut noter, avant tout, que les cas d'un fluide compressible est fortement différent de celui du cas d'un fluide incompressible et il en est de même pour ce qui concerne les cas visqueux et non visqueux (fluide parfait). On peut dire que les équations, pour le cas des fluides visqueux, s'apparente au type parabolique, tandis que pour le cas des fluides parfait on a affaire au type hyperbolique. Mais cela n'est pas tout à fait exact, car l'équation de continuité (1.28a) est de type hyperbolique aussi bien pour le cas des fluides visqueux que parfait. On peut donc dire que les équations de Navier-Stokes (1.28) sont plutôt de type hyperbolique-parabolique (on dit quelque fois de type "incomplètement parabolique") et on pourra à ce sujet consulter les articles de Belov et Yanenko (1971), Strikwerda (1977) et Gustafsson et Sundström (1978).

Pour ce qui concerne les différences entre les cas compressible et incompressible, elles sont liées intimement au fait que, dans le cas incompressible, l'équation de continuité complète (1.28a) dégénère en l'équation $\operatorname{div} \mathbf{u} = 0$ et la pression p devient une inconnue (elle n'est plus donnée par la loi d'état (1.28d)) et c'est, en fait, un multiplicateur lagrangien associé à la contrainte $\operatorname{div} \mathbf{u} = 0$.

Précisons que les équations de Navier (1.31) sont écrites pour un fluide incompressible visqueux ($\nu_0 > 0$) *homogène*, tandis que les équations (1.39) sont écrites aussi pour un fluide incompressible visqueux mais non *homogène* (stratifié).

Il n'est pas question ici d'aller plus loin et le lecteur intéressé par ces questions mathématiques pourra consulter les livres de : Ladhyzhenskaya (1969), Shinbrot (1973), Teman (1984), Antoncev, Kazhikov et Monakov (1990), ce dernier livre étant consacré en grande partie au cas des fluides non homogènes.

Pour les équations de Navier-Stokes on pourra consulter le livre de Constantin et Foias (1988), tandis que le livre de Majda (1985) est consacré à l'analyse mathématique des équations d'Euler pour un fluide incompréssible. Pour ce qui concerne les équations d'Euler pour le cas compressible notons les livres de Majda (1984) et de Rozdestvenskii et Yanenko (1983). Pour ce qui concerne les théorèmes d'existence pour les équations des fluides compressibles et visqueux on pourra lire avec profit l'article de synthèse de Solonnikov et Kazhikhov (1981).

Précisons encore que l'on trouvera dans l'article de A. Valli (1992) un exposé très complet et des plus pertinent concernant les résultats mathématiques pour les écoulements compressibles (aussi bien de fluide visqueux que de fluide parfait). Dans ce même article de A. Valli, de 1992, on pourra prendre connaissance de nombreuses références récentes sur le problème de l'existence et de l'unicité des solutions des équations de Navier-Stokes, de Navier et d'Euler.

Précisons, que les équations d'Euler pour les fluides parfaits compressibles s'écrivent sous la forme suivante :

$$(1.51) \quad \begin{cases} \dfrac{D \operatorname{Log} \rho}{Dt} + \operatorname{div} \mathbf{u} = 0 \, ; \\[2mm] \rho \dfrac{D\mathbf{u}}{Dt} + \nabla p = 0 \, ; \\[2mm] \dfrac{Ds}{Dt} = 0 \, ; \\[2mm] p = p(s, \rho) \, . \end{cases}$$

On trouvera au § 9, du Chapitre III, de Zeytounian (1991) une analyse de ces équations d'Euler qui sont de type hyperbolique dans le cas général compressible et instationnaire.

Un théorème important, pour ces équations et qui est relatif au problème de Cauchy (avec données initiales sur $\mathbf{u}, \rho$ et s), est celui de Cauchy-Kowalewski qui garantit que le problème de Cauchy correspondant est bien posé dans la classe C^a des fonctions analytiques ; il donne une garantie de l'existence de la solution des équations d'Euler (1.51), avec données initiales, localement dans le temps (dans un petit voisinage de l'instant initial $t = 0$). Il n'y a pas de théorème d'existence globale (quelque soit $t > 0$). D'ailleurs on sait que certaines solutions des équations d'Euler tridimensionnelles "explosent" en temps fini (Sideris (1985)).

On a déjà dit que, pour les équations d'Euler, il fallait imposer sur une paroi solide délimitant l'écoulement la condition de glissement à la place de la condition d'adhérence, valable en fluide visqueux. Cette perte d'information sur la paroi a des conséquences fâcheuse qui conduisent, dans divers cas, à la perte d'unicité de la solution des équations d'Euler. Il est alors nécessaire de faire appel à des informations complémentaires, *non* contenu dans le modèle d'Euler, afin de rétablir cette unicité. La condition dite de Joukowski est justement une telle information complémentaire ; c'est une condition de régularité de l'écoulement au bord de fuite d'un profil d'aile.

On trouvera dans l'article de C. Sulem et PL. Sulem (1983) une revue des résultats d'existence et de régularité des solutions du système d'Euler incompressible en dimension deux. Il faut noter que la situation est fondamentalement différente en écoulement plan (dimension deux) et en écoulement tridimensionnel. En écoulement tridimensionnel on ne dispose que de théorème d'existence locaux en temps, pour des solutions régulières (avec un tourbillon hölderien) pendant un laps de temps inverse à la taille du tourbillon initial. On notera, de plus, que le problème des écoulements d'Euler se complique du fait de la présence de nappes tourbillonnaires et des ondes de choc. A ce jour on ne dispose pas malheureusement d'une théorie mathématique complète pour les équations de Navier-Stokes (1.28a)-(1.28d). En particulier, on ne sait pas si, pour des données régulières, il existe une solution qui reste régulière sur des temps arbitrairement grands.

Par contre la théorie mathématique des équations dites de Stokes :

$$(1.52) \quad \begin{cases} \dfrac{\partial \mathbf{u}}{\partial t} - \nu_0 \Delta \mathbf{u} = \mathbf{f} - \nabla(p/\rho_0) \, ; \\[2mm] \nabla \cdot \mathbf{u} = 0 \, , \end{cases}$$

qui s'obtiennent des équations de Navier (1.31) lorsque l'on néglige les termes non-linéaires (quasi-linéaires),

$$(\mathbf{u}.\nabla)\mathbf{u},$$

(cas des fluides fortement visqueux ou des écoulements très lents), est complète alors que celle des équations de Navier (1.31), bien qu'incomplète, est relativement plus avancée que celle des équations de Navier-Stokes (fluide compressible visqueux et conducteur de la chaleur).

Chapitre II

FORME ADIMENSIONNELLE ET PARAMÈTRES RÉDUITS

Afin de mener à bien l'analyse asymptotique des équations de la Mécanique des fluides, il est nécessaire, avant toutes choses, de passer à des grandeurs sans dimensions. Cela permet de mettre en évidence les paramètres réduits (sans dimension) fondamentaux (Reynolds, Mach, Strouhal, Froude, Rossby, etc...) dans les équations et les conditions.

2.1. Adimensionnalisation

Revenons aux équations de N-S (1.28a) à (1.28d), et supposons que le problème physique de départ nous donne la possibilité d'avoir accès à diverses grandeurs dimensionnées de références : L_0 (longueur), t_0 (temps), U_0 (vitesse), p_0 (pression), ρ_0 (masse volumique), T_0 (température), $e_0 = c_v T_0$ (énergie interne spécifique), $s_0 = c_v$ (entropie spécifique), μ_0 (viscosité), k_0 (conductivité), etc...

Par exemple, lors de l'analyse de l'écoulement autour d'un profil on sait que L_0 est la longueur du profil dans la direction de l'écoulement et U_0 la vitesse (constante) loin à l'amont de ce profil où l'état thermodynamique de référence $(p_0, \rho_0, T_0, s_0, e_0)$ est donné ; on peut aussi construire $t_0 = L_0/U_0$.

La seconde étape, lors de l'adimensionnalisation, consiste à remplacer une grandeur physique (avec dimension) par sa grandeur associé sans dimension :

$$\text{à } f \text{ on fait correspondre } f^* = \frac{f}{f_0},$$

où f_0 est la grandeur caractéristique (constante) associée à f.

Dans une troisième étape, il faut introduire les grandeurs sans dimensions correspondantes dans les équations et les conditions. Dans ce qui suit afin de ne pas compliquer inutilement l'écriture nous n'écrivons pas les astérisques (*) et nous utilisons les mêmes symboles que ceux qui interviennent dans les équations et les conditions dimensionnées. De toute façon, par la suite, d'une façon générale, nous allons travailler avec des équations et des conditions sans dimensions.

Ainsi, à la place des équations (1.28a) à (1.28d) nous obtenons la forme adimensionnelle suivante des équations de N-S :

$$(2.1a) \qquad S\frac{\partial \rho}{\partial t} + \nabla \cdot (\rho \mathbf{u}) = 0;$$

(2.1b)
$$\rho\left\{ S\frac{\partial \mathbf{u}}{\partial t} + (\mathbf{u} \cdot \nabla)\mathbf{u} \right\} + \frac{1}{\gamma M^2}\nabla p = \frac{1}{Re}\nabla \cdot \mathcal{T};$$

(2.1c) $$\rho\left\{ S\frac{\partial T}{\partial t} + \mathbf{u} \cdot \nabla T \right\} + (\gamma - 1)p\nabla \cdot \mathbf{u} = -\frac{\gamma}{P_r}\frac{1}{Re}\nabla \cdot \mathbf{q} + \frac{\gamma(\gamma - 1)}{Re}M^2 \mathcal{T} : \mathcal{D};$$

(2.1d)
$$p = \rho T,$$

avec

(2.2)
$$\begin{cases} \mathcal{T} = 2\mu\mathcal{D} + (\mu_v - \dfrac{2}{3}\mu)(\nabla \cdot \mathbf{u})\mathcal{I}, \\[2mm] \mathbf{q} = -k\nabla T, \\[2mm] \mathcal{T} : \mathcal{D} = 2\mu\mathcal{D} : \mathcal{D} + (\mu_v - \dfrac{2}{3}\mu)(\nabla \cdot \mathbf{u})^2. \end{cases}$$

Au niveau des équations de N-S (pour l'aérohydrodynamique ; $\mathbf{f} \equiv 0$, $R \equiv 0$) adimension-nelles (2.1), interviennent les paramètres réduits (sans dimensions) suivants :

(2.3)
$$\begin{aligned} &\text{Nombre de Strouhal}: S = L_0/U_0 t_0, \\ &\text{Nombre de Mach}: M = U_0/a_0, \quad a_0^2 = \gamma R T_0, \\ &\text{Nombre de Reynolds}: Re = U_0 L_0/\nu_0, \\ &\text{Nombre de Prandtl}: P_r = c_p \mu_0/k_0. \end{aligned}$$

Si le profil, autour duquel l'écoulement est analysé, a une épaisseur maximale h_0, alors apparaît au niveau des conditions aux limites un paramètre de forme qui est :

(2.4)
$$\sigma_0 = h_0/L_0,$$

et la théorie linéaire (profil très mince) est liée au fait que $\sigma_0 \ll 1$ (beaucoup plus petit que l'unité).

Enfin, si nous considérons la condition (1.49) pour la température, il vient la forme adimensionnelle suivante, pour la condition sur la température sur Σ :

(2.5)
$$T = 1 + \tau_0 \Xi(t, \mathcal{P}), \quad \text{sur } \Sigma,$$

où

(2.6)
$$\tau_0 = \frac{\Delta T_0}{T_0} = \frac{\gamma - 1}{\gamma}\frac{M^2}{E_c}$$

avec $E_c = U_0^2/c_p\Delta T_0$ le nombre d'Eckert ; τ_0 est le paramètre de température de paroi. Naturellement l'équation de Σ, au niveau de (2.5), est aussi écrite avec des grandeurs sans dimensions.

2.2. Équations de N-S adimensionnelles proprement dites

Dans la plus grande partie de ce Cours nous admettrons que l'hypothèse de Stokes, $\mu_v \equiv 0$, est satisfaite et de plus que μ et k sont des *constantes*, notées μ_0 et k_0, de telle façon que, au niveau de (2.2), on peut admettre que :

$$(2.7) \qquad\qquad \mu \equiv 1, \qquad k \equiv 1, \qquad \mu_v \equiv 0,$$

puisque l'on travaille avec des grandeurs sans dimensions.

Sous cette hypothèse, à la place de (2.1), (2.2), nous obtenons les équations de N-S adimensionelles suivantes :

$$(2.8a) \qquad\qquad S\frac{D\rho}{Dt} + \rho\frac{\partial u_k}{\partial x_k} = 0 \,;$$

$$(2.8b) \qquad \rho S\frac{Du_i}{Dt} + \frac{1}{\gamma M^2}\frac{\partial p}{\partial x_i} = \frac{1}{Re}\left\{\frac{\partial^2 u_i}{\partial x_j^2} + \frac{1}{3}\frac{\partial}{\partial x_i}\left(\frac{\partial u_k}{\partial x_k}\right)\right\};$$

$$(2.8c) \qquad \rho\left(S\frac{DT}{Dt} - \frac{\gamma-1}{\gamma}\frac{T}{p}S\frac{Dp}{Dt}\right) = \frac{1}{P_r}\frac{1}{Re}\frac{\partial^2 T}{\partial x_j^2} + (\gamma-1)\frac{M^2}{Re}\left\{-\frac{2}{3}\left(\frac{\partial u_k}{\partial x_k}\right)^2\right.$$
$$\left. + \frac{1}{2}\left(\frac{\partial u_i}{\partial x_j} + \frac{\partial u_j}{\partial x_i}\right)^2\right\};$$

$$(2.8d) \qquad\qquad p = \rho T,$$

oú

$$S\frac{D}{Dt} = S\frac{\partial}{\partial t} + u_j\frac{\partial}{\partial x_j}.$$

C'est ce système d'équations (2.8) sans dimension de N-S, que nous analyserons principalement tout le long de ce cours. Naturellement pour chaque problème considéré il faudra lui associer des conditions initiales, aux frontières et à l'infini, écrites sous forme sans dimension. Les conditions aux frontières feront intervenir, en particulier, les paramètres de forme σ_0 et de température à la paroi τ_0.

Les équations adimensionnelles de N-S, (2.8) sont considérées comme des équations "exactes" et notre but, au niveau de ce Cours, est d'obtenir de façon rationnelle, déductive, formelle et cohérente diverses formes limites simplifiées de ce modèle exact de N-S.

2.3. Formes adimensionnelles des équations de Navier-Stokes pour les mouvements atmosphérique et océanique.

Nous avons déjà vu, au § 1.5 que le paramètre :

$$(2.9) \qquad\qquad \delta_0 = L_0/a_0$$

était intimement lié à l'approximation du plan tangent ($\delta_0 \to 0; x, y, z$ et t fixés).

Pour l'atmosphère et l'océan, il faut distinguer les échelles verticale et horizontale et de ce fait, si H_0 est l'échelle verticale caractéristique du mouvement, on voit apparaître le paramètre (dit quasi-statique) :

$$(2.10) \qquad\qquad \varepsilon_0 = H_0/L_0 \, .$$

Mais pour l'atmosphère au repos (indice "s"), lorsque l'on travaille avec l'altitude z_s correspondante, il faut prendre comme échelle verticale caractéristique, $H_s = RT_s(0)/g$, étant donné que la première des équations (1.34) prend alors la forme réduite :

$$(2.11) \qquad\qquad \frac{dp_s}{dz_s} + \rho_s = 0.$$

Précisons que $p_s(0)$, $\rho_s(0)$ et $T_s(0)$ sont les grandeurs de référence pour le champ thermodynamique au repos. Naturellement, l'altitude z de l'atmosphère en mouvement est réduite, elle, selon H_0 et de ce fait on a la relation suivante (dans tout ce qui suit toutes les relations sont écrites avec des grandeurs sans dimensions) :

$$(2.12) \qquad\qquad z_0 = B_0 z,$$

qui est adimensionnelle et oú apparaît le nombre dit de Boussinesq :

$$(2.13) \qquad\qquad B_0 = \frac{H_0}{RT_0(0)/g} \equiv \frac{H_0}{H_s},$$

qui a été introduit pour la première fois, dans Zeytounian (1974).

Pour les écoulements sous l'influence de la gravité, $\mathbf{g} = -g\mathbf{k}$, il est usuel d'introduire le nombre de Froude :

$$(2.14) \qquad\qquad Fr = U_0/(gH_0)^{1/2} \, ,$$

et dans ce cas on a la relation remarquable suivante :

$$(2.15) \qquad\qquad Fr^2 = \gamma M_\infty^2/B_0$$

oú

$$M_\infty = U_0/(\gamma R T_s(0))^{1/2}$$

est le nombre de Mach basé sur $T_s(0)$.

Comme nous avons distingué les échelles L_0 et H_0, il faut aussi (pour des considérations de cohérence interne ; en particulier au niveau de l'équation de continuité) distinguer U_0 (pour les vitesses horizontales u et v) et $W_0 = \varepsilon_0 U_0$ pour la vitesse verticale w.

Il faut maintenant, préciser que la coordonnée cartésienne y, du plan normal à $\mathbf{k}$, est en fait "la limite" de la coordonnée curviligne $y = a_0(\varphi - \varphi_0)$, lorsque $\delta_0 \to 0$ oú $\varphi_0 =$ Constante est une latitude de référence (celle du point $\mathcal{P}_0$ d'observation). Ainsi,

$$\varphi = \delta_0 y + \varphi_0,$$

avec des grandeurs sans dimensions et pour tenir compte de l'*effet dit "β"*, dans le cadre de l'approximation du plan tangent ($\delta_0 \to 0$), il faut supposer que le rapport

$$(2.16) \qquad\qquad \beta = \delta_0 / \operatorname{tg} \varphi_0 R_0,$$

reste de l'ordre de l'unité. Au niveau de (2.16),

$$(2.17) \qquad\qquad R_0 = U_0 / l_0 L_0, \quad \text{avec } l_0 = 2\Omega_0 \sin \varphi_0,$$

est le nombre dit de Rossby, et il faut donc se placer dans le cadre des "faibles" nombres de Rossby ($L_0 \cong 10^6 m$, $\varphi_0 \cong 45^o$, $U_0 \cong 10\,m/s$), pour avoir la possibilité de garder une "trace" de la sphéricité de la terre au niveau des équations (2.18) écrites ci-dessous.

Pour les faibles nombres de Rossby (phénomènes d'échelle L_0, dite "synoptique") on a naturellement aussi : $\varepsilon_0 \ll 1$, puisque $H_0 \cong 10^4 m$.

Si nous revenons aux équations (1.37), pour l'atmosphère dite adiabatique, on peut écrire le système d'équations adimensionnelles suivantes, pour les mouvements dans l'atmosphère "libre", en dehors des couches limites du voisinage du sol (*) :

$$(2.18a) \qquad\qquad S\frac{D\rho}{Dt} + \rho\Big(\mathbf{D}\cdot\mathbf{u} + \frac{\partial w}{\partial z}\Big) = 0;$$

$$(2.18b) \qquad \rho\Big[S\frac{D\mathbf{u}}{Dt} + \Big(\frac{1}{R_0} + \beta y\Big)(\mathbf{k}\wedge\mathbf{u}) + \frac{\varepsilon_0}{\operatorname{tg}\varphi_0}w\mathbf{i}\Big] + \frac{1}{\gamma M_\infty^2}\mathbf{D}p = 0;$$

$$(2.18c) \qquad \rho\Big[\varepsilon_0^2 S\frac{Dw}{Dt} - \frac{\varepsilon_0}{\operatorname{tg}\varphi_0}\frac{1}{R_0}\mathbf{u}\cdot\mathbf{i}\Big] + \frac{1}{\gamma M_\infty^2}\Big(\frac{\partial p}{\partial z} + B_0\rho\Big) = 0;$$

$$(2.18d) \qquad\qquad \rho S\frac{DT}{Dt} - \frac{\gamma-1}{\gamma}S\frac{Dp}{Dt} = 0;$$

$$(2.18e) \qquad\qquad p = \rho T,$$

où

$$(2.19) \qquad \begin{cases} S\dfrac{D}{Dt} = S\dfrac{\partial}{\partial t} + u\dfrac{\partial}{\partial x} + v\dfrac{\partial}{\partial y} + w\dfrac{\partial}{\partial z} = S\dfrac{\partial}{\partial t} + \mathbf{u}\cdot\mathbf{D} + w\dfrac{\partial}{\partial z}, \\[2mm] \mathbf{D} = \dfrac{\partial}{\partial x}\mathbf{i} + \dfrac{\partial}{\partial y}\mathbf{j}, \mathbf{v} = \mathbf{u} + \varepsilon_0 w\mathbf{k}, \\[2mm] \mathbf{u} = u\mathbf{i} + v\mathbf{j}, \nabla = \mathbf{D} + \dfrac{1}{\varepsilon_0}\dfrac{\partial}{\partial z}\mathbf{k}. \end{cases}$$

(*) Pour le cas général, on pourra consulter le livre de Zeytounian (1990), oú l'on trouvera une théorie relativement complète de la modélisation asymptotique des écoulements atmosphériques.

Par contre, si nous revenons aux équations (1.39), pour l'océan, avec l'hypothèse que $\mu = \mu_0 =$ Constante, nous pouvons écrire le système d'équations sans dimensions suivant :

$$(2.20) \quad \begin{cases} \mathbf{D} \cdot \mathbf{u} + \dfrac{\partial w}{\partial z} = 0; \\[2mm] S\dfrac{D\rho}{Dt} = 0; \\[2mm] \rho\Big[S\dfrac{D\mathbf{u}}{Dt} + \Big(\dfrac{1}{R_0} + \beta y\Big)(\mathbf{k} \wedge \mathbf{u}) + \dfrac{\varepsilon_0}{tg\varphi_0}\dfrac{1}{R_0}w\mathbf{i}\Big] + \dfrac{1}{\gamma M_\infty^2}\mathbf{D}p \\[2mm] \qquad = \dfrac{1}{Re}\Big\{\mathbf{D}^2\mathbf{u} + \dfrac{1}{\varepsilon_0^2}\dfrac{\partial^2\mathbf{u}}{\partial z^2}\Big\}; \\[2mm] \rho\Big[\varepsilon_0^2\dfrac{Dw}{Dt} - \dfrac{\varepsilon_0}{tg\varphi_0}\dfrac{1}{R_0}u\Big] + \dfrac{1}{\gamma M_\infty^2}\dfrac{\partial p}{\partial z} + \dfrac{B_0}{\gamma M_0^2}\rho = \dfrac{1}{Re}\Big[\varepsilon_0^2\mathbf{D}^2w + \dfrac{\partial^2 w}{\partial z^2}\Big]. \end{cases}$$

On notera que lors de l'analyse des mouvements océaniques, on remplace souvent le nombre de Reynolds, Re, par le nombre d'Ekman,

$$(2.21) \qquad\qquad Ek = \frac{R_0}{Re} = \frac{\nu_0}{l_0 L_0^2}.$$

Enfin, à la place du nombre de Rossby, on introduit (Ecole Soviétique ; voir le livre de Monin (1972)) le nombre dit de Kibel :

$$(2.22) \qquad\qquad Ki = SR_0 = \frac{1}{l_0 t_0}, \quad l_0 = 2\Omega_0 \sin\varphi_0.$$

Chapitre III

LE CONCEPT DE MODÉLISATION ASYMPTOTIQUE

Avant tout, précisons que l'on trouvera dans nos XI Leçons (1986-1987) une présentation relativement complète des principaux modèles de la mécanique des fluides d'un point de vue asymptotique. Cette présentation prenant comme point de départ les équations exactes de N-S (c'est à dire les équations (1.28a) à (1.28d)). Le chapitre IV de Zeytounian (1991 ; m4) est aussi consacré entièrement à ce problème de la modélisation asymptotique pour les écoulements de fluides newtoniens.

L'idée directrice est d'obtenir de façon formelle et systématique, divers modèles de la mécanique des fluides à partir du modèle exact de N-S, en utilisant des passages à la limite appropriés relativement aux petits (ou grands) paramètres réduits sans dimensions qui interviennent, soit directement dans les équations de N-S, soit dans les conditions aux limites et/ou initiales, soit encore de façon indirecte en relation avec la configuration physique du problème considéré.

Au chapitre VII nous verrons en particulier les modèles asymptotiques qui découlent de l'hypothèse de grand et petit nombres de Reynolds. Le chapitre VIII étant, lui, plus particulièrement consacré aux modèles liés au nombre de Mach (très petit devant un, de l'ordre de un ou encore très grand devant un). Le chapitre IX traitera des modèles asymptotiques pour l'océan et l'atmosphère (on obtiendra en particulier, le modèle, dit, "de Boussinesq").

Au chapitre X on présentera une application à la turbulence à deux échelles et au chapitre XI il s'agira de l'obtention des diverses équations approchées (en particulier de l'équation " KdV") pour les ondes à la surface de l'eau.

Nous tenons à prévenir le lecteur que certaines notions introduites à ce chapitre III seront précisées, et développées aux chapitres IV à VI ; de ce fait un "aller-retour" entre les chapitres III à VI semble inévitable pour le lecteur non suffisamment averti des problèmes de la mécanique des fluides.

3.1. Critère de rationalité et auto-consistance

Le but est, avant tout, de faire usage des méthodes de l'analyse asymptotique singulière (AAS), au sens du Mathématicien Appliqué, pour obtenir des modèles approchés issus du modèle exact de N-S, dont il a été question aux chapitres I et II.

Naturellement, une telle démarche sous-entend, que le modèle approché (dit asymptotique) ainsi obtenu est intimement associé à un processus de développement asymptotique (en général, malheureusement, *non* régulier) qui doit permettre en principe d'améliorer, si on le veut, l'approximation obtenue avec le modèle approché utilisé, en avançant, pas à pas, dans la hiérarchie des approximations.

A l'heure actuelle on peut dire que la modélisation asymptotique (en mécanique des fluides principalement) est devenue une science à part entière, basée sur l'analyse asymptotique singulière ; nous verrons au chapitre V comment se présente les outils de cette AAS. Disons, pour l'instant, que l'on a deux méthodes de base pour "modéliser" d'un point de vue asymptotique : la Méthode des Développement Asymptotiques Raccordés (MDAR) et la Méthode des Echelles Multiples (MEM).

Mais il s'agit, avant tout, de modélisation systématique. Nous voulons dire, par là, que si nous négligeons un terme dans les équations ou les conditions du modèle exact de départ (celui de N-S, en toute généralité), ce n'est pas simplement parce que cela est commode ou encore parce que l'intuition suggère que cela pourrait être légitime, mais c'est surtout et avant tout, parce que cela est compatible avec un critère précis.

Ce critère "de rationalité" est lié à tout un mode de pensée scientifique qui prend sa source dans les premiers travaux de Kaplun (1954), Lagerstrom et Cole (1955) et on pourra à ce sujet (du moins en ce qui concerne la MDAR) lire avec beaucoup de profit le livre récent de Lagerstrom (1988). On peut caractériser ce mode de pensée par un vocable : l'*Asymptologie*.

Comme nous l'avons déjà noté il s'agit de tirer profit de l'analyse dimensionnelle simple (celle qui a été utilisée au chapitre II), afin de dégager les paramètres sans dimensions, petits ou grands devant l'unité, qui figurent dans la formulation mathématique du problème physique considéré et qui est régi, en toute généralité, par les équations exactes de N-S. Une fois ce travail effectué il faut savoir appliquer de façon justicieuse l'AAS (la MDAR ou la MEM, en particulier) en vue de construire des représentations approchées du problème exact — cette construction débouchant la plupart du temps, sur des modèles mathématiques qui ne sont appréhendables qu'au moyen de codes numériques élaborés.

Lors de l'obtention de ces modèles asymptotiques, l'exigence d'auto-consistance (*) est des plus importante, car elle permet, à chaque étape de se convaincre de façon heuristique du bien fondé de la démarche qui conduit au modèle. Ce dernier possédant une cohérence interne : au niveau du cas limite considéré, il est unique et "complet", relativement aux hypothèses admises au départ lors de son obtention.

Cette auto-consistance s'exprime, en particulier, par des règles qu'il faut appliquer lors de l'obtention asymptotique du modèle approché (la "dégénérescence doit-être significative" (MDAR) ou, encore, "il faut éliminer les termes séculaires" (MEM)). Nous revenons sur ces règles aux chapitres V et VI.

Ainsi, nous traiterons des méthodes cohérentes à utiliser pour former des développements asymptotiques de solutions, sans connaître ces solutions, sans même souvent avoir la garantie mathématique de leur existence et de leur unicité (à ce sujet on pourra consulter le chapitre II de Zeytounian (1991)). Quelques raisonnables que puissent paraître les résultats obtenus, ils ne seront donc jamais, au cours d'une telle étude asymptotique,

---

(*) Auto-consistant, c'est à dire non contradictoire, cohérent, solide.

établis avec une totale certitude. Mais néanmoins les exigences de cohérence et d'auto-consistance posées et surtout l'expérience acquise dans de multiples exemples (à ce sujet nous conseillons vivement de lire les Conférences de Paul Germain (1977)) fournissent une garantie pratique et quasi-certaine de la validité des résultats asymptotiques obtenus.

3.2. Statut mathématique

Naturellement, pour être mathématiquement rigoureuse, l'approche asymptotique doit conduire à la formation d'un développment asymptotique, relativement à un petit paramètre (qui peut être l'inverse d'un paramètre grand devant un), dont on démontre effectivement qu'il constitue le développement uniformément valable de la solution cherchée. De telles preuves définitives ont effectivement été obtenus dans un certain nombre de cas (voir, par exemple, le livre de Lions (1973)). Elles sollicitent l'habilité et l'imagination des Mathématiciens qui ont encore dans ce domaine un large champ de recherches importantes à mener à bien. Pour notre part nous n'évoquons pas ces travaux dans ce qui suit

Précisons, cependant, que le procédé constructif, systématique qui vise à obtenir une représentation approximative du problème physique considéré, est lié à des opérations mathématiques parfaitement identifiables, mais l'exigence (hautement souhaitable en principe) qui consisterait à requérir la preuve que l'erreur commise est effectivement de l'ordre de celle qui est naturellement suggérée est purement et simplement abandonnée. La cause principale de cet abondon est liée à un souci d'efficacité, ce qui permet de traiter des configurations que l'exigence de rigueur conduirait à exclure.

Pour un Mathématicien l'analyse asymptotique du modèle exact de N-S consiste en ce qui quit : ayant démontré l'existence et l'unicité de la solution $U \Rightarrow (\mathbf{u}, p, \rho, T)$, il s'agit d'en obtenir une représentation asymptotique approchée U^* telle que

$$(3.1) \qquad \frac{\|U - U*\|}{\mu(\alpha)} \longrightarrow 0, \quad \text{avec } \alpha \to 0,$$

oú $\| \cdot \|$ est une norme dans un espace fonctionnel "convenable" (un espace de Sobolev, en général ; voir à ce sujet le livre de Temam (1983)), tandis que $\mu = \mu(\alpha)$ est une jauge, fonction du petit paramètre principal, α, du problème considéré et qui sert de mesure à l'erreur commise lors du passage de U à U^*.

Pour le Mécanicien des fluides théoricien, la construction effective de la représentation asymptotique U^* est le problème fondamentale et nous distinguons trois phases :

a) démonstration de l'existence et de l'unicité,

b) construction de l'approximation U^* à partir de l'obtention du modèle asymptotique associé,

c) estimation de l'erreur, avec la démonstration de l'estimation (3.1).

Il est clair que pour nous c'est la seconde phase qui est la plus importante et ce pour deux raisons principales : d'une part, il n'entre pas dans nos compétences d'étudier les deux autres phases et d'autre part, dans une très large mesure, il est bien souvent impossible (à l'heure actuelle du moins !) de les mener à bien, sauf dans certains cas particulier (Lions (1973)).

Il faut bien comprendre que tout problème d'écoulement a sa structure propre et c'est cette spécificité qui est vraiment importante et que dégage justement l'analyse asymptotique singulière. Cependant, dans la seconde phase, ce n'est pas à la méthode proprement dite que nous attachons de l'importance, mais à son utilisation en tant qu'outil de découverte et de modélisation.

Ainsi, partant du modèle exact de N-S et tenant compte de la présence du petit paramètre principal $\alpha \ll 1$, il s'agit de construire U^* en définissant les modèles qui sont eux-mêmes traductibles en termes mathématiques et qui sont plus simples (moins "raides") que le modèle de départ, exact de N-S. C'est le processus même de l'obtention (asymptotique) de ces modèles qui est la tâche primordiale que nous nous sommes posé ici.

3.3. Les grands modèles de la mécanique des fluides

Une vue, "globale", de la modélisation asymptotique en mécanique des fluides newtoniens consiste à rechercher les diverses formes limites du modèle exact de N-S, lorsqu'un petit (ou grand) paramètre prend sa valeur limite (zéro ou l'infini) ; les variables $\mathbf{x}$ et t de l'espace-temps à quatre dimensions pouvant elles-mêmes prendre des valeurs petites ou grandes devant l'unité.

Cela conduit, tout naturellement, à considérer, conjointement avec un passage à la *limite principale*, noté

$$(3.2) \qquad \lim_{\alpha \to 0} {}^P, \quad \text{à } \mathbf{x} \text{ et } t \text{ fixés de l'ordre de l'unité,}$$

divers passages à la limite locaux ; par exemple :

$$(3.3) \qquad \lim_{\substack{\alpha \to 0 \\ t \to 0}} {}^{l_t}, \mathbf{x} \text{ fixé} ; \lim_{\substack{\alpha \to 0 \\ |\mathbf{x}| \to \infty}} {}^{l^\infty}, t \text{ fixé}, ...;$$

dans le premier cas on se place au voisinage de $t = 0$, tandis que dans le second cas on suppose que l'analyse s'effectue au voisinage de l'infini.

Cette première vue globale, formelle, conduit à mettre en évidence les *grands modèles* de la mécanique des fluides, que l'on retrouve dans le mode d'exposé traditionnel de la mécanique des fluides sous la forme de grands chapitres :

$M \to 0(*)$, l'hydrodynamique (écoulements des fluides dits "incompressibles") et l'acoustique linéaire ;

$Re \to \infty$, l'aérodynamique (équations d'Euler) et la théorie de la couche limite de Prandtl (en associant un passage à la limite local au voisinage d'une paroi délimitant l'écoulement) ;

(*) A ce modèle "hydrodynamique" on doit associer le modèle "acoustique", en postulant un passage à la limite local au voisinage de l'origine des temps et un passage à la limite local à l'infini.

$Re \to 0$, les écoulements rampants (modèles de Stokes et d'Oseen) ;

$M \to 1$, les écoulements dits "transsoniques" ;

$M \to \infty$, les écoulements dits "hypersoniques", etc...

On arrive ainsi à l'idée que : l'on doit repenser le mode d'exposition de la mécanique des fluides théorique, en se laissant guider par les objectifs de la modélisation asymptotique.

Il convient, bien entendu, de discuter aussi des modèles issus de passages à la limite simultanés, faisant intervenir au moins deux paramètres (petits ou grands). Un cas exemplaire, pour la mécanique des fluides, est celui des écoulements *peu* visqueux et *faiblement* compressibles qui nécessitent l'analyse asymptotique du modèle exact de Navier-Stokes, lorsque simultanément (voir le § 2.1).

$$Re \to \infty \quad \text{et} \quad M \to 0.$$

et éventuellement $\tau_0 \to 0$!

Dans ce cas, il s'avère nécessaire de considérer trois situations bien distinctes :

a) M fixé, $Re \to \infty$, puis $M \to 0$,

b) Re fixé, $M \to 0$, puis $Re \to \infty$,

c) $Re \to \infty$ et $M \to 0$, de telle façon que

$$(3.4) \qquad\qquad Re^{-1} = \Lambda_0 M^a,$$

oú Λ_0 est par définition un *paramètre de similitude*, constant, de l'ordre de l'unité(c'est le rapport constant de deux petits paramètres) et $a > 0$ un scalaire réel qui reste à préciser de telle façon que la double dégénérescence soit effectivement significative.

Naturellement, la situation c), qui conduit au modèle approché le plus complet, doit être considérée lorsque les modèles issus des situations a) et b) sont (à un certain niveau, dans la hiérarchie des approximations considérées) de nature différente.

On notera que, si au niveau de la situation c) on fait $\Lambda_0 \to 0$, alors on retrouve la situation a) ; par contre pour $\Lambda_0 \to \infty$, on retrouve la situation b). Le paramètre de similitude Λ_0 est une trace de l'effet intéractif engendré par les phénomènes de faible compressibilité et de viscosité évanescente.

Précisons, pour terminer, que le *modèle acoustique*, associé au modèle classique de l'hydrodynamique est intimement lié, lui, au double passage à la limite :

$$(3.5) \qquad\qquad M \to 0 \quad \text{et} \quad S \to \infty$$

de telle façon que $MS = \widehat{S} = 0(1)$.

Enfin, le *modèle* dit de *Boussinesq* pour les fluides pesants, stratifiés (en altitude ; c'est à dire non homogène) est lié au double passage à la limite :

$$(3.6) \qquad\qquad M_\infty \to 0, B_0 \to 0$$

de telle façon que

$$(3.7) \qquad \frac{B_0}{M_\infty} = \widehat{B} = 0(1).$$

3.4. Modèles locaux et spécifiques

A la différence des grands modèles, dont il vient d'être question au § 3.3, précédent, et qui sont fondamentalement liés au mode d'exposition de la mécanique des fluides newtoniens,(*), les modèles locaux sont plutôt liés à des problèmes de recherches. Il s'agit de problèmes oú l'analyse asymptotique ne peut s'appliquer qu'à une région très localisée de l'écoulement et c'est au niveau de ces modèles locaux que l'analyse asymptotique est destinée à garder, pour longtemps encore droit de citer à côté de codes numériques élaborés. Il s'agit, avant tout, de repérer et de décrire les singularités qui se présentent dans un champ d'écoulement et nous revenons sur cet aspect des choses au § 3.5 suivant.

Le modèle de couche limite, lié à une viscosité évanescente, est dans une certaine mesure un modèle local couplé au modèle d'Euler, comme le modèle acoustique, lié au faible nombre de Mach, est un modèle local couplé au modèle de l'hydrodynamique. De ce fait la division introduite entre modèles locaux et grands modèles est assez arbitraire et il y a inévitablement des recouvrements.

L'un des modèles locaux des plus important pour la recherche (asymptotique) en mécanique des fluides est celui de la "*triple couche*" de Stewartson-Williams (1969) et de Neiland (1969) et on pourra à ce sujet consulter la Leçon IX de Zeytounian (1987).

Disons, ici, simplement que ce modèle en triple couche permet de décrire ce qui survient, au niveau du modèle exact de N-S et sous le passage à la limite $Re \to \infty$, lorsqu'au voisinage d'une ligne singulière (situé sur un obstacle autour duquel l'écoulement peu visqueux est analysé) la couche limite classique de Prandtl, d'épaisseur $0(1/Re^{1/2})$, subit un "accident" (voir, à ce sujet, le cas simple analysé au § 7.2).

Mais, partant de l'un des grands modèles dont il a été question au § 3.3, on peut aussi considérer un problème spécifique et mener à bien sa modélisation par une analyse asymptotique globale, c'est à dire une analyse du problème dans son ensemble, tenant compte aussi bien des équations modèles de départ que des conditions aux limites et initiales associées.

L'un des grands modèles de départ est celui d'*Euler*, pour les fluides parfaits ; il s'obtient du modèle exact de N-S au moyen du passage à la limite :

$$(3.8) \qquad Re \to \infty \quad \text{à} \quad t \quad \text{et} \quad \mathbf{x} \quad \text{fixés} \Rightarrow \lim_E {}^P.$$

Un second grand modèle de départ est celui de *Navier* qui régit les écoulements de fluides visqueux, incompressibles ; il s'obtient du modèle exact de N-S sous le passage à la limite :

$$(3.9) \qquad M \to 0 \quad \text{à} \quad t \quad \text{et} \quad \mathbf{x} \quad \text{fixés} \Rightarrow \lim_N {}^P.$$

(*) Le Lecteur est supposé avoir une connaissance des éléments de la mécanique des fluides (voir, par exemple, la troisième partie du Cours de Duvaut (1990) ou encore les chapitres VII à XI du livre de Germain et Muller (1980)).

Notons, pour exemple, que l'analyse de l'écoulement d'un fluide visqueux, incompressible autour d'une plaque plane de longueur finie, sans épaisseur, placée parallèlement à la direction d'un écoulement uniforme (à vitesse U_0 constante) amont, conduit à la mise en place d'un modèle spécifique ayant comme point de départ le modèle de Navier. Si l'on suppose que l'écoulement est stationnaire ($S \equiv 0$), il n'y a dans l'énoncé global du problème qu'un seul paramètre sans dimension qui est le nombre de Reynolds $Re = L_0 U_0 / \nu_0$, calculé avec la longueur L_0 de la plaque, la vitesse U_0 à l'infini amont et ν_0, la viscosité cinématique du fluide.

L'objectif est alors de décrire avec un maximum de finesse possible la structure asymptotique de cet écoulement stationnaire laminaire(*), lorque $Re \to \infty$. A l'heure actuelle (voir, à ce sujet, le livre de Van Dyke (1975 ; page 230 à 232)), la structure asymptotique en question est bien élucidée qualitativement et quantitativement ; elle fait intervenir neuf régions d'écoulements qu'il faut raccorder entre elles (voir le § 6.3).

Le fait qu'un certain nombre de régions interviennent pour décrire l'écoulement spécifique approché est une caractéristique fondamentale de la modélisation asymptotique, lorsque le petit paramètre principal est un petit paramètre de perturbation singulière. Les raccords jouant un rôle très important, et même déterminant, lorsque la MDAR est applicable.

3.5. Modélisation asymptotique et simulations numériques

Bien souvent les méthodes numériques échouent là oú, au contraire, les méthodes asymptotiques réussissent parfaitement bien. C'est le cas des problèmes dits *raides* (**) et un cas significatif est celui du calcul d'un écoulemnt de fluide *peu* visqueux ($Re \gg 1$) et faiblement compressible ($M \ll 1$) ou interagissent les effets "acoustisques" et les effets "de couche limite".

D'autre part, l'analyse asymptotique débouche de plus en plus souvent, à l'heure actuelle, sur des modèles mathématiques ne contenant plus de petits (ou grands) paramètres sans dimensions et qui sont, de ce fait, aisément traitables au moyen de codes de calcul numériques performants et ce, précisement, parce qu'ils ne sont plus "raides".

Ainsi, nous constatons que : un problème complexe raide, faisant intervenir une variété d'échelles, ayant des ordres de grandeur différents (difficile à résoudre par voie numérique) peut grâce à l'emploi des méthodes asymptotiques être ramené à la résolution simultanée (à l'aide de codes numériques) de modèles mathématiques plus simples.

(*) Nous écartons le phénomène de turbulence, ce qui veut dire que le modèle spécifique asymptotique correspondant à $Re \gg 1$ est déjà significatif pour des nombres de Reynolds qui excluent la transition, au moins sur la plaque elle même et dans son proche sillage. Ainsi, les Re "sont grands" mais suffisamment modérés pour que la turbulence n'ait qu'une incidence négligeable. L'expérience montre, d'ailleurs, que l'on peut faire des prévisons valables et utiles en ignorant, en première approximation, la turbulence et c'est là la meilleure justification, a postériori, de l'étude d'une modélisation asymptotique des écoulements laminaires à $Re \gg 1$.

**) Un problème raide fait intervenir des phénomènes d'échelles très différentes en ordre de grandeur. L'exemple type est celui de la turbulence oú apparait à l'intérieur d'une macrostructure, une microstruture fluctuante (voir le § 10.4)

Donc, de notre point de vue, ici, parler de méthodes asymptotiques cela ne veut pas dire, nécessairement, que l'on a en vue la recherche d'une solution explicite (analytique) approchée du problème considéré, comme cela était effectivement le cas, il est vrai, il y a de cela une dizaine d'années et comme cela est encore le plus souvent exposé dans les ouvrages sur les méthodes asymptotiques.

Actuellement, l'activité des Mécaniciens théoriciens impliqués dans la modélisation asymptotique de problèmes raides de la mécanique des fluides, tend à l'obtention cohérente de modèles mathématiques approchés, dont la résolution doit-être effectuée par des codes numériques.

La raideur d'un problème physique est bien souvent intimement liée aux singularités qui se présentent dans un champ d'écoulement dans des régions localisées. Si l'on ne dispose pas de renseignements précis sur la région singulière, le code numérique peut échouer complètement, ou perdre considérablement en précision, ou conduire, encore, à des temps de calculs prohibitifs.

En fait, bien souvent, il est nécessaire de coupler un code numérique avec une analyse asymptotique ; l'analyse asymptotique se chargeant du voisinage d'une singularité (à distance finie ou infinie) ; tandis que le code numérique permet de traiter le reste du domaine considéré, la oú toutes les grandeurs sont 0(1). On trouvera dans le N⁰ spécial 1986 du *Journal de Mécanique Théorique et Appliquée*, dont le titre est : "Modélisation asymptotique d'écoulements de fluides" (Editeurs J.P. Guiraud et R.Kh. Zeytounian) une série d'articles qui illustrent bien ce couplage : asymptotique-numérique.

Citons un exemple assez remarquable, à notre avis, qui est celui de l'écoulement avec une nappe tourbillonnaire qui comprend un "coeur" composé de spires fortement enroulées. Numériquement, le problème global (du fait de la présence des spires très serrées) est des plus raides, mais par contre dans le coeur il y a un petit paramètre $C_0 = d_0/\lambda_0 \ll 1$, qui est le rapport entre la distance (normalement à la nappe) d'une spire à l'autre et le diamètre du coeur. Guiraud et Zeytounian (1977, 1979, 1980) ont construit, à partir d'une technique d'échelle multiple, une représentation asymptotique valable dans le coeur. Huberson (1980) a montré que l'algorithme issu du modèle local asymptotique ainsi obtenu, s'insérait très bien dans l'ensemble d'un code numérique destiné à traiter le reste de l'écoulement, avec nappe, oú le problème est non raide.

En conclusion, on peut dire qu'aujourd'hui, paradoxalement, la modélisation asymptotique *tend* à prendre de plus en plus d'importance dans le processus global de résolution des problèmes que pose notre environnement. Cette modélisation asymptotique se place juste en amont de la modélisation numérique, sur ordinateurs puissants à partir de "gros" codes numériques, et elle doit devenir de plus en plus nécessaire aux Numériciens-Mécaniciens pour formuler des problèmes non raides — c'est du moins notre souhait.

Car enfin, ce qui est le plus important, au départ, pour aboutir à une résolution numérique satisfaisante d'un problème de mécanquie des fluides c'est d'avoir de "bonnes équations" ou plutôt un *bon* modèle mathématique. De façon précise, il faut obtenir des équations et des conditions approchées qui soient bien cohérentes avec les conditions et les équations exactes de Navier-Stokes. A notre connaissance seules les méthodes asymptotiques, via une modélisation asymptotique, permettent d'obtenir de telles équations et conditions pourvu que la formulation du problème exact, de départ, fasse intervenir un, ou plusieurs, petits (ou grands) paramètres réduits. La mise en évidence des paramètres de similitude permettant de cerner les limites de validité du modèle mathématique approché obtenu.

QUELQUES FORMES SIMPLIFIÉES DES ÉQUATIONS DE NAVIER-STOKES (EULER, NAVIER, PRANDTL, STOKES ET OSEEN)

On constate que le système des équations de N-S est des plus complexes et si l'on veut analyser divers écoulements, satisfaisant à des conditions initiales, aux limites et à l'infini adéquates, il faut, en relation avec le problème physique considéré, simplifier ces équations. Nous verrons cela de façon méthodique aux chapitres VII à XI. Nous voulons ici présenter quelques équations simplifiées qui sont souvent utilisées lors des recherches en mécanique des fluides. L'obtention de ces équations sera faite, de façon "heuristique" sans mettre en place un formalisme asymptotique.

Nous obtenons, tout d'abord, les équations d'Euler (pour les fluides non visqueux), puis les équations de Navier (pour les fluides incompressibles mais visqueux). Ensuite, des équations de Navier, nous obtenons les équations simplifiées de Prandtl (couche limite), de Stokes (écoulements rampants ou fortement visqueux) et celles d'Oseen (valables au loin de la paroi de l'obstacle autour duquel l'écoulement rampant est considéré, est qui sont associées à celle de Stokes).

4.1. Les équations d'Euler pour les fluides parfaits

Nous revenons donc aux équations de Navier-Stokes (1.28a) à (1.28d).

Supposons que : $\mu \equiv 0$, $k \equiv 0$ et $\mu_v \equiv 0$. Sous cette hypothèse les seconds membres de ces équations disparaissent (on suppose, de plus, que les $f_i \equiv 0$ et $R \equiv 0$) et on obtient les équations suivantes :

$$(4.1) \qquad \begin{cases} \dfrac{\partial \rho}{\partial t} + \dfrac{\partial}{\partial x_k}(\rho u_k) = 0; \\[2mm] \rho \dfrac{D u_i}{D t} + \dfrac{\partial p}{\partial x_i} = 0; \\[2mm] \rho c_v \dfrac{D T}{D t} + p \nabla \cdot \mathbf{u} = 0; \\[2mm] \qquad p = R \rho T. \end{cases}$$

Le système (4.1) est celui d'Euler pour les fluides *non* visqueux et non conducteur de la chaleur (ce sont les fluides dits *parfaits*). La troisième des équations (4.1) peut être remplacée par l'équation de conservation de l'entropie spécifique :

$$(4.2) \qquad s = c_v \operatorname{Log}(p/\rho^\gamma) \Rightarrow \frac{Ds}{Dt} = 0.$$

Dans ce cas, les fonctions thermodynamiques étant p, ρ et s, on peut écrire la loi d'état suivante :

$$(4.3) \qquad p = \rho^\gamma \exp(s/c_v).$$

Si $s = s^0(\mathbf{x})$ à l'instant initial $(t = 0)$ et si $s^0(\mathbf{x}) = C^{te}$ alors, pour un écoulement *continu*, on constate que l'entropie spécifique restera constante partout, et on obtiendra une évolution dite *barotrope*, avec la loi d'état :

$$(4.4) \qquad p = k_0 \rho^\gamma,$$

où $k_0 = \exp(s^0/c_v)$.

Si l'on tient compte de l'expression (1.27), pour l'enthalpie spécifique, dans le cas barotrope, on peut écrire les équations d'Euler suivantes (à la place des équations (4.1)) :

$$(4.5) \qquad \begin{cases} \dfrac{D}{Dt}(\operatorname{Log} h) + (\gamma - 1)\nabla \cdot \mathbf{u} = 0; \\[2mm] \dfrac{D\mathbf{u}}{Dt} + \nabla h = 0, \quad h = \dfrac{a^2}{\gamma - 1}. \end{cases}$$

Ensuite, de h, on déduit(*)

$$(4.6) \qquad \rho = \left\{ \frac{1}{k_0} \frac{\gamma - 1}{\gamma} h \right\}^{\frac{1}{\gamma-1}},$$

grâce à (4.4).

Naturellement, à la place de (4.5), on peut aussi écrire les équations d'Euler barotrope pour $\mathbf{u}$ et ρ :

$$(4.7) \qquad \begin{cases} \dfrac{D}{Dt}(\operatorname{Log}\rho) + \nabla \cdot \mathbf{u} = 0; \\[2mm] \dfrac{D\mathbf{u}}{Dt} + \gamma k_0 \rho^{\gamma-1}\nabla \operatorname{Log}\rho = 0. \end{cases}$$

Maintenant, si l'on introduit le vecteur tourbillon,

$$(4.8) \qquad \omega = \frac{1}{2}\nabla \wedge \mathbf{u},$$

(*) $\overline{h = \frac{p}{\rho} + e = c_v T = \frac{c_v}{R}a^2 = \frac{\gamma}{\gamma-1}\, p/\rho}$,   avec $\gamma = \frac{c_p}{c_v}$ et $R = c_p - c_v$.

on déduit aisément, de la seconde des équations (4.5), l'équation dite de *Helmoltz* :

$$(4.9) \qquad \frac{D\omega}{Dt} - (\omega \cdot \nabla)\mathbf{u} + \omega(\nabla \cdot \mathbf{u}) = 0.$$

D'après le théorème de Lagrange (pour les écoulements continus) : si le tourbillon est initialement (pour tout $t = 0$) *nul*, alors le tourbillon est aussi nul partout dans l'écoulement aux instants $t > 0$ ultérieurs.

Dans ce cas, notre écoulement est *irrotationnel* et on peut introduire un potentiel des vitesses :

$$(4.10) \qquad \omega = o \quad \Rightarrow \quad \mathbf{u} = \nabla\varphi,$$

avec $\varphi(t, \mathbf{x})$ le potentiel des vitesses.

Une conséquence remarquable de l'irrotationnalité est l'intégrale (première) dite de *Bernoulli* :

$$(4.11) \qquad \frac{\partial\varphi}{\partial t} + \frac{1}{2}q^2 + h = \mathcal{B}(t),$$

oú $q^2 = |\mathbf{u}|^2$ et $\mathcal{B}(t)$ une fonction arbitraire de t, que l'on peut toujours supposer être une constante (notée $\mathcal{B}_0$)(*).

Dans le cas d'un écoulement barotrope irrotationnel on peut donc remplacer le système d'Euler (4.7), par une *seule* équation pour le potentiel des vitesses $\varphi(t, \mathbf{x})$:

$$(4.12) \qquad a^2\Delta\varphi - \frac{\partial^2\varphi}{\partial t^2} = 2\frac{\partial^2\varphi}{\partial t \partial x_k}\frac{\partial\varphi}{\partial x_k} + \frac{\partial\varphi}{\partial x_j}\frac{\partial\varphi}{\partial x_k}\frac{\partial^2\varphi}{\partial x_k \partial x_j},$$

oú

$$a^2 = -(\gamma - 1)\left[\frac{\partial\varphi}{\partial t} + \frac{1}{2}\left|\frac{\partial\varphi}{\partial x_k}\right|^2 - \mathcal{B}_0\right] \quad \text{et} \quad \Delta = \nabla^2.$$

En particulier, si a_∞ est la valeur (constante) de la célérité du son a, "loin en amont", oú $q = U_\infty = C^{te}$, alors

$$(4.13) \qquad \mathcal{B}_0 = -\frac{a_\infty^2}{\gamma - 1} - \frac{U_\infty^2}{2}.$$

Le caractère hyperbolique dans l'espace $(t, \mathbf{x})$ des équations d'Euler est bien mis en évidence au vu du premier membre de l'équation (4.12) pour φ.

(*) D'après (4.10) le potentiel des vitesses φ est défini à une fonction du temps t, arbitraire, près.

En accord avec Batchelor (1970 ; p.75) le fluide (non homogène) sera dit incompressible si (**).

(4.14)
$$\frac{D\rho}{Dt} = 0$$

et dans ce cas, pour $\mathbf{u}$, ρ, p, on a le système d'équations suivant :

(4.15)
$$\begin{cases} \dfrac{D\rho}{Dt} = 0; \\[2mm] \nabla \cdot \mathbf{u} = 0; \\[2mm] \dfrac{D\mathbf{u}}{Dt} + \dfrac{1}{\rho}\nabla p = 0. \end{cases}$$

La seconde des équation (4.15) indiquant le caractère incompressible de l'écoulement.

En fait, l'équation $D\rho/Dt = 0$ joue, à la fois, d'équation de conservation de ρ et de loi d'état. Le modèle d'Euler (4.15) est souvent employé lors de l'analyse des écoulements de fluides non visqueux statifiés (océan) et on pourra à ce sujet consulter les livres de Yih (1980) et Zeytounian (1991, m5).

Pour $\rho = Constante$, partout dans l'écoulement, on retrouve les équations d'Euler pour les fluides "réellement" incompressibles :

(4.16)
$$\rho^0 \frac{D\mathbf{u}}{Dt} + \nabla p = 0, \quad \nabla \cdot \mathbf{u} = 0, \quad \rho^0 = \text{const},$$

pour $\mathbf{u}$ et p.

Naturellement, pour les fluides réellement incompressibles et irrotationnels on retrouve, pour φ, l'équation de Laplace classique (dans ce cas la célérité du son est infinie).

(4.17)
$$\Delta\varphi = 0 \quad \text{et} \quad p = p_0 - \rho^0\Big(\frac{\partial\varphi}{\partial t} + \frac{1}{2}|\nabla\varphi|^2\Big),$$

avec p_0 une pression de référence constante (voir, à ce sujet, le chapitre XI).

Terminons ce bref aperçu (*) sur les fluides parfaits en considérant le cas des écoulements stationnaires. Si on se limite au système incompressible (4.16) on peut introduire deux fonctions de courant $\psi(\mathbf{x})$ et $\chi(\mathbf{x})$, telles que :

(4.18a)
$$\mathbf{u} \cdot \nabla\psi = 0, \mathbf{u} \cdot \nabla\chi = 0; \mathbf{u} = \nabla\psi \wedge \nabla\chi \Longleftrightarrow \nabla \cdot \mathbf{u} = 0$$

et on trouve les deux équations scalaires suivantes :

(4.18b)
$$2\omega \cdot \nabla\psi = \rho^0\frac{\partial H}{\partial \chi}; \quad 2\omega \cdot \nabla\chi = -\rho^0\frac{\partial H}{\partial \psi},$$

(**) On dit quelquefois que l'on a un écoulement "isochore" ; nous revenons sur les écoulements isochores au § 9.4

 (*) Pour une analyse théorique, relativement complète des équations d'Euler, voir notre livre : Zeytounian (1974).

oú $H = |\mathbf{u}|^2/2 + p/\rho^0 = H(\psi, \chi)$, puisque $\mathbf{u} \cdot \nabla H = 0$.

Les relations (4.18) ont été généralisées au cas des équations d'Euler (4.1), stationnaires, par Zeytounian(1966).(**)

Dans le cas général des équations (4.1), instationnaires, on déduit de ces équations, l'invariant lagrangien d'Ertel :

(4.19) $$\frac{D}{Dt}\left(\frac{\omega}{\rho} \cdot \nabla s\right) = 0,$$

et on peut représenter le tourbillon par deux fonctions tourbillons λ et μ telles que :

(4.20) $$\frac{D\lambda}{Dt} = 0, \frac{D\mu}{Dt} = 0 \Rightarrow 2\omega = \nabla\lambda \wedge \nabla\mu.$$

Enfin, une relation remarquable (équivalente à l'équation de continuité du système complet (4.1)) est la suivante :

(4.21) $$\frac{D}{Dt}\left\{\frac{1}{\rho}\left[\nabla\alpha \cdot (\nabla\beta \wedge \nabla\gamma)\right]\right\} = 0,$$

oú $D\alpha/Dt = D\beta/Dt = 0$ et $D\gamma/Dt = 0$; α, β et γ sont trois champs invariants lagrangiens (voir Chapitre II de Zeytounian, (1974)).

4.2. Les équations de Navier pour un fluide visqueux incompressible

Pour un fluide de Navier, on suppose que le coefficient de viscosité dynamique est constant

(4.22) $$\mu = \mu_0 = \text{const}.$$

et comme $\rho = \rho^0 = \text{const}$. (le fluide homogène est réellement incompressible), cela veut dire que μ est *supposée être indépendant de la* température.

Ainsi, on a : $\rho = \rho^0 = \text{const}$, $\mu = \mu_0 = \text{const}$ et

(4.23) $$\nabla \cdot \mathbf{u} = 0.$$

Il vient alors l'équation suivante :

(4.24) $$\frac{\partial \mathbf{u}}{\partial t} + (\mathbf{u} \cdot \nabla)\mathbf{u} + \nabla(p/\rho^0) = \nu_0\Delta\mathbf{u},$$

oú $\nu_0 = \mu_0/\rho^0$. Le système des équations (4.23–24) est celui de Navier pour les fluides incompressibles visqueux et permet de déterminer $\mathbf{u}$ et p si l'on se donne une condition initiale sur $\mathbf{u}$ et des conditions aux frontières.

**) Au chapitre X (voir le § 10.1.) nous utiliserons l'introduction des deux fonctions de courant pour modéliser l'écoulement dans une roue de turbomachine axiale.

Nous nous limitons ci-dessous au cas d'un écoulement *plan* :

$$x_1 \equiv x, x_2 \equiv y, \frac{\partial}{\partial x_3} \equiv 0, \mathbf{u} = (u, v);$$

dans ce cas on peut introduire la fonction de courant plan $\psi(t, x, y)$ telle que :

$$(4.25) \qquad u = \frac{\partial \psi}{\partial y}, v = -\frac{\partial \psi}{\partial x}; \omega = \frac{1}{2}\left(\frac{\partial v}{\partial x} - \frac{\partial u}{\partial y}\right)\mathbf{e}_3.$$

On constate aisément que $\psi(t, x, y)$ satisfait à l'équation unique (dite aussi de Navier) suivante :

$$(4.26) \qquad \left[\frac{\partial}{\partial t} + \frac{\partial \psi}{\partial y}\frac{\partial}{\partial x} - \frac{\partial \psi}{\partial x}\frac{\partial}{\partial y} - \nu_0 \mathbf{D}^2\right]\mathbf{D}^2\psi = 0,$$

oú $\mathbf{D} = \dfrac{\partial}{\partial x}\mathbf{e}_1 + \dfrac{\partial}{\partial y}\mathbf{e}_2$; $\mathbf{D}^2 = \dfrac{\partial^2}{\partial x^2} + \dfrac{\partial^2}{\partial y^2}$.

A partir de l'équation de Navier générale (4.24) on peut obtenir une équation pour le tourbillon $\omega = \frac{1}{2}\nabla \wedge \mathbf{u}$:

$$(4.27) \qquad \frac{\partial \omega}{\partial t} + (\mathbf{u} \cdot \nabla)\omega - (\omega \cdot \nabla)\mathbf{u} = \nu_0 \Delta\omega.$$

Cette équation (4.27) a la structure d'une équation de type parabolique ; le second membre caractérise la diffusion visqueuse du tourbillon, tandis que le premier membre décrit un phénomène de convection (non-linéaire) des lignes tourbillons dans le fluide en mouvement.

Si un écoulement de Navier est irrotationnel ($\omega = 0$, $\mathbf{u} = \nabla\varphi$) à un instant donné dans son domaine $\mathcal{D}$, *il ne le demeure* en général pas lorsqu'on suit $\mathcal{D}$ dans son mouvement (on ne peut pas satisfaire la condition d'adhérence de la vitesse sur une paroi délimitant l'écoulement).

Il est bon de préciser, encore, que : à chaque écoulement de Navier, satisfaisant au système (4.23–24), on peut associer une équation pour la température T(*) :

$$(4.28) \qquad \frac{\partial T}{\partial t} + \mathbf{u} \cdot \nabla T = \frac{k_0}{c_v \rho^0}\Delta T + \frac{\nu_0}{2c_v}\left(\frac{\partial u_i}{\partial x_j} + \frac{\partial v_j}{\partial x_i}\right)^2,$$

lorsque l'on suppose le coefficient de conduction thermique k constant ($k = k_0$). Cette équation est une équation linéaire en T. L'équation (4.28) permet de prendre en compte la condition sur la température à la paroi de l'obstacle autour duquel l'écoulement est analysé (voir (1.29) ou (1.30)).

(*)   comme μ est supposé être indépendant de la température T, le système de Navier (4.23), (4.24) et l'équation (4.28) sont découplés.

Revenons aux équations de Navier, (4.24) et (4.23), et considérons l'écoulement dans une enceinte Ω de $\mathbb{R}^3$, dont la paroi solide et fixe est $\Sigma = \partial\Omega$. Il faut alors résoudre dans Ω les équations :

$$(4.29) \qquad \begin{cases} \dfrac{\partial \mathbf{u}}{\partial t} + L(\mathbf{u}) \equiv \dfrac{\partial \mathbf{u}}{\partial t} + \mathbf{u} \cdot \nabla \mathbf{u} - \nu_0 \Delta \mathbf{u} = -\nabla\pi; \\ \nabla \cdot \mathbf{u} = 0, \\ \qquad \pi = p/\rho^0, \end{cases}$$

avec les conditions :

$$(4.30) \qquad \mathbf{u}|_\Sigma = 0, \quad \mathbf{u}|_{t=0} = \mathbf{u}^0(\mathbf{x}).$$

La solution du problème (4.29), (4.30) est recherchée dans un espace fonctionnel $\mathcal{H}$ (champ vectoriel à divergence nulle, satisfaisant sur Σ à la condition d'adhérence). Dans $\mathcal{H}$, le produit scalaire est noté :

$$(4.31) \qquad (\varphi, \psi) = \int_\Omega \varphi \cdot \psi \, \mathbf{dx},$$

où $d\mathbf{x}$ est l'élément de volume dans $\mathbb{R}^3$.

En accord avec la *technique* dite de *Galerkin*, nous pouvons représenter la solution de notre problème (4.29), (4.30), dans $\mathcal{H}$, sous la forme approchée suivante :

$$(4.32) \qquad \mathbf{u}_n(t, \mathbf{x}) = \sum_{k=1}^n \upsilon_k(t) \varphi_k(\mathbf{x}).$$

Prenons comme base de décomposition $\varphi_k(\mathbf{x})$ le sytème complet (total) des fonctions vectorielles propres, orthonormées, du problème linéaire associé à (4.29), (4.30) : si μ_k désigne la valeur propre associée à $\varphi_k(\mathbf{x})$, on a :

$$(4.33) \qquad \begin{cases} \nu_0 \Delta \varphi_k = \nabla\pi - \mu_k \varphi_k; \\ \nabla \cdot \varphi_k = 0, \\ \qquad \varphi_k = 0 \quad \text{sur } \Sigma, \\ \displaystyle\int_\Omega \varphi_n \cdot \varphi_m \, d\mathbf{x} = \delta_{nm} = \begin{cases} 1 & n \equiv m, \\ 0 & n \neq m. \end{cases} \end{cases}$$

En substituant (4.32) dans les équations (4.29), puis en multipliant scalairement par $\varphi_m(\mathbf{x})$ le résultat, on obtient après intégration :

$$(4.34) \qquad \frac{d\upsilon_k}{dt} + \int_\Omega \left\{ L\left(\sum_{l=1}^n \upsilon_l \varphi_l(\mathbf{x}) \right) \cdot \varphi_k(\mathbf{x}) \right\} d\mathbf{x} = 0,$$

ce qui permet d'éliminer le champ π des équations de Navier.

De (4.34) on peut obtenir les n équations différentielles ordinaires suivantes :

$$(4.35) \qquad \frac{dv_k}{dt} + \sum_{l,m=1} \gamma_{klm} v_l v_m = -\nu_0 \mu_k v_k, k = 1, 2, ..., n,$$

avec

$$(4.36) \qquad \gamma_{klm} = \int_\Omega \varphi_k \cdot (\varphi_l \cdot \nabla) \varphi_m d\mathbf{x}.$$

Ainsi, les amplitudes $v_k(t)$ de la représentation (4.32) sont solutions du système de Galerkin (4.35) auquel il faut associer les conditions initiales :

$$(4.37) \qquad v_k(0) = v_k^0 = \int_\Omega \mathbf{u}^0(\mathbf{x}) \cdot \varphi_k(\mathbf{x}) d\mathbf{x}.$$

Précisons maintenant que les coefficients γ_{klm}, définis par (4.36) doivent satisfaire certaines relations qui conduisent à :

$$(4.38) \qquad \sum_{k,l,m=1} \gamma_{klm} v_k v_l v_m = 0;$$

ces dernières relations (4.38) expriment la conservation de l'énergie cinétique de l'écoulement *non* visqueux associé (lorsque $\nu_0 = 0$) ; cela veut dire que

$$(4.39) \qquad \frac{D}{Dt} \int_\Omega |\mathbf{u}|^2 d\mathbf{x} = \frac{d}{dt} \left\{ \sum_{k=1}^n v_k^2(t) \right\} = 0, \quad \text{lorsque} \quad \nu_0 \equiv 0.$$

Dans le cas visqueux, $\nu_0 \neq 0$, à la place de la relation (4.39) on aura l'équation de l'énergie suivante :

$$(4.40) \qquad \frac{D}{Dt} \int_\Omega |\mathbf{u}|^2 d\mathbf{x} + \nu_0 \int_\Omega |\nabla \mathbf{u}|^2 d\mathbf{x} = 0$$

ou encore, après intégration,

$$(4.41) \qquad \frac{1}{2} \|\mathbf{u}\|_2^2 + v_0 \int_0^t \|\nabla \mathbf{u}\|_2^2 dt' = \frac{1}{2} \|\mathbf{u}^0\|_2^2,$$

avec $\|\mathbf{u}\|_2 = (\int_\Omega |\mathbf{u}|^2 d\mathbf{x})^{1/2}$, qui est la norme de $\mathbf{u}$ dans $\mathcal{H}$.

L'égalité (4.41) sert bien souvent de point de départ pour démontrer l'existence de solutions, dites faibles (*)du problème de Navier. On trouvera dans le livre de Teman

---

(*) Soit $\varphi \epsilon \mathcal{H}$, une fonction test à support compact.   Par définition une fonction : $\mathbf{u} \epsilon W^{2,2}(\Omega')$, $\Omega' \subset \Omega$ (où $W^{2,2}$ est un espace de Sobolev) est dite solution faible du problème de Cauchy (avec condition initiale) pour les équations de Navier (4.29), si elle satisfait à la relation :

$$\int_0^\infty \left\{ \left(\mathbf{u}, \frac{\partial \varphi}{\partial t} \right) + (\mathbf{u} \cdot \nabla \varphi, \mathbf{u}) + \nu_0 (\mathbf{u}, \Delta \varphi) \right\} dt = -(\mathbf{u}^0, \varphi|_{t=0}),$$

pour tout $\varphi \epsilon \mathcal{H}$.

((1979) ; voir les § 1.2 du Chapitre 2 et § 3 du Chapitre 3) des applications rigoureuses de la méthode de Galerkin à la démonstration de l'existence de la solution des équations stationnaires et instationnaires de Navier, à partir de la construction d'une solution approchée et passage à la limite lorsque $n \to \infty$.

Il est aussi intéressant de noter que cette méthode de Galerkin donne la possibilité effective d'élucider la stabilité de divers écoulements de fluides visqueux incompressibles, régis par les équations de Navier. Cela permet de ramener l'étude de la stabilité, à l'analyse du système (dynamique) associé pour les amplitudes et on pourra à ce sujet consulter le Chapitre VI de Zeytounian (1991 ; m4) ; une telle application est présentée au § 9.4.

4.3. L'équation de Prandtl de la couche limite (cas incompressible plan)

Limitons-nous au cas d'un écoulement plan stationnaire ; nous considérons donc l'équation pour $\psi(x, y)$ suivante :

$$(4.42) \qquad \left(\frac{\partial \psi}{\partial y} \frac{\partial}{\partial x} - \frac{\partial \psi}{\partial x} \frac{\partial}{\partial y} \right) \mathbf{D}^2 \psi = \nu_0 \mathbf{D}^2 (\mathbf{D}^2 \psi).$$

L'écoulement est analysé au voisinage de la paroi fixe et solide $y = 0$ et de ce fait l'adhérence implique :

$$(4.43) \qquad \psi = 0, \quad \frac{\partial \psi}{\partial y} = 0, \quad \text{sur} \quad y = 0.$$

Lorsque $\nu_0 \to 0$ on retrouve l'équation d'Euler correspondante (à condition que x et y restent fixés) :

$$(4.44) \qquad \left(\frac{\partial \psi}{\partial y} \frac{\partial}{\partial x} - \frac{\partial \psi}{\partial x} \frac{\partial}{\partial y} \right) \mathbf{D}^2 \psi = 0 \quad \Rightarrow \mathbf{D}^2 \psi = f(\psi),$$

oú $f(\psi)$ est une fonction arbitraire de la fonction ψ seule.

Ainsi, on constate une dégénérescence très forte lorsque l'on passe du fluide visqueux ($\nu_0 \neq 0$, aussi petit que l'on veut) au fluide parfait ($\nu_0 \equiv 0$) et une conséquence des plus fâcheuse est que l'on ne peut plus appliquer les conditions (4.43) à l'équation (4.44) ; à cette dernière on ne peut imposer que la condition de *glissement* :

$$(4.45) \qquad \psi = 0, \quad \text{sur} \quad y = 0.$$

On est donc en présence d'un problème fortement singulier (au voisinage de $y = 0$), lorsque $\nu_0 \to 0$, et il faut modéliser l'écoulement, à viscosité évanescente, par une équation (différente de celle obtenue en (4.44)) qui reste significative au voisinage de $y = 0$.

En fait, il s'avère que ce problème singulier est intimement lié au processus de nondimensionnalisation de l'équation (4.42). Il faut en toute rigueur lorsque $\nu_0 \to 0$ distinguer deux régions ; l'une (de fluide parfait) est caractérisée par la distance L_0 (celle qui a servie à construire le nombre de Reynolds $Re = U_0 L_0 / \nu_0$) et l'autre (dite de couche limite, au voisinage de la paroi $y = 0$) par l'épaisseur l_0. On a, par hypothése, que :

$$(4.46) \qquad l_0 << L_0 \Rightarrow \delta_0 = \frac{l_0}{L_0} << 1.$$

Ainsi, dans la région FP on pose :

$$(4.47a) \qquad \overline{y} = \frac{y}{L_0}, \quad \overline{x} = \frac{x}{L_0}; \overline{\psi} = \frac{\psi}{U_0 L_0},$$

tandis que dans la région CL on pose :

$$(4.47b) \qquad \widehat{y} = \frac{y}{l_0} \quad \text{et} \quad \widehat{x} = \overline{x} = \frac{x}{L_0}; \widehat{\psi} = \frac{\psi}{U_0 l_0},$$

puisque l'abscisse x, sur la paroi $y = 0$, reste la même, que l'on soit loin ou près de la paroi. De (4.47) on trouve les relations suivantes entre $\overline{y}$ et $\widehat{y}$ et $\overline{\psi}$ et $\widehat{\psi}$:

$$(4.48) \qquad \widehat{y} = \overline{y}/\delta_0 \quad \text{et} \quad \widehat{\psi} = \overline{\psi}/\delta_0, \quad \text{avec} \quad \delta_0 << 1.$$

Maintenant, en substituant dans l'équation (4.42), on trouve *deux* équations sans dimensions ; l'une pour $\overline{\psi}(\overline{x}, \overline{y})$:

$$(4.49) \qquad \left(\frac{\partial \overline{\psi}}{\partial \overline{y}} \frac{\partial}{\partial \overline{x}} - \frac{\partial \overline{\psi}}{\partial \overline{x}} \frac{\partial}{\partial \overline{y}} \right) \left(\frac{\partial^2 \overline{\psi}}{\partial \overline{y}^2} + \frac{\partial^2 \overline{\psi}}{\partial \overline{x}^2} \right) = \frac{1}{Re} \left(\frac{\partial^2}{\partial \overline{x}^2} + \frac{\partial^2}{\partial \overline{y}^2} \right) \left(\frac{\partial^2 \overline{\psi}}{\partial \overline{y}^2} + \frac{\partial^2 \overline{\psi}}{\partial \overline{x}^2} \right),$$

et l'autre pour $\widehat{\psi}(\widehat{x}, \widehat{y})$, oú $\widehat{x} \equiv \overline{x}$:

$$(4.50) \qquad \left(\frac{\partial \widehat{\psi}}{\partial \widehat{y}} \frac{\partial}{\partial \overline{x}} - \frac{\partial \widehat{\psi}}{\partial \overline{x}} \frac{\partial}{\partial \widehat{y}} \right) \left\{ \delta_0 \frac{\partial^2 \widehat{\psi}}{\partial \overline{x}^2} + \frac{1}{\delta_0} \frac{\partial^2 \widehat{\psi}}{\partial \widehat{y}^2} \right\} = \frac{1}{Re} \left(\frac{\partial^2}{\partial \overline{x}^2} + \frac{1}{\delta_0^2} \frac{\partial^2}{\partial \widehat{y}^2} \right) \left\{ \delta_0 \frac{\partial^2 \widehat{\psi}}{\partial \overline{x}^2} + \frac{1}{\delta_0} \frac{\partial^2 \widehat{\psi}}{\partial \widehat{y}^2} \right\},$$

oú $Re = \dfrac{U_0 L_0}{\nu_0}$.

De telle façon que, lorsque $Re \to \infty$, il faut considérer deux passages à la limite. Le premier, dit principal, est :

$$(4.51a) \qquad Re \to \infty, \quad \text{avec} \quad \overline{x} \text{ et } \overline{y} \text{ fixés (de l'ordre de un)}$$

ce qui conduit justement à (voir (4.44)) :

$$(4.52) \qquad \frac{\partial^2 \overline{\psi}_0}{\partial \overline{x}^2} + \frac{\partial^2 \overline{\psi}_0}{\partial \overline{y}^2} = \overline{f}_0(\overline{\psi}_0); \quad \overline{\psi}_0 = \lim_{\substack{Re \to \infty \\ \overline{x}, \overline{y} \text{ fixés}}} \overline{\psi}.$$

Le second, dit local, est :

$$(4.51b) \qquad Re \to \infty, \quad \text{avec} \quad \overline{x} \text{ et } \widehat{y} \text{ fixés (de l'ordre de un) } et \quad \delta \to 0,$$

de telle façon que

$$(4.53) \qquad \frac{1/Re}{\delta_0^2} = \mathcal{O}(1) \quad \Rightarrow \quad \delta_0 \sim 1/\sqrt{Re},$$

ce qui conduit à l'équation :

$$(4.54) \qquad \left(\frac{\partial\widehat{\psi}_0}{\partial\widehat{y}}\frac{\partial}{\partial\overline{x}} - \frac{\partial\widehat{\psi}_0}{\partial\overline{x}}\frac{\partial}{\partial\widehat{y}}\right)\frac{\partial^2\widehat{\psi}_0}{\partial\widehat{y}^2} = \frac{\partial^4\widehat{\psi}_0}{\partial\widehat{y}^4}, \quad \widehat{\psi}_0 = \lim_{\substack{Re\to\infty\\ \overline{x},\widehat{y}\text{ fixés}}} \widehat{\psi}, \quad \delta_0 = 1/\sqrt{Re},$$

qui est justement celle de la *couche limite de Prandtl*. On peut se convaincre, aisément, que la relation de similitude (4.53) est la seule qui permette de retenir "au moins" un terme visqueux au niveau de (4.54). En fait, la vraie équation de Prandtl s'obtient de (4.54) par intégration une fois en $\widehat{y}$; ce qui donne :

$$(4.55) \qquad \frac{\partial\widehat{\psi}_0}{\partial\widehat{y}}\frac{\partial^2\widehat{\psi}_0}{\partial\overline{x}\partial\widehat{y}} - \frac{\partial\widehat{\psi}_0}{\partial\overline{x}}\frac{\partial^2\widehat{\psi}_0}{\partial\widehat{y}^2} = \frac{\partial^3\widehat{\psi}_0}{\partial\widehat{y}^3},$$

une fois que l'on a supposé que la fonction d'intégration (fonction de $\overline{x}$) était nulle.

Nous aurons l'occasion de revenir au Chapitre VII sur cette question et aussi sur la condition de raccord entre $\overline{\psi}_0$ et $\widehat{\psi}_0$ qui est fondamentale dans la MDAR. Pour une étude mathématiquement rigoureuse de l'équation de Prandtl, avec des conditions associées adéquates, on pourra consulter le travail de Nikel (1973).

4.4. L'équation de Stokes pour les écoulements lents ou fortement visqueux.

Revenons à l'équation (4.49) pour $\overline{\psi}(\overline{x},\overline{y})$. Lorsque $Re \equiv 0$ (viscosité "infinie" ou vitesse U_0 "proche" de zéro) on trouve pour $\overline{\psi}(\overline{x},\overline{y})$ l'équation biharmonique suivante :

$$(4.56) \qquad \left(\frac{\partial^2}{\partial\overline{x}^2} + \frac{\partial^2}{\partial\overline{y}^2}\right)\left[\frac{\partial^2\overline{\psi}_0}{\partial\overline{x}^2} + \frac{\partial^2\overline{\psi}_0}{\partial\overline{y}^2}\right] = 0; \quad \overline{\psi}_0 = \lim_{\substack{Re\to 0\\ \overline{x},\overline{y}\text{ fixés}}} \overline{\psi},$$

qui est en mécanique des fluides, *celle dite de Stokes*.

A cette équation de Stokes (4.56) est lié le paradoxe célèbre de Stokes qui est relatif au "mauvais" comportement de la solution $\overline{\psi}_0(\overline{x},\overline{y})$ au loin (lorsque $|\overline{x}^2 + \overline{y}^2| \to \infty$).

L'équation (4.56) est une équation elliptique et elle reste du quatrième ordre en $\overline{y}$. On peut donc satisfaire (sur la paroi de l' obstacle Σ) à la condition d'adhérence (conditions (4.43) écrites pour $\overline{\psi}_0$). On notera que cette équation de Stokes (4.56) s'obtient aussi de l'équation de Navier instationnaire, lorsque l'on prend en compte, au niveau de (4.49), le terme : $S\partial/\partial\overline{t}\left(\frac{\partial^2\overline{\psi}}{\partial\overline{x}^2} + \frac{\partial^2\overline{\psi}}{\partial\overline{y}^2}\right)$.

Dans ce dernier cas le passage à la limite de Stokes :

$$(4.57) \qquad Re \to 0 \quad \text{avec} \quad \overline{x} \quad \text{et} \quad \overline{y} \quad \text{et} \quad \overline{t} = \frac{t}{t_0} \quad \text{fixés},$$

fait disparaître la dérivée temporelle et de ce fait, si une condition initiale sur $\overline{\psi}$ est associé à l'équation de Navier instationnaire, *on ne pourra pas* la satisfaire au niveau de l'équation limite de Stokes (4.56). Il y a là un problème de dégénérescence singulière assez curieux et il a été élucidé assez récemment (voir, à ce sujet, la Leçon VII de Zeytounian (1987) et aussi la troisième partie du § 7.4).

4.5. L'équation d'Oseen

Lorsque $Re \ll 1$ (fluide, disons, fortement visqueux) il s'avère que la nondimensionalisation qui a conduit à l'équation limite de Stokes (4.56) est satisfaisante que si l'on analyse l'écoulement de Navier (à viscosité très forte) dans une région proche de la paroi Σ (de l'obstacle Ω) dont l'épaisseur reste de l'ordre de L_0 (une grandeur de référence liée à une dimension de Ω).

Même pour Re très petit, l'équation de Stokes (4.56) n'est plus adéquate pour représenter, l'écoulement à des *grandes* distances de Σ.

A des grandes distances, Ω apparaît comme un petit domaine évanescent au voisinage de l'origine (on suppose que Ω est une enceinte bornée contenant l'origine des coordonnées cartésiennes (x, y) et qu'à des grandes distances de Ω, l'écoulement considéré devient uniforme). Ainsi, avec des grandeurs sans dimensions on retrouve l'écoulement uniforme,

$$(4.58) \qquad \overline{\psi} \sim \overline{y}, \quad \text{loin de } \Sigma.$$

Mais à des grandes distances de Σ, il est clair que la nondimensionalisation (4.47a), qui a conduit à l'équation (4.49), doit être remplacée par la suivante (dite "distale") :

$$(4.59) \qquad \widetilde{y} = \frac{y}{\mathcal{L}_0}, \widetilde{x} = \frac{x}{\mathcal{L}_0}; \widetilde{\psi} = \frac{\psi}{U_0 \mathcal{L}_0},$$

et on voit apparaître le rapport ($\mathcal{L}_0$ est l'échelle qui caractérise les "grandes distances") :

$$(4.60) \qquad \gamma_0 = \frac{\mathcal{L}_0}{L_0} \gg 1.$$

Dans les coordonées $\widetilde{x}$, $\widetilde{y}$, on obtient pour $\widetilde{\psi}$, à la place de (4.49), l'équation distale suivante :

$$(4.61) \qquad \gamma_0 Re \left\{ \frac{\partial \widetilde{\psi}}{\partial \widetilde{y}} \frac{\partial}{\partial \widetilde{x}} - \frac{\partial \widetilde{\psi}}{\partial \widetilde{x}} \frac{\partial}{\partial \widetilde{y}} \right\} \widetilde{\mathbf{D}}^2 \widetilde{\psi} = \widetilde{\mathbf{D}}^2 (\widetilde{\mathbf{D}}^2 \widetilde{\psi}),$$

oú $\widetilde{\mathbf{D}}^2 = \dfrac{\partial^2}{\partial \widetilde{x}^2} + \dfrac{\partial^2}{\partial \widetilde{y}^2}.$

Naturellement, lorsque $Re \to 0$, le choix

$$(4.62) \qquad \gamma_0 \equiv \frac{1}{Re}$$

conduit à la dégénérescence la plus significative (c'est à dire à celle qui contient le plus de termes).

Ainsi, pour étudier ce qui se passe "très loin" de la paroi Σ de Ω, il faut introduire la nondimensionalisation suivante :

$$(4.63) \qquad \widetilde{x} = Re\,\overline{x}, \widetilde{y} = Re\,\overline{y}; \widetilde{\psi} = Re\,\overline{\psi},$$

au niveau de l'équation de Navier (4.49).

Dans ce cas $\widetilde{\psi}(\widetilde{x}, \widetilde{y})$ satisfait à l'équation sans dimension suivante :

$$(4.64) \qquad \left(\frac{\partial \widetilde{\psi}}{\partial \widetilde{y}} \frac{\partial}{\partial \widetilde{x}} - \frac{\partial \widetilde{\psi}}{\partial \widetilde{x}} \frac{\partial}{\partial \widetilde{y}} \right) \widetilde{\mathbf{D}}^2 \widetilde{\psi} = \widetilde{\mathbf{D}}^2 (\widetilde{\mathbf{D}}^2 \widetilde{\psi}).$$

Il semble que, pour l'instant, la situation n'ait pas beaucoup évoluée — car on retrouve la même équation de Navier (sans le nombre Re) pour $\widetilde{\psi}(\widetilde{x}, \widetilde{y})$.

Mais, cela n'est qu'une illusion, car vu de très loin, Ω est un petit domaine (qui se réduit à un point (l'origine) lorsque $Re \to 0$) et de ce fait l'écoulement de base uniforme à l'infini (on notera que $\widetilde{\psi} = \overline{\psi}/\gamma_0$ et $\widetilde{y} = \overline{y}/\gamma_0$) :

$$(4.65) \qquad \widetilde{\psi} \sim \widetilde{y};$$

sera, manifestement, *très peu* perturbé par cet obstacle de dimensions *très petites*. Ainsi, au loin de Σ, lorsque $Re \to 0$, on peut postuler une solution approchée de l'équation (4.64) et satisfaisant à (4.65), sous la forme suivante (elle correspond à une théorie "linéaire") :

$$(4.66) \qquad \widetilde{\psi} = \widetilde{y} + \mu_1(Re)\widetilde{\psi}_1 + \cdots,$$

oú $\mu_1(Re) \to 0$, avec $Re \to 0$, est une jauge qui reste à déterminer.

En substituant (4.66) dans (4.64) on constate qu'à l'ordre $\mu_1(Re)$, la fonction $\widetilde{\psi}_1(\widetilde{x}, \widetilde{y})$ satisfait à l'équation dite d'*Oseen* :

$$(4.67) \qquad \frac{\partial}{\partial \widetilde{x}} (\widetilde{\mathbf{D}}^2 \widetilde{\psi}_1) = \widetilde{\mathbf{D}}^2 (\widetilde{\mathbf{D}}^2 \widetilde{\psi}_1),$$

qui est une équation linéaire, comme celle de Stokes (4.56).

Ainsi, lorque $Re << 1$, l'équation de Stokes (4.56) fournit une solution approchée valable au voisinage de Σ, tandis que l'équation d'Oseen (4.67) donne une solution approchée valable au voisinage de l'infini, au loin de Σ, là oú l'écoulement devient uniforme.

Ce n'est que par la conjonction des deux solutions approchées que l'on parvient à construire une solution approchée uniformément valable partout.

Ainsi, le paradoxe de Stokes veut dire que : l'on ne peut pas obtenir une solution de l'équation de Stokes qui, satisfaisant à des conditions sur la paroi de l'obstacle (adhérence), satisfasse aussi à la condition de comportement à l'infini, loin de la paroi.

Chapitre V

LES OUTILS DE LA MODÉLISATION ASYMPTOTIQUE

Il s'agit, ici, des "outils" qui permettent d'obtenir de façon cohérente et systématique les modèles de la mécanique des fluides, issus du modèle exact de N-S. Après un bref rappel sur la linéarisation et de sa signification sous l'éclairage "asymptotique", on trouvera des exposés, assez court, sur la MDAR et la MEM, ainsi que sur l'homogénéisation et ses applications aux problèmes faisant intervenir des phénomènes de double échelle (macroscopique et microscopique) et à l'obtention d'équations d'amplitudes.

Au Chapitre VI, suivant, nous donnons diverses notions qui permettront de mieux cerner les diverses facettes de la modélisation asymptotique, telle qu'elle est conçue à l'heure actuelle.

5.1. Le concept de linéarisation et la modélisation.

Historiquement la linéarisation est l'une des premières (sinon la première) méthode approchée de résolution des problèmes mathématiques que pose la mécanique des fluides. A cette fin il suffit de connaître une situation de base $\mathcal{U}_0$ (relativement simple) et ensuite, grâce à la présence (dans le problème considéré) d'un petit paramètre $\alpha << 1$ (on travaille avec des grandeurs sans dimensions), de rechercher la solution du problème sous la forme suivante :

$$(5.1) \qquad \mathcal{U} = \mathcal{U}_0 + \alpha\, \mathcal{U}_1 + \mathcal{O}(\alpha^2).$$

On trouve alors pour $\mathcal{U}_1$ un problème linéaire oú intervient, éventuellement la solution (supposée) connue $\mathcal{U}_0$.

Malheureusement, et cela est bien souvent le cas, la solution $\mathcal{U}_0 + \alpha\, \mathcal{U}_1$ ne fournit pas (dans le domaine d'écoulement Ω considéré), en général, l'approximation linéaire *uniformément valable* de la solution exacte $\mathcal{U}$ pour α infiniment petit.

C'est-à-dire, que la solution du problème linéaire *ne* représente pas, dans Ω, le premier terme en α du développement asymptotique de $\mathcal{U}$ uniformément valable dans tout Ω.

C'est souvent le cas parce que le petit paramètre α est un petit paramètre de perturbation *singulière*, qui a des effets qui ne sont pas, partout, *petits* dans Ω.

En fait, il s'avère que : toute solution déduite du formalisme classique de la linéarisation doit-être considérée, en toute généralité, comme une solution principale valable uniquement dans un certain sous-domaine physique de Ω, oú l'écoulement est initialement considéré.

De ce fait, il faut raccorder cette solution linéaire, principale, avec une solution locale valable dans la région singulière oú cette solution linéaire principale tombe en défaut.

En d'autres termes, il faut savoir *insérer* la solution (principale) linéarisée dans une hiérarchie de solutions qui relève de la MDAR.

En vérité, il peut arriver, pour certains types de problèmes (à effets petits, cumulatifs pour les grands temps, ou sur une longue distance), que le comportement de la solution locale (valable dans une région singulière) vers la solution principale (correspondant au problème linéarisé) *n'existe* pas et dans ce cas il n'y a pas de possibilité de raccord entre ces deux solutions, il faut alors faire appel à la MEM et dans ce cas le problème linéaire n'est pas un modèle cohérent !

Aussi, plutôt que de parler de linéarisation, on parlera de modélisation (asymptotique) ; ce qui veut dire que l'on recherchera les équations modèles qui permettent de calculer les divers termes $\mathcal{U}_k$ de (5.1). Ensuite, il faudra construire la solution approchée $(\mathcal{U}_0 + \alpha\,\mathcal{U}_1 + \cdots)$ qui, à un certain ordre en α, sera uniformément proche de la solution exacte $\mathcal{U}$.

5.2. La MDAR et le concept de raccord

Nous n'avons pas l'intention de présenter ici un exposé systématique de la MDAR ; on trouvera de tels exposés dans les livres de Van Dyke (1975) et de Kevorkian et Cole (1981). Pour une étude plus rigoureuse on pourra consulter les trois articles de Fraenkel (1969) et aussi le livre de Eckhaus (1973).(*)

Pour simplifier, nous supposons que la fonction $\mathcal{U}(x;\varepsilon)$ définie pour $0 < x < x_0$ et $0 < \varepsilon < \varepsilon_0$, avec $\varepsilon \ll 1$, un petit paramètre, satisfait à un certain problème et est représentée par deux développements asymptotiques :

$$(5.2) \qquad \mathcal{U} = \sum_{p=0}^{n} \delta_p(\varepsilon)\overline{\mathcal{U}}_p(x) + \mathcal{O}(\delta_{n+1}),$$

qui est le développement asymptotique *principal* (dit aussi *extérieur*, valable partout sauf au voisinage de $x = 0$) et

$$(5.2) \qquad \mathcal{U} = \sum_{q=0}^{m} \gamma_p(\varepsilon)\widehat{\mathcal{U}}_p\Big(\frac{x}{\lambda(\varepsilon)}\Big) + \mathcal{O}(\gamma_{m+1}),$$

qui est le développement asymptotique *local* (dit aussi *intérieur*, valable dans un voisinage $\lambda(\varepsilon)$ de $x = 0$).

On a de plus que :

$$\delta_{p+1} \ll \delta_p, \quad \gamma_{q+1} \ll \gamma_q, \quad \lambda \ll 1.$$

(*) En langue française, il y a le livre de Cl. François (1981) et les Conférences de Paul Germain (1977)(voir la Bibliographie à la fin du livre).

On dit que les deux développements asymptotiques (5.2) et (5.3) sont *raccordés* à l'ordre $\mu(\varepsilon)$, s'il existe une limite intermédiaire ($\lambda \ll \eta \ll 1$) :

$$(5.4) \qquad \lim_{\eta} \equiv \left\{ \varepsilon \to 0, \quad \text{avec} \quad x_\eta = \frac{x}{\eta(\varepsilon)} \quad \text{fixé} \right\}$$

de telle façon que(**) :

$$(5.5) \qquad \lim_{\eta} \left\{ \frac{E_n \mathcal{U} - I_m \mathcal{U}}{\mu(\varepsilon)} \right\} = 0,$$

où $E_n = \displaystyle\sum_{p=0}^{n} \delta_p(\varepsilon) \overline{\mathcal{U}}_p(x)$ et $I_m = \displaystyle\sum_{q=0}^{m} \gamma_q(\varepsilon) \widehat{\mathcal{U}}_q(x/\lambda(\varepsilon))$.

Une règle de raccord un peu plus souple est celle de Van Dyke :
" Le développement intérieur jusqu'à $\mathcal{O}(\delta_n)$ du développement extérieur jusqu'à $\mathcal{O}(\delta_m)$ doit être égal au développement extérieur jusqu'à $\mathcal{O}(\delta_m)$ du développement intérieur jusqu'à $\mathcal{O}(\delta_n)$",
les jauges étant les mêmes dans les deux développements ($\gamma_n \equiv \delta_n$) et les deux membres de l'égalité énoncée étant exprimés avec les mêmes variables (soit x, soit $\widehat{x} = x/\lambda(\varepsilon)$), afin de pouvoir écrire l'identité. Par contre les nombres entiers n et m ne sont pas nécessairement égaux entre eux.

Une troisième règle de raccord (relativement aisée à mettre en application) peut être formulée de la façon suivante :
on a au voisinage de $x = 0$ une singularité et de ce fait on doit introduire la variable locale $\widehat{x} = x/\varepsilon$ et dans ce cas on a les deux développements asymptotiques suivants :

$$(5.6) \qquad \mathcal{U}(x;\varepsilon) = \overline{\mathcal{U}}_0(x) + \varepsilon \overline{\mathcal{U}}_1(x) + \varepsilon^2 \overline{\mathcal{U}}_2(x) + \mathcal{O}(\varepsilon^3);$$

$$(5.7) \qquad \mathcal{U}(x;\varepsilon) = \widehat{\mathcal{U}}_0(\widehat{x}) + \varepsilon \widehat{\mathcal{U}}_1(\widehat{x}) + \varepsilon^2 \widehat{\mathcal{U}}_2(\widehat{x}) + \mathcal{O}(\varepsilon^3);$$

lorsque $\varepsilon \to 0$ à x *fixé et $\widehat{x}$ fixé*, respectivement.

Il est clair que si la MDAR s'applique, alors les valeurs limites $\widehat{\mathcal{U}}_0(\infty)$, $\widehat{\mathcal{U}}_1(\infty)$, $\widehat{\mathcal{U}}_2(\infty)$,... du développement *local* (5.7) existent et sont bien définies. D'autre part, on suppose que le développement extérieur de $\mathcal{U}(x;\varepsilon)$, (5.6), reste valable au voisinage de $x = 0$, de telle façon que l'on puisse effectuer un développement taylorien (dans une certaine mesure cela est plausible d'après le théorème d'extension de Kaplun (voir à ce sujet le § 15 de la Leçon III de Zeytounian (1986)) :

$$\mathcal{U}(x;\varepsilon) = \overline{\mathcal{U}}_0(0) + x \frac{d\overline{\mathcal{U}}_0}{dx}\bigg|_{x=0} + \frac{x^2}{2} \frac{d^2\overline{\mathcal{U}}_0}{dx^2}\bigg|_{x=0}$$

$$+ \cdots + \varepsilon\, \overline{\mathcal{U}}_1(0) + \varepsilon x \frac{d\overline{\mathcal{U}}_1}{dx}\bigg|_{x=0} + \cdots$$

$$+ \varepsilon^2\, \overline{\mathcal{U}}_2(0) + \cdots.$$

---

*) Une telle règle de raccord (via une limite intermédiaire) est nécessaire, par exemple, dans le cas des écoulements à faible nombre de Reynolds (voir le § 7.4.).

Si cela est bien le cas, on traduit alors le raccord de (5.6) et (5.7) par l'égalité suivante
(on exprime tous les termes en $\widehat{x} = x/\varepsilon$) :

$$
(5.8) \quad
\begin{aligned}
\overline{\mathcal{U}}_0(0) &+ \varepsilon\left\{ \widehat{x}\frac{d\overline{\mathcal{U}}_0}{dx}\bigg|_{x=0} + \overline{\mathcal{U}}_1(0) \right\} + \varepsilon^2\left\{ \frac{\widehat{x}^2}{2}\frac{d^2\overline{\mathcal{U}}_0}{dx_2}\bigg|_{x=0} \right. \\
&\left. + \widehat{x}\frac{d\overline{\mathcal{U}}_1}{dx}\bigg|_{x=0} + \overline{\mathcal{U}}_2(0) \right\} + \mathcal{O}(\varepsilon^3) \\
&= \widehat{\mathcal{U}}_0(\infty) + \varepsilon\,\widehat{\mathcal{U}}_1(\infty) + \varepsilon^2\widehat{\mathcal{U}}_2(\infty) + \mathcal{O}(\varepsilon^3).
\end{aligned}
$$

De (5.8) il découle les conditions de raccord suivantes :

$$
(5.9) \quad
\begin{cases}
\overline{\mathcal{U}}_0(0) = \widehat{\mathcal{U}}_0(\infty); \\
\widehat{x}\dfrac{d\overline{\mathcal{U}}_0}{dx}\bigg|_{x=0} + \overline{\mathcal{U}}_1(0) = \widehat{\mathcal{U}}_1(\infty); \\
\dfrac{\widehat{x}^2}{2}\dfrac{d^2\overline{\mathcal{U}}_0}{dx^2}\bigg|_{x=0} + \widehat{x}\dfrac{d\overline{\mathcal{U}}_1}{dx}\bigg|_{x=0} + \overline{\mathcal{U}}_2(0) = \widehat{\mathcal{U}}_2(\infty); \\
\cdots\cdots\cdots\cdots\cdots\cdots\cdots\cdots\cdots\cdots
\end{cases}
$$

Précisons encore que si l'on peut construire :

$$
I_m(E_n\mathcal{U}) \qquad \text{et} \qquad E_n(I_m\mathcal{U}),
$$

alors souvent (mais pas toujours !) on peut remplacer (5.5) par la condition de raccord
restreinte :

$$
(5.10) \qquad I_m(E_n\mathcal{U}) = E_n(I_m\mathcal{U}),
$$

qui est, en fait, la règle de raccord simplifiée de Van Dyke qui conduit à l'existence d'un
développement, limité, *composite* de la forme suivante :

$$
(5.11) \qquad C_n^m\mathcal{U} = E_n\mathcal{U} + I_m\mathcal{U} - I_m(E_n\mathcal{U}).
$$

Le développement limité $C_m^n\mathcal{U}$ est composite car :

$$
(5.12) \qquad E_n(C_m^n\mathcal{U}) \equiv E_n\mathcal{U}, \; I_m(C_m^n\mathcal{U}) \equiv I_m\mathcal{U},
$$

grâce à (5.10).

Il faut être conscient que la MDAR ne s'applique pas toujours et que certains problèmes
de perturbation singulière peuvent ne pas se résoudre au moyen de la MDAR. Cela étant
dû essentiellement au fait que le raccord n'est pas possible (le développement local, situé
au voisinage de $x = 0$, a un mauvais comportement lorsque $\widehat{x} = x/\varepsilon \to \infty$).

5.3. La M.E.M. et l'élimination des termes séculaires

On peut résumer les caractéristiques essentielles de la MEM de la façon suivante (Germain (1977)) :

lorsque les données du problème font apparaître que le petit paramètre ε est le rapport de deux échelles de temps (ou de deux échelles d'espace), la MEM consiste à introduire deux variables de temps construites avec ces échelles (l'une d'entre elles étant éventuellement distordue) et à envisager le développement formel de la solution en ε, chaque coefficient du développement étant fonction des deux variables temps ainsi introduites, considérées tout au long du calcul comme indépendantes. Pour déterminer complètement un coefficient de ce développement, il ne suffit pas de résoudre l'équation où il apparaît pour la première fois. Les indéterminées qui demeurent nécessairement sont à choisir en imposant que l'équation dans laquelle apparaît le coefficient suivant du développement pourra conduire à une solution qui ne détruise pas la validité de l'approximation cherchée, mais, au contraire, assure au mieux cette validité (élimination de termes séculaires).

Ainsi, si $\mathcal{U}(t;\varepsilon)$ est la solution d'un problème qui fait intervenir une équation différentielle ordinaire et des conditions, on introduit

$$(5.13) \qquad T = \varepsilon t \qquad \text{et} \qquad \mathcal{T} = g(\varepsilon)t,$$

avec $g(\varepsilon) = 1 + \omega_2\,\varepsilon^2 + \omega_3\,\varepsilon^3 + \cdots$

Dans ce cas la fonction $\mathcal{U}(t;\varepsilon)$ est remplacée par la nouvelle fonction (inconnue) :

$$\mathcal{U}^*(T,\mathcal{T};\varepsilon)$$

et on recherche la solution approchée ($\varepsilon << 1$) sous la forme

$$(5.14) \qquad \mathcal{U}^*(T,\mathcal{T};\varepsilon) = \mathcal{U}_0^*(T,\mathcal{T}) + \varepsilon\mathcal{U}_1^*(T,\mathcal{T}) + \cdots$$

qui est supposée être un développement asymptotique *uniformement valable* en T et $\mathcal{T}$.

Naturellement, on a les expressions suivantes :

$$(5.15a) \qquad \left\{ \begin{aligned} \frac{d\mathcal{U}}{dt} &= \frac{\partial\mathcal{U}^*}{\partial T}\frac{\partial T}{\partial t} + \frac{\partial\mathcal{U}^*}{\partial\mathcal{T}}\frac{\partial\mathcal{T}}{\partial t} \\ &= \varepsilon\frac{\partial\mathcal{U}^*}{\partial T} + (1 + \omega_2\varepsilon^2 + \cdots)\frac{\partial\mathcal{U}^*}{\partial\mathcal{T}} \\ &= \frac{\partial\mathcal{U}_0^*}{\partial\mathcal{T}} + \varepsilon\Big(\frac{\partial\mathcal{U}_0^*}{\partial T} + \frac{\partial\mathcal{U}_1^*}{\partial\mathcal{T}}\Big) \\ &\quad + \varepsilon^2\Big(\frac{\partial\mathcal{U}_1^*}{\partial T} + \omega_2\frac{\partial\mathcal{U}_0^*}{\partial\mathcal{T}} + \frac{\partial\mathcal{U}_2^*}{\partial\mathcal{T}}\Big) \\ &\quad + \cdots\ ; \end{aligned} \right.$$

$$(5.15b) \qquad \left\{ \begin{aligned} \frac{d^2\mathcal{U}}{dt^2} &= \frac{\partial^2\mathcal{U}_0^*}{\partial\mathcal{T}^2} + \varepsilon\Big(2\frac{\partial^2\mathcal{U}_0^*}{\partial T\partial\mathcal{T}} + \frac{\partial^2\mathcal{U}_1^*}{\partial\mathcal{T}^2}\Big) \\ &\quad + \varepsilon^2\Big(2\omega_2\frac{\partial^2\mathcal{U}_0^*}{\partial\mathcal{T}^2} + \frac{\partial^2\mathcal{U}_0^*}{\partial T^2} + \frac{\partial^2\mathcal{U}_1^*}{\partial T\partial\mathcal{T}} + \frac{\partial^2\mathcal{U}_2^*}{\partial\mathcal{T}^2}\Big) \\ &\quad + \cdots \end{aligned} \right.$$

De ce fait $\mathcal{U}_0^*$, $\mathcal{U}_1^*$, $\cdots$ satisfont à des équations aux dérivées partielles.

Comme le développement asymptotique (5.14) de $\mathcal{U}^*$ est supposé être uniformément valable en $\mathcal{T}$ et T, lorsque $\varepsilon \to 0$, cela veut dire que les rapports :

$$(5.16) \qquad \mathcal{U}_{k+1}^* \Big/ \mathcal{U}_k^*, \; \frac{\partial^n \mathcal{U}_{k+1}^*}{\partial T^n} \Big/ \frac{\partial^n \mathcal{U}_k^*}{\partial T^n}, \; \frac{\partial^m \mathcal{U}_{k+1}^*}{\partial T^m} \Big/ \frac{\partial^m \mathcal{U}_k^*}{\partial T^m},$$

restent uniformément bornés lorsque $\varepsilon \to 0$ (pour tous entiers n, m, k), quelque soient les valeurs prises par les variables T et $\mathcal{T}$.

Les conditions (5.16) doivent justement permettre d'éliminer au niveau des solutions (ou des équations) pour $\mathcal{U}_1^*$, $\mathcal{U}_2^*$, $\cdots$ les termes séculaires (ceux qui vont tendre vers l'∞, avec $\mathcal{T}$, d'une façon générale).

L'élimination de ces termes séculaires et le choix des ω_2, ω_3, $\cdots$ permet alors de déterminer complètement la forme des solutions $\mathcal{U}_0^*$, $\mathcal{U}_1^*$, ... En fait, on remarque que l'introduction des deux temps T et $\mathcal{T}$ ne conduit pas, pour $\mathcal{U}_0^*$, $\mathcal{U}_1^*$, ... à la résolution d'équations aux dérivées partielles par rapport aux deux variables à la foi, mais uniquement à la résolution, successive, d'équations différentielles ordinaires par rapport à $\mathcal{T}$, avec des seconds membres (à partir de $\mathcal{U}_1^*$) qui font intervenir des dérivations en T relativement au $\mathcal{U}^*$ précédent ; ainsi l'équation pour $\mathcal{U}_1^*$ fait intervenir au second membre des dérivations en $\mathcal{U}_0^*$ relativement à T ce qui permet, justement, via l'élimination des termes séculaires de déterminer la dépendance de $\mathcal{U}_0^*$ relativement à T !

On pourra se convaincre que cela est bien le cas sur le problème modèle suivant :

$$(5.17) \qquad \begin{cases} \dfrac{d^2 \mathcal{U}}{dt^2} + 2\varepsilon \dfrac{d\mathcal{U}}{dt} + \mathcal{U} = 0, \\ t = 0 : \mathcal{U}(0) = \mathcal{U}_{00} = \text{ Constante}, \\ \qquad \lim_{t \to +\infty} \mathcal{U} = 0, \end{cases}$$

dont la solution exacte est

$$(5.18) \qquad \mathcal{U}(t; \varepsilon) = \mathcal{U}_{00} \exp(-\varepsilon t) \cos[\sqrt{1 - \varepsilon^2} \, t].$$

Pour $\mathcal{U}_0^*(T, \mathcal{T})$ on a l'équation

$$(5.19a) \qquad \frac{\partial^2 \mathcal{U}_0^*}{\partial \mathcal{T}^2} + \mathcal{U}_0^* = 0,$$

et pour $\mathcal{U}_1^*(T, \mathcal{T})$ l'équation

$$(5.19b) \qquad \frac{\partial^2 \mathcal{U}_1^*}{\partial \mathcal{T}^2} + \mathcal{U}_1^* = -2 \frac{\partial \mathcal{U}_0^*}{\partial \mathcal{T}} - 2 \frac{\partial^2 \mathcal{U}_0^*}{\partial T \partial \mathcal{T}}.$$

Ainsi, $\mathcal{U}_0^*(\mathcal{T}, T) = A_0(T) \cos[\mathcal{T} + \varphi_0(T)]$, avec $\varphi_0(0) \equiv 0$ et $A_0(0) \equiv \mathcal{U}_{00}$. L'élimination des deux termes séculaires dans (5.19b) conduit à

$$(5.20) \qquad \frac{dA_0}{dt} + A_0 = 0, \quad \frac{d\varphi_0}{dt} = 0 \Rightarrow A_0(T) = \mathcal{U}_{00} \exp(-T), \varphi_0(T) \equiv 0.$$

Si l'on pousse à l'ordre ε^2 on trouve que $\omega^2 = -1/2$ et $\mathcal{U}_1^* \equiv 0$, du fait de l'élimination des termes séculaires au niveau de l'équation pour $\mathcal{U}_2^*$. En définitive, cela permet d'obtenir une approximation fidèle de la solution, exacte (5.18) jusqu'à l'ordre ε^2 :

$$(5.21) \qquad \mathcal{U}(t;\varepsilon) = \mathcal{U}_{00} \exp(-\varepsilon t) \cos\left[\left(1 - \frac{\varepsilon^2}{2}\right)t\right] + \mathcal{O}(\varepsilon^2).$$

On trouvera dans la Troisième Partie des Conférences de Germain (1977) une application de la MEM à un problème de propagation d'ondes et on pourra aussi à ce sujet lire avec profit l'article du même auteur de (1971).

Précisons, enfin, que l'application d'une MDAR au problème (5.17) conduit à un développement principal qui ne reste valable que pour des t de l'ordre de un, la condition de comportement pour $t \to +\infty$ ne pouvant pas être satisfaite. Si l'on veut rechercher un développement local (distal au voisinage de l'∞) on arrive à la solution triviale $\mathcal{U} \equiv 0$ qui ne peut se raccorder avec la solution principale. Ainsi, la MDAR tombe en défaut, d'une part du fait que le raccord n'est pas possible, d'autre part à cause de la présence de termes qui deviennent très grand, avec t, dans le développement principal ; c'est le cas classique où les failles de la MDAR conduisent à utiliser la MEM.

5.4. MEM et technique d'homogénéisation

Il semble que ce soit E. Sanchez-Palencia (1971) qui, le premier, ait introduit le vocable homogénéisation, lors de l'obtention asymptotique de la loi dite de Darcy pour les milieux poreux, considérée comme une version homogénéisée (moyennée) des équations classiques de Stokes régissant l'écoulement lent d'un fluide visqueux à travers une matrice rigide. Depuis l'homogénéisation a fait beaucoup de progrès et on pourra à ce sujet consulter les livres de Bensoussan, Lions et Papanicolaou (1978), Sanchez-Palencia (1980) et la Conférence Générale de Sanchez-Palencia (1983).

Du point de vue du Mécanicien des fluides, spécialiste de la modélisation asymptotique, l'homogénéisation se présente, dans une certaine mesure, comme une façon de penser et d'aborder les problèmes ayant une structure hétérogène. Nous y voyons l'attitude qui consiste à appliquer la MEM, au sens large, à l'analyse des écoulements ayant au moins une microstructure intimement liée à la macrostructure principale.

L'hypothèse de base, en accord avec la MEM, est la suivante :
il y a une disparité d'ordre de grandeur entre l'échelle (nous nous limitons ici à *deux* échelles) liée à l'écoulement dans sa réponse aux sollicitations extérieures et celle qui définit géométriquement et (ou) mécaniquement la microstructure interne.

Il s'avère alors que : l'homogénéisation est un processus asymptotique basé sur la MEM, d'inspiration physique, de mise en évidence de propriétés macroscopiques en fonction d'informations microscopiques.

Réciproquement, elle permet d'analyser la microstructure en tenant compte de son interaction avec la macrostructure. De façon quelque peu imagée, on peut dire que l'homogénéisation est la démarche qui permet de substituer à un milieu fortement hétérogène (très raide) un milieu homogène que l'on souhaite équivalent au précédent et ce avec une certaine approximation.

Dans la pratique, on peut dire que l'on est conduit à cette démarche dans deux types de problèmes :

I) Il arrive que l'on souhaite obtenir des renseignements de nature globale (réponse macroscopique) sur des écoulements dont la nature fortement hétérogène est "évidente", car résultant de leur configuration propre (par exemple, l'écoulement à travers l'aubage d'une roue de turbomachine possédant un *grand* nombre d'aubes) ou encore de leur structure intrinsèque (écoulement dans le coeur d'une nappe tourbillonnaire *fortement* enroulée).

Dans ce cas les problèmes sont très raides et le calcul devient très difficile et le coût en est prohibitif, surtout au regard d'informations globales qui sont bien souvent les seules demandées.

De ce fait, il faut savoir effectuer ces calculs sur des structures plus simples, moyennes, mais qu'il faut définir de façon précise et rationnelle. De plus il faut être capable d'estimer l'impact (la trace) de la microstructure sur la structure moyenne, homogénéisée, ainsi mise en évidence et éventuellement d'évaluer aussi l'impact de la macrostructure sur la microstructure locale.

II) On cherche à mieux comprendre le comportement de milieux fluides considérés usuellement comme homogènes (par exemple, assimilation d'un écoulement réel, turbulent à un écoulement laminaire). Par un examen plus détaillé de ces milieux on constate qu'ils sont, en fait, fortement hétérogènes à une échelle plus fine (microscopique) ; cette dernière est naturellement, du point de vue de la mécanique des fluides, plus grossière que l'échelle atomique (ou moléculaire) et, de ce fait, même à l'échelle microscopique en question les différents constituants (moyen et fluctuations) sont considérés encore comme des milieux continus au sens habituel. Cette approche microscopique qui considère des phénomènes au niveau des hétérogénéités (des fluctuations) permet bien souvent d'expliquer, via l'homogénéisation, certaines propriétés intéressantes de ces milieux, considérés traditionnellement comme étant à priori homogènes.

Considérons donc un milieu hétérogène de dimension globale caractéristique L, qui comprend des inclusions petites de dimensions caractéristiques $\lambda \ll L$. La structure de ce milieu continu "paraît homogène" si on le regarde à "l'oeil nu" — les inclusions étant supposés imperceptibles à niveau ! Cependant, ce même milieu devient, tout naturellement, fortement hétérogène lorsqu'on le regarde avec le grossissement

$$(5.22) \qquad\qquad \frac{L}{\lambda} = \frac{1}{\varepsilon} \gg 1.$$

On dira que ε (petit paramètre) caractérise la disparité des échelles macroscopique et microscopique du milieu hétérogène. Il s'avère que ε est un petit paramètre de perturbation singulière ; le caractère singulier étant intimement lié aux ordres de grandeur des dérivées relativement aux variables macroscopique et microscopique.

L'expérience acquise montre que la mise en oeuvre de la MEM, sous la forme dite homogénéisation, est grosso modo liée à deux étapes principales qui sont d'ailleurs étroitement imbriquées :

a) Il faut construire un milieu continu fictif (ou encore effectif) ou homogénéisé qui puisse répondre (en moyenne — c'est à dire macroscopiquement) aux sollicitations extérieures, comme répond le milieu réel (continu, mais hétérogène) et ceci avec un certain degré d'approximation,

b) il faut connaître le comportement de la microstructure (liée intimement aux hétérogénéités) et la manière dont elle répond aux sollicitations qui lui sont transmises par le milieu continu homogénéisé.

Nous aurons l'occasion d'illustrer notre démarche par divers exemples au Chapitre X. Pour l'instant précisons, ici, que pour mener à bien la technique d'homogénéisation il faut, avant tout, être capable de définir avec précision, de façon cohérente, une *opération de moyenne* qui fasse disparaître la dépendance fine, liée à la microstructure. Ainsi, les grandeurs définissant le milieu homogénéisé et qualifiées de macroscopiques sont les moyennes des grandeurs, réelles, correspondantes, régnant au sein du milieu hétérogène, sur un volume (de l'espace-temps à 4 dimensions) représentatif, élémentaire, lié à la structure microscopique. Ces grandeurs moyennes (macroscopiques) satisfont à des équations moyennes, homogénéisées où interviennent, en règle générale, des termes mémoires, *traces* de la microstructure moyennée.

Ainsi, on constate, qu'en première approximation il faut, tout d'abord, avoir accès à la microstructure et obtenir les équations et les conditions qui la régisse. Souvent la microstructure est très simple (en première approximation, naturellement) et de ce fait peut se déterminer aisément.

Afin, de mieux faire comprendre tout ce qui vient d'être dit ci-dessus nous considérons maintenant un exemple très simple sur lequel nous allons expliciter les diverses étapes de la mise en oeuvre de la technique d'homogénéisation.

Nous raisonnons, une fois de plus, avec une fonction $\mathcal{U}(t, x)$ qui satisfait à l'équation modèle

$$(5.23) \qquad \frac{\partial \mathcal{U}}{\partial t} + \mathcal{U} \frac{\partial \mathcal{U}}{\partial x} = \mathcal{G}\Big(x, \frac{\theta(t,x)}{\varepsilon}; \varepsilon\Big),$$

où $\varepsilon \ll 1$ est un petit paramètre lié à la microstructure. La fonction $y = \theta(t,x)/\varepsilon$ caractérise la microstructure et on cherche la contrainte qu'il faut imposer à $\theta(t,x)$ pour décrire, lorsque $\varepsilon \to 0$, la double structure de la solution $\mathcal{U}$ de l'équation (5.23) ? Bien entendu, toutes les grandeurs au niveau de (5.23) sont sans dimensions ; il faut aussi, en toute rigueur, associer à (5.23) une condition (initiale) en t et aussi une condition (à la frontière) en x — cependant, nous laissons cette question de côté ici.

La mise en oeuvre de la technique d'homogénéisation via la MEM peut se décomposer en 5 étapes.

(1) Il faut tout d'abord *doubler* la variable x, en introduisant la nouvelle variable fine

$$(5.24) \qquad y = \frac{\theta(t,x)}{\varepsilon},$$

avec $\theta(t,x)$ une fonction qu'il faudra caractériser ultérieurement. Ensuite il faut supposer, en accord avec la MEM, que

$$\mathcal{U}(t,x) \Rightarrow \mathcal{U}^*(t,x,y;\varepsilon).$$

(2) On *décompose* maintenant le champ $\mathcal{U}^*$:

$$(5.25) \qquad \mathcal{U}^*(t,x,y;\varepsilon) = <\mathcal{U}^*(t,x;\varepsilon)> + \tilde{\mathcal{U}}^*(t,x,y;\varepsilon),$$

où $<\mathcal{U}^*>$ est la partie *moyenne* tandis que $\tilde{\mathcal{U}}^*$ est la *fluctuation* (due à la microstructure). La moyenne de $\mathcal{U}^*$, $<\mathcal{U}^*>$ s'effectue de façon adéquate en fonction de la nature du problème considéré et de la classe des solutions considérées ; dans un cas simple, si l'on recherche des solutions, $\mathcal{U}^*$, y - *périodique* alors, la moyenne revient à imposer une condition de périodicité avec une période de base Y de l'espace de la variable fine (microscopique) y.

Naturellement, on a toujours que :

$$(5.26) \qquad <\tilde{\mathcal{U}}^*> = 0,$$

et l'opération de moyenne *efface* la dépendance en y.

(3) La troisième étape consiste à tirer profit de la décomposition (5.25) au niveau des *dérivations*. On a donc :

$$(5.27) \qquad \begin{aligned} \frac{\partial \mathcal{U}}{\partial t} &= \frac{\partial \mathcal{U}^*}{\partial t} + \frac{1}{\varepsilon}\frac{\partial \theta}{\partial t}\frac{\partial \mathcal{U}^*}{\partial y}; \\ \frac{\partial \mathcal{U}}{\partial x} &= \frac{\partial \mathcal{U}^*}{\partial x} + \frac{1}{\varepsilon}\frac{\partial \theta}{\partial x}\frac{\partial \mathcal{U}^*}{\partial y}, \end{aligned}$$

ce qui conduit à l'équation suivante, à la place de (5.23),

$$(5.28a) \qquad \left(\frac{\partial \theta}{\partial t} + \mathcal{U}^*\frac{\partial \theta}{\partial x}\right)\frac{\partial \mathcal{U}^*}{\partial y} + \varepsilon\left\{\frac{\partial \mathcal{U}^*}{\partial t} + \mathcal{U}^*\frac{\partial \mathcal{U}^*}{\partial x} - \mathcal{G}(x,y;\varepsilon)\right\} = 0,$$

ou encore

$$(5.28b) \qquad \begin{aligned} &\left[\frac{\partial \theta}{\partial t} + <\mathcal{U}^*>\frac{\partial \theta}{\partial x}\right]\frac{\partial \tilde{\mathcal{U}}^*}{\partial y} + \frac{\partial \theta}{\partial x}\tilde{\mathcal{U}}^*\frac{\partial \tilde{\mathcal{U}}^*}{\partial y} \\ &+ \varepsilon\left\{\left[\frac{\partial}{\partial t} + <\mathcal{U}^*>\frac{\partial}{\partial x}\right]<\mathcal{U}^*> + \frac{\partial \tilde{\mathcal{U}}^*}{\partial t}\right. \\ &+ \tilde{\mathcal{U}}^*\frac{\partial \tilde{\mathcal{U}}^*}{\partial x} + <\mathcal{U}^*>\frac{\partial \tilde{\mathcal{U}}^*}{\partial x} + \tilde{\mathcal{U}}^*\frac{\partial}{\partial x}<\mathcal{U}^*> \\ &- <\mathcal{G}>\bigg\} = \tilde{\mathcal{G}}(x,y;\varepsilon), \end{aligned}$$

une fois que l'on fait l'hypothèse, de structure, suivante sur la fonction $\mathcal{G}(x,y;\varepsilon)$:

$$(5.29) \qquad \mathcal{G}(x,y;\varepsilon) = <\mathcal{G}>(x;\varepsilon) + \frac{1}{\varepsilon}\tilde{\mathcal{G}}(x,y;\varepsilon).$$

Cette dernière hypothèse est nécessaire si l'on veut obtenir une équation approchée (à l'ordre zéro, en ε), consistante, pour décrire la structure microscopique en y.

(4) Il faut effectuer les *développements* en ε :

$$(5.30) \quad \begin{cases} <\mathcal{U}^*> = <\mathcal{U}_0^*> + \varepsilon <\mathcal{U}_1^*> + \ldots; \\ \widetilde{\mathcal{U}}^* = \widetilde{\mathcal{U}}_0^* + \varepsilon \widetilde{\mathcal{U}}_1^* + \ldots; \\ <\mathcal{G}> = <\mathcal{G}_0> + \varepsilon <\mathcal{G}_1> + \ldots; \\ \widetilde{\mathcal{G}} = \widetilde{\mathcal{G}}_0 + \varepsilon \; \widetilde{\mathcal{G}}_1 + \cdots . \end{cases}$$

En substituant dans (5.28b) on trouve deux systèmes : à l'ordre ε^0 (ordre zéro) on a :

$$(5.31) \quad \left[\frac{\partial\theta}{\partial t} + <\mathcal{U}_0^*> \frac{\partial\theta}{\partial x}\right]\frac{\partial\widetilde{\mathcal{U}}_0^*}{\partial y} + \frac{\partial\theta}{\partial x}\widetilde{\mathcal{U}}_0^*\frac{\partial\widetilde{\mathcal{U}}_0^*}{\partial y} = \widetilde{\mathcal{G}}_0(x,y);$$

et à l'ordre ε (ordre un) on obtient :

$$(5.32) \quad \begin{aligned} &\left[\frac{\partial}{\partial t} + <\mathcal{U}_0^*> \frac{\partial}{\partial x}\right]<\mathcal{U}_0^*> + \frac{\partial\widetilde{\mathcal{U}}_0^*}{\partial t} + \widetilde{\mathcal{U}}_0^*\frac{\partial\widetilde{\mathcal{U}}_0^*}{\partial x} \\ &+ <\mathcal{U}_0^*>\frac{\partial\widetilde{\mathcal{U}}_0^*}{\partial x} + \widetilde{\mathcal{U}}_0^*\frac{\partial}{\partial x}<\mathcal{U}_0^*> \\ &+ \left[\frac{\partial\theta}{\partial t} + <\mathcal{U}_0^*> \frac{\partial\theta}{\partial x}\right]\frac{\partial\widetilde{\mathcal{U}}_1^*}{\partial y} \\ &+ \frac{\partial\theta}{\partial x}<\mathcal{U}_1^*>\frac{\partial\widetilde{\mathcal{U}}_0^*}{\partial y} + \frac{\partial\theta}{\partial x}\left[\widetilde{\mathcal{U}}_0^*\frac{\partial\widetilde{\mathcal{U}}_1^*}{\partial y}\right. \\ &\left.+ \widetilde{\mathcal{U}}_1^*\frac{\partial\widetilde{\mathcal{U}}_0^*}{\partial y}\right] = <\mathcal{G}_0> + \widetilde{\mathcal{G}}_1. \end{aligned}$$

(5) L'ultime étape consiste à *extraire* de (5.32) une *équation macroscopique, homogénéisée*, en tirant profit d'une condition de compatibilité (qui est, en fait, analogue à l'alternative dite de Fredholm et qui revient, une fois de plus, à éliminer des termes séculaires — voir le § 5.6).

Tout d'abord, on constate que si l'on impose à la fonction $\theta(t,x)$, caractérisant la microstructure, d'être une variable lagrangienne :

$$(5.33) \quad \frac{\partial\theta}{\partial t} + <\mathcal{U}_0^*> \frac{\partial\theta}{\partial x} = 0,$$

relativement au champ moyen (macroscopique) $<\mathcal{U}_0^*>$, alors le champ fluctuant, microscopique, $\widetilde{\mathcal{U}}_0^*(t,x,y)$ satisfait, grâce à l'équation (5.31), à l'équation *locale* suivante :

$$(5.34) \quad \frac{\partial\theta}{\partial x}\widetilde{\mathcal{U}}_0^*\frac{\partial\widetilde{\mathcal{U}}_0^*}{\partial y} = \widetilde{\mathcal{G}}_0(x,y).$$

Revenons maintenant à l'équation (5.32). Si l'on tient compte de (5.33) on peut réécrire cette équation (5.32) sous la forme suivante :

$$\frac{\partial}{\partial y}\left\{\frac{\partial\theta}{\partial x}\left[<\mathcal{U}_1^*>\tilde{\mathcal{U}}_0^*+\tilde{\mathcal{U}}_0^*\,\tilde{\mathcal{U}}_1^*\right]\right\}$$

(5.35)
$$=<\mathcal{G}_0>+\tilde{\mathcal{G}}_1-\frac{\partial\tilde{\mathcal{U}}_0^*}{\partial t}-\left[\frac{\partial}{\partial t}+<\mathcal{U}_0^*>\frac{\partial}{\partial x}\right]<\mathcal{U}_0^*>$$
$$-\left(\frac{\partial}{\partial x}<\mathcal{U}_0^*>\right)\tilde{\mathcal{U}}_0^*-\frac{1}{2}\frac{\partial}{\partial x}(\tilde{\mathcal{U}}_0^*)^2$$
$$-<\mathcal{U}_0^*>\frac{\partial\tilde{\mathcal{U}}_0^*}{\partial x}\equiv\mathcal{B}.$$

Comme l'opération de moyenne efface la dépendance en y, il découle de (5.35) la condition de compatibilité suivante :

(5.36)
$$<\mathcal{B}>=0,$$

qui est aussi une condition *d'intégrabilité* pour (5.35).

Maintenant, si l'on tient compte de (5.26), on arrive aisément, après quelques calculs, à obtenir de (5.36) l'équation moyenne, macroscopique, homogénéisée suivante :

(5.37)
$$\left[\frac{\partial}{\partial t}+<\mathcal{U}_0^*>\frac{\partial}{\partial x}\right]<\mathcal{U}_0^*>+\frac{1}{2}<\frac{\partial}{\partial x}(\tilde{\mathcal{U}}_0^*)^2>=<\mathcal{G}_0>,$$

oú apparaît le *terme mémoire* : $1/2<\partial/\partial x(\tilde{\mathcal{U}}_0^*)^2>$ *trace* de la microstructure au niveau de l'équation (5.37) régissant la macrostructure. La microstructure satisfaisant, elle, à l'équation locale (5.34).

5.5. Obtention d'équations d'amplitudes par la MEM

La MEM s'avère être un outil très performant pour obtenir des équations d'amplitudes (analogues à celles obtenues par la méthode de Galerkin ; voir le § 4.2), qui permettent d'analyser (numériquement) l'évolution vers le chaos d'écoulements de fluides lorsque $t\rightarrow+\infty$, via un attracteur étrange.

Afin, de montrer l'éfficacité de la MEM nous allons considérer une équation modèle, liée aux ondes dites barotropes dans un océan homogène (voir à ce sujet le livre de Kamenkovich, Koshlyakov et Monin (1982)). On a une fonction $\varphi(t,x,y)$ qui satisfait à l'équation non linéaire suivante :

(5.38)
$$\frac{\partial}{\partial t}(\Delta\,\varphi)+\frac{\partial\varphi}{\partial x}=-\delta J(\varphi,\Delta\,\varphi),$$

oú $\Delta=\dfrac{\partial^2}{\partial x^2}+\dfrac{\partial^2}{\partial y^2}$ et $J(a,b)=\dfrac{\partial a}{\partial x}\dfrac{\partial b}{\partial y}-\dfrac{\partial a}{\partial y}\dfrac{\partial b}{\partial x}$ avec $\delta\ll 1$ est un petit paramètre (lié à l'effet "β" ; voir le § 2.2). On suppose que, pour $t=o$, la fonction φ est représentée sous la forme d'une somme de trois harmoniques :

(5.39)
$$\varphi(o,x,y)=A\,\cos(\mathbf{k}_1\cdot\mathbf{r})+B\,\cos(\mathbf{k}_2\cdot\mathbf{r})+C\,\cos(\mathbf{k}_3\cdot\mathbf{r}),$$

où $\mathbf{k}_m = (k_{m,x}, k_{m,y})$ et $\mathbf{r} = (x, y)$; $m = 1, 2, 3$.

On veut construire une solution $\varphi(t, x, y)$ valable pour les *grands* temps, bornée dans le plan (x, y), de l'équation (5.38) sous la forme du développement asymptotique suivant :

(5.40) $$\varphi = \varphi_0(t, x, y; X, Y, T) + \delta\varphi_1(t, x, y; X, Y, T) + \dots$$

où $X = \delta x$, $Y = \delta y$ et $T = \delta t$ sont des variables *lentes*.

En substituant (5.40) dans l'équation (5.38) on trouve, successivement

(5.41a) $$\frac{\partial}{\partial t}(\Delta\varphi_0) + \frac{\partial\varphi_0}{\partial x} = 0, \quad \text{ordre zéro:}$$

(5.41b) $$\frac{\partial}{\partial t}(\Delta\varphi_1) + \frac{\partial\varphi_1}{\partial x} = -J(\varphi_0, \Delta\varphi_0) - \frac{\partial}{\partial T}(\Delta\varphi_0)$$
$$-2\frac{\partial}{\partial t}\left(\frac{\partial^2\varphi_0}{\partial x \partial X} + \frac{\partial^2\varphi_0}{\partial y \partial Y}\right) - \frac{\partial\varphi_0}{\partial X}. \quad \text{ordre un.}$$

où les dérivations dans les opérateurs Δ et J se font selon les variables (rapides) x et y.

Introduisons, maintenant les grandeurs suivantes :

(5.42) $$\begin{cases} \theta_m = \mathbf{k}_m \cdot \mathbf{r} - \sigma(\mathbf{k}_m)t: \\ \sigma(\mathbf{k}_m) = -\dfrac{k_{m,x}}{k_m^2}, m = 1, 2, 3. \end{cases}$$

Nous pouvons alors, en accord avec (5.39), écrire la solution de l'équation (5.41a), pour φ_0, sous la forme suivante :

(5.43) $$\begin{aligned} \varphi_0 = &A(X, Y, T)\cos\theta_1 \\ &+B(X, Y, T)\cos\theta_2 \\ &+C(X, Y, T)\cos\theta_3 \end{aligned}$$

où la dépendance en X, Y, T des amplitudes $A, B,$ et C est, pour le moment, arbitraire.

On peut démontrer qu'il existe toujours trois vecteurs d'ondes $\mathbf{k}_1, \mathbf{k}_2, \mathbf{k}_3$, qui satisfont aux conditions de résonnance suivantes :

(5.44) $$\mathbf{k}_1 + \mathbf{k}_2 + \mathbf{k}_3 = 0 \quad \text{et} \quad \sigma(\mathbf{k}_1) + \sigma(\mathbf{k}_2) = \sigma(\mathbf{k}_1 + \mathbf{k}_2).$$

Revenons maintenant à l'équation (5.41b), qui doit déterminer φ_1. Substituons la solution (5.43), pour φ_0, dans le second membre de l'équation (5.41b), pour φ_1 et tenons compte du fait que, en accord avec (5.44), on a aussi

(5.45) $$\theta_1 + \theta_3 = \theta_3.$$

Après quelques calculs il vient, à la place de (5.41b), l'équation suivante pour φ_1 :

$$\frac{\partial}{\partial t}(\Delta\varphi_1) + \frac{\partial\varphi_1}{\partial x} = \mathcal{D}_{k_1 k_2}\cos(\theta_1 - \theta_2)$$

$$+ \left[-\mathcal{D}_{k_1 k_2}AB + k_3^2\left\{\frac{\partial C}{\partial T} + \mathbf{C}_g(\mathbf{k}_3)\nabla C\right\}\right]\cos\theta_3$$

(5.46)
$$+ \left[\mathcal{D}_{k_1 k_3}AC + k_2^2\left\{\frac{\partial B}{\partial T} + \mathbf{C}_g(\mathbf{k}_2)\nabla B\right\}\right]\cos\theta_2$$

$$- \mathcal{D}_{k_1 k_3}AC\cos(\theta_1 + \theta_3)$$

$$+ \left[\mathcal{D}_{k_2 k_3}BC + k_1^2\left\{\frac{\partial A}{\partial T} + \mathbf{C}_g(\mathbf{k}_1)\nabla A\right\}\right]\cos\theta_1$$

$$- \mathcal{D}_{k_2 k_3}BC\cos(\theta_2 + \theta_3),$$

oú $\mathbf{C}_g(\mathbf{k})$ est la vitesse de groupe des ondes de Rossby (*) et l'opérateur ∇ a pour composantes $\partial/\partial X$ et $\partial/\partial Y$. Enfin, on a introduit les coefficients d'intéraction :

(5.47)
$$\mathcal{D}_{k_m k_n} = \frac{1}{2}(k_{n,x}k_{m,y} - k_{m,x}k_{n,y})(k_m^2 - k_n^2)$$
$$m, n = 1, 2, 3.$$

Il faut maintenant éliminer les termes résonnants, au second membre de (5.46) et pour cela il suffit d'égaliser les trois termes, qui sont proportionnels, respectivement, à $\cos\theta_1$, $\cos\theta_2$ et $\cos\theta_3$, à zéro.

Ainsi, pour les amplitudes A, B et C (qui sont des fonctions des variables lentes X, Y et T) il vient les équations suivantes :

(5.48)
$$\begin{cases} \dfrac{\partial A}{\partial T} + \mathbf{C}_g(\mathbf{k}_1)\nabla A = -\dfrac{\mathcal{D}_{k_2 k_3}}{k_1^2}BC; \\[2mm] \dfrac{\partial B}{\partial T} + \mathbf{C}_g(\mathbf{k}_2)\nabla B = -\dfrac{\mathcal{D}_{k_1 k_3}}{k_2^2}AC; \\[2mm] \dfrac{\partial C}{\partial T} + \mathbf{C}_g(\mathbf{k}_3)\nabla C = -\dfrac{\mathcal{D}_{k_1 k_2}}{k_3}AB. \end{cases}$$

On obtient ainsi un *système dynamique* de 3 équations pour A, B et C.

On notera que *si* les conditions de résonance (5.44) ne sont pas satisfaite *alors* les coefficients d'intéraction (5.47) sont nuls et, à la place de (5.48), on trouve que les amplitudes A, B et C se déplacent dans l'espace avec la vitesse de groupe $\mathbf{C}_g$ sans changer de forme.

De plus si pour $t = 0$ les amplitudes A, B et C sont indépendantes de X et Y, alors le système (5.48) peut se simplifier sous la forme :

(5.49)
$$\frac{dA}{dT} = \alpha BC, \quad \frac{dB}{dT} = \beta AC, \quad \frac{dC}{dT} = \gamma AB,$$

_____

(*) Les composantes de $\mathbf{C}_g(\mathbf{k})$ sont : $\partial\sigma/\partial k_x$ et $\partial\sigma/\partial k_y$; c'est-à-dire $\dfrac{k_x^2 - k_y^2}{k^4}$ et $\dfrac{2k_x k_y}{k^4}$, avec $k^2 = k_x^2 + k_y^2$.

où

$$\alpha = \frac{k_3^2 - k_2^2}{2k_1^2}\mathcal{X};$$

$$\beta = \frac{k_1^2 - k_3^2}{2k_2^2}\mathcal{X};$$

$$\gamma = \frac{k_2^2 - k_1^2}{2k_3^2}\mathcal{X},$$

avec $\mathcal{X} = k_{3,x}k_{2,y} - k_{2,x}k_{3,y} \equiv k_{1,x}k_{3,y} - k_{3,x}k_{1,y} \equiv k_{1,x}k_{2,y} - k_{2,x}k_{1,y}$.

Nous n'irons pas plus loin dans cette direction ici, mais nous pensons que cet exemple montre bien l'efficacité de la MEM pour l'obtention de systèmes dynamiques et à l'heure actuelle cette direction de recherche est l'objet de divers travaux originaux (voir au Chapitre IX, § 9.4., le cas de l'écoulement isochore).

5.6. MEM et alternative de Fredholm

On a vu que l'une des clés, pour mettre en oeuvre la MEM, était l'élimination des termes séculaires qui risquent de rompre le caractère uniforme du développement asymptotique de la solution recherchée.

Dans de nombreux cas, lors de la résolution de problème de modélisation asymptotique d'écoulements de fluides au moyen de la MEM, cette élimination des termes séculaires (qui conduit justement à l'obtention d'équations modèles) s'effectue à partir de l'*alternative dite de Fredholm*.

Cette alternative de Fredholm fournit une condition de *résolubilité* (de *compatiblité*) pour le problème traité au moyen de la MEM.

Cette condition de résolubilité permet d'obtenir des équations pour les "amplitudes" (lentement variable dans le temps et l'espace) restant indéterminées à un certain stade de la résolution des divers problèmes de la hiérarchie obtenue à partir de l'utilisation de la MEM.

Au § 10.3. on appliquera une telle condition de résolubilité (voir la condition (10.105)), lors de l'analyse de l'évolution des ondes acoustiques dans une enceinte mise en mouvement à très faible nombre de Mach. Cela permet d'obtenir une équation d'évolution pour les amplitudes acoustiques fonction du temps "long" t (voir l'équation 10.103)).

Pour ce qui concerne les problèmes différentiels nonhomogènes avec conditions aux frontières, l'alternative de Fredholm dit :

"Soit ce problème nonhomogène est résoluble, quelque soit les termes de force intervenant dans la partie nonhomogène de ce problème, soit encore le problème homogène associé (obtenu lorsque les termes de force sont nuls) possède une ou plusieurs fonctions propres (solutions non-triviales). Dans le premier cas la solution du problème nonhomogène est unique et dans le second cas le *problème nonhomogène est résoluble si et seulement si les termes de forces sont orthogonaux à toutes les fonctions propres du problème homogène associé*".

Cette condition d'orthogonalité conduit justement à la condition de compatibilité dont il a été question ci-dessus.

Dans ce qui suit, afin d'illustrer sur un exemple simple l'application de cette condition de compatibilité, nous considérons le problème linéaire relatif aux ondes irrotationnels à la surface libre d'un liquide (incompressible).

Il s'agit donc de trouver le potentiel des vitesses $\varphi(t, x, z)$ satisfaisant au problème plan instationnaire linéaire suivant (*) :

$$(5.50) \qquad \begin{cases} \dfrac{\partial^2 \varphi}{\partial x^2} + \dfrac{\partial^2 \varphi}{\partial z^2} = 0, \quad -h_0 < z < 0; \\[2mm] \dfrac{\partial \varphi}{\partial z} = 0, \quad \text{sur} \quad z = -h_0; \\[2mm] \dfrac{\partial^2 \varphi}{\partial t^2} + g\dfrac{\partial \varphi}{\partial z} = 0, \quad \text{sur} \quad z = 0. \end{cases}$$

Naturellement, une fois φ calculé à partir de (5.50), on peut déterminer la forme de la surface libre (d'équation : $z = \zeta(t, x)$) à partir de la relation :

$$(5.51) \qquad\qquad \zeta = -g^{-1}\frac{\partial \varphi}{\partial t}.$$

Afin de tenir compte d'un train d'ondes *lentement variable*, dans le temps et la direction horizontale, nous introduisons une cascade de variables lentes :

$$(5.52) \qquad x_1 = \mu x, x_2 = \mu^2 x, \ldots; t_1 = \mu t, t_2 = \mu^2 t, \ldots,$$

oú $\mu \ll 1$ est le petit paramètre de notre problème ; il caractérise, par exemple, le rapport du temps t_1, au temps t. On notera que si l'on veut que t_1 soit un temps significatif, il faut que t soit "relativement grand" car il est multiplié par le paramètre petit μ.

En accord avec la MEM on suppose que :

$$(5.53) \qquad \varphi(t, x, z) = F(x, x_1, x_2, \ldots; z; t, t_1, t_2, \ldots).$$

Il faut tenir compte aussi des formules de dérivation :

$$(5.54) \qquad \begin{aligned} \frac{\partial}{\partial x} &\to \frac{\partial}{\partial x} + \mu\frac{\partial}{\partial x_1} + \mu^2\frac{\partial}{\partial x_2} + \ldots, \\[2mm] \frac{\partial^2}{\partial x^2} &\to \frac{\partial^2}{\partial x^2} + 2\mu\frac{\partial^2}{\partial x \partial x_1} + \mu^2\Big(\frac{\partial^2}{\partial x_1^2} + 2\frac{\partial^2}{\partial x \partial x_2}\Big) + \ldots, \end{aligned}$$

et des formules analogues pour $\partial/\partial t$ et $\partial^2/\partial t^2$.

Maintenant, nous considérons pour F le développement asymptotique suivant :

$$(5.55) \qquad F = (F_0 + \mu F_1 + \mu^2 F_2 + \ldots)\exp\Big[i(kx - \omega t)\Big],$$

(*) Nous revenons sur le problème "exact", non linéaire, au Chapitre XI

où les $F_i = F_i(x_1, x_2, \ldots; z; t_1, t_2, \ldots), i = 0, 1, 2, \ldots.$

Le résultat de la substitution de (5.54) et (5.55) dans l'équation de Laplace (en tenant compte de (5.53)) est la hiérarchie d'équations suivantes :

$$(5.56a) \qquad \frac{\partial^2 F_0}{\partial z^2} - k^2 F_0 = 0, \quad \text{ordre} \quad \mu^0;$$

$$(5.56b) \qquad \frac{\partial^2 F_1}{\partial z^2} - k^2 F_1 = -2ik\frac{\partial F_0}{\partial x_1}, \quad \text{ordre} \quad \mu_1;$$

$$(5.56c) \qquad \frac{\partial^2 F_2}{\partial z^2} - k^2 F_2 = -\Big(2ik\frac{\partial F_1}{\partial x_1} + \frac{\partial^2 F_0}{\partial x_1^2} + 2ik\frac{\partial F_0}{\partial x_2}\Big), \quad \text{ordre} \quad \mu^2,$$

....

De même de la condition à limite sur $z = 0$, au niveau du problème (5.50), on obtient la hiérarchie de conditions suivantes :

$$(5.57a) \qquad g\frac{\partial F_0}{\partial z} - \omega^2 F_0 = 0, \quad \text{sur} \quad z = 0, \quad \text{ordre} \quad \mu^0;$$

$$(5.57b) \qquad g\frac{\partial F_1}{\partial z} - \omega^2 F_1 = 2i\omega\frac{\partial F_0}{\partial t_1}, \quad \text{sur} \quad z = 0, \quad \text{ordre} \quad \mu^1;$$

$$(5.57c) \qquad g\frac{\partial F_2}{\partial z} - \omega^2 F_2 = 2i\omega\frac{\partial F_1}{\partial t_1} - \Big(\frac{\partial^2 F_0}{\partial t_1^2} - 2i\omega\frac{\partial F_0}{\partial t_2}\Big), \quad \text{sur} \quad z = 0, \quad \text{ordre} \quad \mu^2,$$

....

Enfin, sur le fond plat $z = -h_0$ on a :

$$(5.58) \qquad \frac{\partial F_0}{\partial z} = \frac{\partial F_1}{\partial z} = \frac{\partial F_2}{\partial z} = \ldots\ldots = 0, \quad \text{sur} \quad z = -h_0.$$

Le problème régissant F_0 a pour solution, d'après l'étude linéaire classique :

$$(5.59) \qquad F_0 = -\frac{ig}{\omega}A\frac{cosh[k(z+h_0)]}{cosh(kh_0)}; \quad \omega^2 = gk\,tanh(kh_0),$$

où l'amplitude lentement variable

$$(5.60) \qquad A = A(x_1, x_2, \ldots; t_1, t_2, \ldots)$$

reste à ce stade indéterminée !

Pour F_1 nous devons résoudre le problème nonhomogène suivant :

(5.61)
$$
\begin{cases}
\dfrac{\partial^2 F_1}{\partial z^2} - k^2 F_1 = -2\dfrac{kg}{\omega}\dfrac{\partial A}{\partial x_1}\dfrac{cosh[k(z+h_0)]}{cosh(kh_0)}; \\[2mm]
g\dfrac{\partial F_1}{\partial z}\Big|_{z=0} - \omega^2 F_1|_{z=0} = 2g\dfrac{\partial A}{\partial t_1}; \\[2mm]
\dfrac{\partial F_1}{\partial z}\Big|_{z=-h_0} = 0.
\end{cases}
$$

Comme le problème homogène, associé au problème nonhomogène (5.61), a F_0 comme solution *non* triviale, il faut, en accord avec l'alternative de Fredholm, que le problème nonhomogène satisfasse à une condition de compatibilité. Cette dernière s'obtient aisément si l'on applique la formule de Green à F_0 et F_1 :

(5.62) $$\int_{-h_0}^{0}\left\{F_0\left(\dfrac{\partial^2 F_1}{\partial z^2}-k^2 F_1\right)-F_1\left(\dfrac{\partial^2 F_0}{\partial z^2}-k^2 F_0\right)\right\}dz=\left[F_0\dfrac{\partial F_1}{\partial z}-F_1\dfrac{\partial F_0}{\partial z}\right]_{-h_0}^{0}.$$

Maintenant, si l'on tire profit de (5.56a), (5.57a), (5.58) et (5.61) on constate que de (5.62) il découle la condition suivante :

(5.63) $$-\dfrac{\partial A}{\partial x_1}\cdot\left\{\dfrac{gk}{\omega}\dfrac{1}{cosh^2(kh_0)}\int_{-h_0}^{0}cosh^2[k(z+h_0)]dz\right\}=\dfrac{\partial A}{\partial t_1}.$$

Mais : $\int_0^a cosh^2(x)dx = \frac{1}{4}[sinh2a+2a]$ et , de ce fait, on voit que l'amplitude A doit satisfaire à l'équation d'évolution suivante :

(5.64) $$\dfrac{\partial A}{\partial t_1}+C_g\dfrac{\partial A}{\partial x_1}=0,$$

oú $C_g = (\omega/2k)[1+2kh_0/sinh(2kh_0)]$ est la célérité de groupe (on notera que $\omega^2 = gk\,tanh(kh_0)$).

Ainsi à ce stade il vient :

(5.65) $$A = A(x_1 - gt_1; x_2, t_2, \ldots) = A(\xi_1; x_2, t_2, \ldots)$$

avec $\xi_1 = x_1 - C_g t_1$.

Pour obtenir une équation qui gouverne l'évolution de A sur une durée de temps et une distance horizontale *plus longue* il faut considérer le problème pour F_2.

Tout d'abord, on peut aisément vérifier que la solution du problème nonhomogène (5.61) pour F_1 est de la forme suivante :

(5.66) $$F_1 = -\dfrac{g}{k}\dfrac{\partial A}{\partial x_1}\dfrac{z+h_0}{\omega^2}\dfrac{sinh[k(z+h_0)]}{cosh(kh_0)},$$

une fois que l'on rejette la solution homogène correspondante, du fait que cette dernière apparaît dèjà au niveau de F_0.

Ainsi, pour F_2 nous devons résoudre le problème nonhomogène suivant :

$$(5.67) \quad \begin{cases} \dfrac{\partial^2 F_2}{\partial z^2} - k^2 F_2 = \dfrac{2ig}{\omega} \dfrac{\partial^2 A}{\partial x_1^2} \dfrac{k(z+h_0)}{cosh(kh_0)} sinh[k(z+h_0)] \\ \qquad + (ig/\omega)\Big[\dfrac{\partial^2 A}{\partial x_1^2} + 2ik\dfrac{\partial A}{\partial x_2}\Big] \dfrac{cosh[k(z+h_0)]}{cosh(kh_0)}; \\ \dfrac{\partial F_2}{\partial z}\Big|_{z=0} - \dfrac{\omega^2}{g} F_2|_{z=0} = i\Big[C_g\dfrac{2h_0 sinh(kh_0)}{cosh(kh_0)} + \dfrac{C_g^2}{\omega}\Big]\dfrac{\partial^2 A}{\partial x_1^2} + 2\dfrac{\partial A}{\partial t_2}; \\ \dfrac{\partial F_2}{\partial z}\Big|_{z=-h_0} = 0. \end{cases}$$

Maintenant , si l'on tire profit de la condition de compatibilité (5.62), mais écrite pour F_1 et F_2, on arrive après un calcul assez long au résultat simple suivant :

$$(5.68) \quad \frac{\partial A}{\partial t_2} + C_g\frac{\partial A}{\partial x_2} = \frac{i}{2}\frac{d^2\omega}{dk^2}\frac{\partial^2 A}{\partial x_1^2},$$

avec $\omega = [gk\, tanh(kh_0)]^{1/2}$.

Ainsi, on obtient pour A l'équation suivante :

$$(5.69) \quad \frac{\partial A}{\partial t^2} = \frac{i}{2}\frac{d^2\omega}{dk^2}\frac{\partial^2 A}{\partial \xi_1^2},$$

avec $\xi_2 = x_2 - C_g t_2$ et $A = A(\xi_1, t_2, \ldots)$.

Par conséquent une équation du type de celle de Schrödinger, pour A comme fonction de t_2 et ξ_1, gouverne la modulation lente de l'enveloppe ; elle ne fait intervenir qu'une seule variable d'espace (ξ_1).

L'équation (5.69) est une équation du "type" de celle de la chaleur (parabolique)(*) et on peut aisément la réduire à une équation différentielle ordinaire :

$$(5.70) \quad A = A_0\psi(\eta) \quad \text{avec} \quad \eta = -\frac{\xi_1}{\sqrt{t_2}},$$

---

*) On peut mettre l'équation de Schrödinger (5.69) sous la forme suivante :

$$-i\frac{\partial A}{\partial t_2} = \frac{1}{2}\Big|\frac{d^2\omega}{dk^2}\Big|\frac{\partial^2 A}{\partial \xi_1^2},$$

et la différence, avec l'équation de la chaleur, classique, est que l'on a $-i(= -\sqrt{-1})$ devant le terme instationnaire ! De ce fait l'équation de Schrödinger est une équation de type *dispersif* (la vitesse de phase croît avec le nombre d'onde), tandis que l'équation de la chaleur est de type *dissipatif* (décroissance dans le temps comme le carré du nombre d'onde).

(5.71)
$$\frac{d^2\psi}{d\eta^2} - \frac{i}{|\frac{d^2\omega}{dk^2}|}\eta\frac{d\psi}{d\eta} = 0.$$

Pour résoudre (5.71) on peut s'imposer les deux conditions de comportement suivantes :

(5.72)
$$\psi(\infty) = 1 \quad \text{et} \quad \psi(-\infty) = 0,$$

ce qui correspond à l'évolution d'un front d'onde sinusoïdal quasi-stationnaire.

Chapitre VI

FORMES LIMITES, APPROXIMATIONS ET MODÈLES

Ce Chapitre VI se présente comme un "complément" du Chapitre V précédent. Il permet d'exposer les notions fondamentales de : formes limites, approximations et dégénérescences significatives et de préciser la notion de modèle asymptotique. En particulier, nous présentons, un modèle asymptotique assez remarquable qui est celui de l'écoulement à grand nombre de Reynolds autour d'une plaque plane finie. Sur ce modèle on comprend bien ce que nous avons en vue en parlant de modélisation asymptotique d'un problème spécifique, ayant pour but l'obtention d'un modèle complet auto-consistant.

6.1. Formes limites principale et locales

Notons par $\mathcal{U}(t, \mathbf{x}; \varepsilon)$ la solution d'un problème lié au modèle exact de N-S (ou encore au modèle d'Euler oú à celui de Navier). Le petit paramètre $\varepsilon \ll 1$ peut-être l'un des (petits) paramètres réduits dont il a déjà été question au Chapitre II. En relation avec le problème physique considéré on sait que cette solution $\mathcal{U}$ "doit rester significative" dans un domaine $\mathcal{D}$ de l'espace-temps $(\mathbf{x}, t)$.

Malheureusement (et cela est bien souvent le cas), lorsque l'on recherche la forme limite du modèle exact de départ, à partir d'un passage à la limite principale :

$$(6.1) \qquad \lim_{\varepsilon \to 0}{}^{P} \equiv \{\varepsilon \to 0 \quad \text{à} \quad t \quad \text{et} \quad \mathbf{x} \quad \text{fixés}\},$$

on constate que le domaine de validité de la forme limite ainsi obtenue (forme limite principale) ne coïncide pas entièrement avec le domaine $\mathcal{D}$ de départ.

Cela veut dire, tout simplement, que la solution limite (principale) :

$$(6.2) \qquad \overline{\mathcal{U}}_0 = \lim_{\varepsilon \to 0}{}^{P} \mathcal{U}(t, \mathbf{x}; \varepsilon),$$

de cette forme limite principale, n'est pas une approximation uniformément valable de $\mathcal{U}$ dans tout le domaine $\mathcal{D}$. C'est d'ailleurs bien le cas pour les écoulements à grand et petit nombres de Reynolds.

On est donc en présence d'un problème de pertubartions singulières et il faut utiliser la MDAR ou éventuellement la MEM.

Les régions singulières sont, en général, dans les problèmes de mécanique des fluides, des voisinages très localisés du domaine $\mathcal{D}$, qui viennent se placer, soit près de $t = 0$ (instant initial), soit près des parois solides, délimitant l'écoulement (couches limites) soit, encore, "à l'infini" (couches distales).

Pour chacun de ces cas il faut introduire un passage à la limite local. Par exemple, si le voisinage de $t = 0$ est singulier (du fait de la perte de dérivées partielles en t lors du passage à la limite principale (6.1)), il faut considérer un nouveau passage à la limite local (temporel) :

$$(6.3) \qquad \lim_{\varepsilon \to 0}{}^{lt} \equiv \left\{ \varepsilon \to 0 \quad \text{à} \quad \widehat{t} = \frac{t}{\alpha(\varepsilon)}, \text{ et } \mathbf{x} \text{ fixés} \right\},$$

oú $\alpha(\varepsilon)$ est une jauge (qui caractérise la couche initiale locale, singulière) telle que $\alpha(\varepsilon) \to 0$, avec $\varepsilon \to 0$.

Bien souvent on peut faire le choix : $\alpha(\varepsilon) = \varepsilon^p$, $p > 0$ un scalaire qui reste à déterminer "au mieux", de telle façon que la forme limite locale (valable au voisinage de $t = 0$), qui va découler de (6.3) à partir du modèle exact, soit la "plus significative" possible. Soit donc $\widehat{\mathcal{U}}_0$ la solution limite (locale, en t),

$$(6.4) \qquad \widehat{\mathcal{U}}_0(\widehat{t}, \mathbf{x}) = \lim_{\varepsilon \to 0}{}^{lt} \mathcal{U}(\alpha(\varepsilon)\widehat{t}, \mathbf{x}),$$

de la forme limite locale associée à (6.3). Naturellement, à la forme limite locale nous pouvons appliquer toutes les conditions initiales, en $t = 0$, imposées au départ au modèle exact ; nous obtenons ainsi, au voisinage de $\widehat{t} = 0$, un modèle local cohérent.

Dans la pratique il peut arriver deux cas :

$$(a) \qquad \lim_{\widehat{t} \to +\infty} \widehat{\mathcal{U}}_0(\widehat{t}, \mathbf{x}) - \text{"existe"}$$

et dans ce cas, bien souvent, nous pouvons appliquer la condition de raccord simplifiée :

$$(6.5) \qquad \lim_{t \to 0} \overline{\mathcal{U}}_0(t, \mathbf{x}) = \widehat{\mathcal{U}}_0(\infty, \mathbf{x}),$$

ce qui permet de "rétablir", en $t = 0$, les conditions initiales pour le modèle principal (celui issu de la forme limite principale avec des conditions adéquates qui le rendent cohérent) ;

$$(b) \qquad \lim_{\widehat{t} \to +\infty} \widehat{\mathcal{U}}_0(\widehat{t}, \mathbf{x}) - \text{"n'existe pas"},$$

c'est à dire que, dans un cas général, cette limite ne tend vers aucune valeur définie (c'est d'ailleurs bien le cas, lors du comportement oscillatoire de la solution $\widehat{\mathcal{U}}_0$, en $\widehat{t}$, lorsque $\widehat{t} \to +\infty$) et dans ce cas *il n'y a pas de possibilité de raccord avec* $\overline{\mathcal{U}}_0(0, \mathbf{x})$.

Ce qui vient d'être dit, ci-dessus, pour la solution locale $\widehat{\mathcal{U}}_0(\widehat{t}, \mathbf{x})$ reste naturellement valable pour les solutions locales qui caractérisent aussi bien la couche limite que la couche distale.

Ainsi, nous arrivons à la conclusion qu'il doit exister deux grands types de problèmes singuliers (de perturbations singulières) :

– celui dit de type "*couche limite*", qui correspond à l'existence du comportement de la solution locale *vers* la solution principale et pour lequel la condition de raccord (6.5) peut-être appliquée (ou éventuellement une condition de raccord, via une limite intermédiaire).

– celui dit de type "*cumulatif*", qui correspond au cas d'un "*mauvais*" comportement de la solution locale *vers* la solution principale.

Naturellement, on sait déjà que la méthode la plus indiquée pour traiter les problèmes singuliers de type couche limite (ou couche initiale) est la MDAR ; elle prend directement en compte le fait que les solutions limites, principale $\overline{U}_0$ et locale $\widehat{U}_0$ représentant la solution exacte U dans des sous-domaines $\overline{D}$ et $\widehat{D}$ de D, ne font intervenir que l'une des variables, principale (t, par exemple) ou locale ($\widehat{t}$ dans le cas d'une couche initiale), qui apparaissent de façon essentielle dans la formulation même du problème lorsque ε est petit devant un.

La MEM, elle, est, adéquate, pour traiter les problèmes singuliers de type cumulatif (ou, dit aussi, séculaire), lorsque $\widehat{U}_0(\widehat{t}, \mathbf{x})$ a un caractère oscillatoire pour les $\widehat{t}$ très grands.

Quelque fois la MDAR et la MEM doivent être utilisées simultanément ; par exemple, il peut arriver que le problème singulier nécessite la mise en place de deux développements (amont, aval) qui sont en échelles multiples et le raccord, via un développement intermédiaire (par exemple, problème de point tournant), se fait selon la MDAR.

6.2. Approximations et dégénérescences significatives(*)

Au § 5.2. nous avons introduit les développements asymptotiques principal et local de $U(x;\varepsilon)$, à partir des relations (5.2) et (5.3) et dans la règle de raccord nous avons noté :

$$(6.6) \quad \begin{cases} E_n = \displaystyle\sum_{p=0}^{n} \delta_p(\varepsilon)\overline{U}_p(x) \equiv E_n(U); \\[2mm] I_m = \displaystyle\sum_{q=0}^{m} \gamma_q(\varepsilon)\widehat{U}_q\left(\dfrac{x}{\lambda(\varepsilon)}\right) \equiv I_m(U). \end{cases}$$

On dit que E_n et I_m sont deux approximations (asymptotiques) de la solution $U(x;\varepsilon)$.

On va préciser quelque peu la définition d'une approximation de U. On forme deux approximations : A_n et B_m de U construites respectivement jusqu'aux ordres n et m dans les domaines D_a et D_b ; c'est à dire pour

$$(6.7) \quad x_a = \frac{x}{\lambda_a(\varepsilon)} \quad \text{et} \quad x_b = \frac{x}{\lambda_b(\varepsilon)}, \varepsilon \ll 1,$$

respectivement fixés. Ainsi

$$(6.8) \quad \begin{cases} A_n = \displaystyle\sum_{p=0}^{n} \delta_p(\varepsilon)U_p^{(a)}(x_a) = E_{x_a}^n(U); \\[2mm] B_m = \displaystyle\sum_{p=0}^{m} \delta_p(\varepsilon)U_p^{(b)}(x_b) = E_{x_b}^m(U); \end{cases}$$

(*) Pour un exposé plus formel et rigoureux on pourra consulter le livre de Eckhaus (1973).

avec la *même* séquence asymptotique $\delta_p(\varepsilon)$ ($\to 0$ avec $\varepsilon \to 0$).

Par définition on dit que :

"l'approximation B_m est contenue dans A_n si, après avoir réécrit A_n en variable x_b on a

$$B_m = E_{x_b}^m(A_n)$$

c'est à dire si :

(6.9) $E_{x_b}^m(\mathcal{U}) = E_{x_b}^m(E_{x_a}^n \mathcal{U})$".

De ce fait : une approximation qui n'est contenue dans aucune autre sera dite "significative". On arrive alors à la règle suivante :

La MDAR consiste essentiellement à rechercher toutes les approximations significatives de la solution $\mathcal{U}$ et à les raccorder entre elles.

On peut ensuite, construire une approximation *composite* (significative), uniformément valable, à partir de ces approximations significatives (en général, une principale et plusieurs locales) et de leurs formes communes dans les domaines de raccordement.

Afin d'introduire la notion de dégénérescence nous supposons que $\mathcal{U}(x; \varepsilon)$ est solution du problème

(6.10) $\mathcal{P}_\varepsilon(\mathcal{U}) = 0$

et que l'on peut subdiviser le domaine $\mathcal{D}$ de variation de x en un certain nombre de régions $\mathcal{D}_i$ (singulières), défini par

(6.11) $\widehat{x}_i = (x - x_i)/\lambda_i(\varepsilon)$

les $\lambda_i(\varepsilon) \to 0$, avec $\varepsilon \to 0$, caractérisent l'ordre de grandeur de $x - x_i$ autour des points singuliers x_i.

Si on postule le développement asymptotique :

(6.12) $\mathcal{U} \cong \delta_0(\varepsilon)\mathcal{U}_0^{(i)}(\widehat{x}_i) + \delta_1(\varepsilon)\mathcal{U}_1^{(i)}(\widehat{x}_i)$

et que l'on considère l'approximation (d'ordre zéro)

(6.13) $\mathcal{U}_0^{(i)}(\widehat{x}_i) = \lim_{\varepsilon \to 0}\left[\dfrac{\mathcal{U}}{\delta_0(\varepsilon)}\right],$

on peut dire qu'elle sera solution de l'opérateur simplifié (limite)

$$\mathcal{P}_0^{(i)} = \lim_{\varepsilon \to 0}\mathcal{P}_\varepsilon.$$

Ainsi, l'approximation $\mathcal{U}_0^{(i)}(\widehat{x}_i)$ est solution du problème approché

(6.14) $\mathcal{P}_0^{(i)}(\mathcal{U}_0^{(i)}(\widehat{x}_i)) = 0.$

Par définition, les opérateurs $\mathcal{P}_0^{(i)}$ dont les $\mathcal{U}_0^{(i)}(\widehat{x}_i)$ sont solutions, en première approximation, dans chacun des domaines $\mathcal{D}_i$, s'appellent les *dégénérescences* de $\mathcal{P}_\varepsilon$.

Une dégénérescence qui n'est contenue dans aucune autre est significative et on a le principe de *moindre dégénérescence* :

"les approximations significatives sont solutions des dégénérescences significatives".

Ainsi, on arrive à la conclusion que :

La MDAR consiste à rechercher les approximations significatives, solutions des dégénérescences significatives du problème considéré.

Dans la pratique, les dégénérescences significatives, qui ne sont contenues dans aucune autre, sont celles qui ont nécessairement un "maximum de termes".

On trouvera dans le livre de François (1981) divers exemples de problèmes types liés à des équations différentielles ordinaires, mais aussi à des équations aux dérivées partielles (exemple de Mauss (1971)), où ces notions sont mises en pratique. On pourra, aussi consulter, sur ce sujet, le § 4.1. des Conférences de Germain (1977).

En conclusion, on peut dire que la MDAR se trouvera, dans une certaine mesure, justifiée si *l'hypothèse de travail* suivante est vérifiée :

"Si $\mathcal{U}$ est une solution du problème $\mathcal{P}_\varepsilon(\mathcal{U}) = 0$, si $\mathcal{P}_0^{(i)}$ est une dégénérescence significative (liées à la varaible locale $\widehat{x}_i$) de $\mathcal{P}_\varepsilon$, dont le domaine de validité est Δ_i, alors il existe au moins une approximation locale significative $\mathcal{U}_0^{(i)}(\widehat{x}_i)$ dont le domaine de validité $\mathcal{D}_i$ comprend le domaine de validité Δ_i.

Ainsi,

(I) On cherchera les équation limites significatives ou dégénérescences significatives,

(II) L'hypothèse de travail, énoncée ci-dessus, permet d'escompter que l'on pourra former une approximation uniformément valable de la solution dans $\mathcal{D}$ en écrivant pour chaque approximation (significative) locale, d'une part les conditions aux frontières conservées (dans le processus limite lié à $\widehat{x}_i$) et les conditions de raccord. Il suffira, en effet, de s'assurer que les domaines de validité formels des équations significatives limites recouvrent $\mathcal{D}$ pour que soit garantie la validité du raccord (par limite intermédiaire).

Naturellement, on admet implicitement que pour la solution $\mathcal{U}$, il n'existe qu'un nombre fini d'approximations significatives et que l'on peut trouver pour chacune d'elles un domaine de validité, tel que la réunion de tous ces domaines de validité recouvre tout le domaine $\mathcal{D}$.

6.3. Modèles asymptotiques : le cas de l'écoulement autour d'une plaque plane finie à $Re \gg 1$

On considère donc le problème classique (dit, quelque fois, "problème de Blasius") de l'écoulement d'un fluide laminaire incompressible *peu* visqueux autour d'une plaque plane de longueur *finie* (le problème, dit de Blasius, étant en fait relatif au cas d'une plaque plane semi-infinie), sans épaisseur, placée parallèlement à la direction d'un écoulement uniforme amont.

Le modèle exact de départ est l'équation (cas stationnaire).

$$(6.15) \qquad \left(\frac{\partial \psi}{\partial y}\frac{\partial}{\partial x} - \frac{\partial \psi}{\partial x}\frac{\partial}{\partial y}\right)\mathbf{D}^2\psi = Re^{-1}\mathbf{D}^2(\mathbf{D}^2\psi),$$

avec $\psi(x,y)$ la fonction de courant plan et $\mathbf{D}^2 = \partial^2/\partial x^2 + \partial^2/\partial y^2$.

Le seul paramètre sans dimension est le nombre de Reynolds

$$(6.16) \qquad Re = \frac{U_\infty L_0}{\nu_0} \gg 1.$$

A l'équation (6.15) il faut associer les conditions :

$$(6.17) \qquad \begin{cases} \psi = 0 \quad \text{et} \quad \dfrac{\partial \psi}{\partial y} = 0, \quad \text{sur} \quad y = 0, \\[2mm] \text{lorsque} \quad 0 \le x \le 1, \end{cases}$$

et aussi

$$(6.18) \qquad \psi \to y, \quad \text{lorsque} \quad x \to -\infty.$$

L'objectif est de décrire, avec le maximum de finesse possible, la structure asymptotique de cet écoulement stationnaire laminaire, lorsque

$$(6.19) \qquad \varepsilon = \frac{1}{\sqrt{Re}} \to 0.$$

A l'heure actuelle, la structure asymptotique en question est bien élucidée qualitativement et quantitativement. Elle fait intervenir *neuf régions* d'écoulements particuliers et sur le schéma de la page 81 nous avons représenté ces diverses régions (partie supérieure uniquement).

Les régions de Navier 3 et 7 sont des régions oú il n'y a pas de simplifications possibles et il faut de ce fait résoudre numériquement le problème de Navier exact (6.15) avec (6.17) et (6.18).
La région 2 est celle de la couche limite classique stationnaire de Blasius, dont l'épaisseur de déplacement est de l'ordre de $\varepsilon = 1/\sqrt{Re}$.
La région 1 est celle de l'écoulement potentiel de fluide parfait extérieur à la couche limite de Blasius (dont la solution, à l'ordre zéro en, ε, est $\overline{\psi}_0(x,y) \equiv y$).
Les trois régions 4, 5, 6 qui viennent se placer au bord de fuite de la plaque plane de longueur finie (en $x = 1$, avec des variables sans dimensions), proviennent du fait que la couche limite stationnaire de Blasius "subit" un accident au voisinage de $x = 1$ et de ce fait pour décrire l'écoulement à $Re \gg 1$, dans ce voisinage, il faut mettre en place un

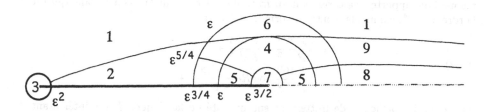

$$\varepsilon^2 = \mathrm{Re}^{-1}$$

1– Écoulement potentiel

2– Couche limite de Blasius

3– Région Navier (équation complète)

4– Couche intermédiaire non visqueuse

5– Sous-couche visqueuse

6– Couche supérieure non visqueuse

7– Région de Navier

8– Sillage interne de Goldstein

9– Sillage externe de Goldstein

shéma en triple couche, qui est typiquement un modèle local. A cette fin, on introduit au voisinage de $x = 1$ la nouvelle abscisse locale :

$$(6.20) \qquad \widehat{x} = \frac{x - 1}{\delta(\varepsilon)}.$$

Le modèle en triple couche (sous-couche visqueuse, couche intermédiaire de fluide parfait et couche supérieure de fluide parfait), qui est une dégénérescence significative de l'équation de Navier (6.15), est alors caractérisé par le passage à la limite local :

$$(6.21) \qquad \varepsilon \to 0, \ \delta(\varepsilon) \to 0 \quad \text{à} \quad \widehat{x} \quad \text{fixé,}$$

une double distorsion sur l'ordonnée y devant être effectuée de façon adéquate (voir le § 7.2.). Il s'avère alors que $\delta(\varepsilon) = \varepsilon^{3/4}$.

Enfin, les régions 8 et 9, dites de Goldstein, sont celles du sillage proche à l'aval de $x = 1$, où une solution homogène reste valable, qui se raccorde avec la solution du modèle en triple couche du bord de fuite située en $x = 1$, à l'amont.

Il faut préciser que d'après le schéma classique de Prandtl, la couche limite de Blasius est valable jusqu'au bord de fuite et que immédiatement en aval de ce bord de fuite, pour $\widehat{x} > 0$, se développe une solution homogène donnée par Goldstein (1930) — cette solution de Goldstein en "double couche", de sillage, conduit à un effet de déplacement sur la pression et cela donne une correction qui est de l'ordre de $\varepsilon^{1/2}$ sur une distance $|x| \sim \varepsilon^{3/4}$.

Un schéma en triple couche permet alors d'effectuer la transition entre la solution de Blasius, valable immédiatement en amont de $x = 1$ et celle de Goldstein valable immédiatement en aval du bord de fuite $x = 1$.

Il convient de noter aussi que cette structure en triple couche de bord de fuite de plaque finie apporte une correction au *frottement global* sur la plaque plane qui est de l'ordre de $\varepsilon^{7/4}$, comme le montre la formule suivante :

(6.22)
$$
\begin{aligned}
C_F = {} & \frac{1,328}{Re^{1/2}} + \frac{2,654}{Re^{7/8}} + \frac{2,326}{Re} \\
& - \frac{1,102}{Re^{3/2}} \operatorname{Log} Re - \frac{4,86}{Re^{3/2}} + \cdots,
\end{aligned}
$$

qui donne le coefficient de frottement sur un côté de la plaque. Il est intéressant de préciser que le frottement est du même ordre de grandeur dans le schéma en triple couche que dans la couche limite de Blasius, mais il subit une correction $\mathcal{O}(1)$ qui agit sur une distance qui est $\mathcal{O}(Re^{-3/8})$, d'où la correction en $Re^{-1/2} \cdot Re^{-3/8} = Re^{-7/8}$.

On notera de plus, que le développement (6.22), tel que nous l'avons donné, comporte des points d'interrogations. En effet, le second terme donne uniquement la première contribution venant du bord de fuite et on ignore encore, la valeur des corrections d'ordre supérieur venant de ce bord de fuite et même oú elles doivent se placer dans le développement (6.22) ? Enfin, le terme $2,326/Re$ a été obtenu à partir d'un code numérique par Van de Vooren et Dijkstra (1970), tandis que Veldmam et Van de Vooren (1974) ont obtenu la valeur $2,654$ pour le terme en $Re^{-7/8}$

On pourra, au sujet des termes en $\operatorname{Log} Re/Re^{3/2}$ et $Re^{-3/2}$, consulter le livre de Goldstein (1960) ; cependant il faut préciser que le dernier terme du développement (6.22) se présente, en fait, sous la forme

$$
-\frac{0,204 + 2C}{Re^{3/2}}
$$

et que la constante $C \cong 2,33$ a été obtenue à partir d'un calcul numérique au voisinage du bord d'attaque $x = 0$ (voir, à ce sujet, le travail de Van de Vooren et Dijkstra (1970)).

Le fait qu'un certain nombre de régions interviennent pour d'écrire l'écoulement spécifique approché, à grand nombre de Reynolds, est une caractéristique fondamentale de la modélisation asymptotique, lorsque le petit paramètre du problème (ici $\varepsilon = Re^{-1/2}$) est une petit paramètre de perturbation singulière.

En conclusion nous pouvons dire que :

L'ensemble de toutes les représentations significatives approchées, d'un problème spécifique (avec un petit paramètre de perturbation singulière) forme un *modèle asymptotique* (spécifique ; proprement dit), associé au problème initial exact, une fois que l'on a effectué tous les raccords entre les diverses représentations valables dans les diverses régions (*une* représentation principale — dans le cas ci-dessus c'est la représentation d'écoulement potentiel de la région 1 — et *plusieurs* (dans notre cas ci-dessus : 8) représentations locales).

Ainsi, un *modèle asymptotique* représente, à un certain ordre, une *approximation cohérente globale* du problème exact considéré, lorsque le petit paramètre prend des valeurs petites devant un. Naturellement, le cas de la plaque plane finie considéré ci-dessus est un cas assez particulier et à l'heure actuelle de tels modèles asymptotiques sont encore assez rares.

Chapitre VII

LES MODÈLES LIÉS AU NOMBRE DE REYNOLDS

On considère deux cas limites : les grands $(Re \gg 1)$ et petits $(Re \ll 1)$ nombres de Reynolds.

Dans le premier cas limite il s'agit : des écoulements de fluide parfait et de couche limite et de l'intéraction de ces deux écoulements l'un sur l'autre, puis du modèle en triple couche, oú cette intéraction se fait via une couche intermédiaire, et enfin du modèle de Rayleigh qui permet d'initialiser les équations de la couche limite instationnaire.

Le second cas limite est lié au modèle de Stokes-Oseen et on considère aussi bien le cas stationnaire qu'instationnaire ; on se limite aux écoulements autour d'un cylindre circulaire et d'une sphère en mouvement de translation rectiligne et uniforme.

Le modèle exact de départ, pour les deux cas limites considérés, est celui de Navier pour un fluide visqueux et incompressible, sauf pour la mise en évidence du modèle de Rayleigh oú le modèle de départ exact est celui de Navier-Stokes, compressible et conducteur de la chaleur.

7.1. Intéraction fluide parfait — couche limite $(Re \gg 1)$

Nous savons déjà, d'après les résultats du § 4.3. qu'il faut considérer *deux* passages à la limite lorsque $Re \to \infty$.

Dans le cadre du problème de Navier stationnaire plan cela veut dire que, d'une part,

$$(7.1) \qquad Re \to \infty \quad \text{à} \quad \overline{x} \quad \text{et} \quad \overline{y} \quad \text{fixés},$$

ce qui conduit à l'équation "des fluides parfaits"

$$(7.2) \qquad \mathbf{D}^2\overline{\psi}_0 \equiv \frac{\partial^2 \overline{\psi}_0}{\partial \overline{x}^2} + \frac{\partial^2 \overline{\psi}_0}{\partial \overline{y}^2} = \overline{f}_0(\overline{\psi}_0),$$

et d'autre part,

$$(7.3) \qquad Re \to \infty \quad \text{à} \quad \overline{x} \quad \text{et} \quad \widehat{y} = \frac{\overline{y}}{\delta_0} \quad \text{fixés},$$

ce qui conduit à l'équation de la couche limite

$$(7.4) \qquad \left[\frac{\partial \widehat{\psi}_0}{\partial \widehat{y}} \frac{\partial}{\partial \overline{x}} - \frac{\partial \widehat{\psi}_0}{\partial \overline{x}} \frac{\partial}{\partial \widehat{y}}\right] \frac{\partial^2 \widehat{\psi}_0}{\partial \widehat{y}^2} = \frac{\partial^4 \widehat{\psi}_0}{\partial \widehat{y}^4}.$$

Naturellement, on a que :

$$\overline{\psi}_0 = \overline{\psi}_0(\overline{x}, \overline{y}) \quad \text{et} \quad \widehat{\psi}_0 = \widehat{\psi}_0(\overline{x}, \widehat{y}).$$

Dans le cas du problème de Blasius (plaque plane semi-infinie : $0 < x < \infty$), à l'infini amont, lorsque : $\overline{x} \to -\infty$, l'écoulement de base est uniforme, irrotationnel et de ce fait au niveau de l'équation (7.2), $\overline{f}_0(\overline{\psi}_0) \equiv 0$, une fois que l'on suppose que l'écoulement reste continu partout (pas de décollement !) et que toutes les lignes de courant remontent bien vers l'infini amont. Ainsi, on constate qu'à l'ordre zéro, $\overline{\psi}_0(\overline{x}, \overline{y})$ doit satisfaire à l'équation bidimensionnelle de Laplace

$$(7.5) \qquad\qquad\qquad\qquad \mathbf{D}^2 \overline{\psi}_0 = 0.$$

On constate aussi, que l'équation extérieure (de fluide parfait) (7.5) est du second ordre en $\overline{y}$, tandis que l'équation de Navier, exacte, pour ψ était, elle, du quatrième ordre en y.

Revenons maintenant à l'équation de la couche limite (7.4) pour $\widehat{\psi}_0(\overline{x}, \widehat{y})$.

Cette dernière peut s'écrire sous la forme suivante :

$$\frac{\partial}{\partial \widehat{y}}\left\{ \frac{\partial^3 \widehat{\psi}_0}{\partial \widehat{y}^3} + \frac{\partial \widehat{\psi}_0}{\partial \overline{x}}\frac{\partial^2 \widehat{\psi}_0}{\partial \widehat{y}^2} - \frac{\partial \widehat{\psi}_0}{\partial \widehat{y}}\frac{\partial^2 \widehat{\psi}_0}{\partial \overline{x}\partial \widehat{y}} \right\} = 0$$

ou encore, après intégration en $\widehat{y}$,

$$(7.6) \qquad\qquad \frac{\partial^3 \widehat{\psi}_0}{\partial \widehat{y}^3} + \frac{\partial \widehat{\psi}_0}{\partial \overline{x}}\frac{\partial^2 \widehat{\psi}_0}{\partial \widehat{y}^2} - \frac{\partial \widehat{\psi}_0}{\partial \widehat{y}}\frac{\partial^2 \widehat{\psi}_0}{\partial \overline{x}\partial \widehat{y}} = \widehat{f}_0(\overline{x}),$$

avec $\widehat{f}_0(\overline{x})$ une fonction arbitraire de $\overline{x}$.

Pour déterminer cette fonction $\widehat{f}_0(\overline{x})$ il faut maintenant effectuer le *raccord* entre le développement asymptotique extérieur (principal) :

$$(7.7) \qquad\qquad \psi(x, y; \varepsilon^2) = \overline{\psi}_0(\overline{x}, \overline{y}) + \nu(\varepsilon)\overline{\psi}_1(\overline{x}, \overline{y}) + \dots,$$

et le développement asymptotique intérieur (local) :

$$(7.8) \qquad\qquad \psi(x, y; \varepsilon^2) = \varepsilon\widehat{\psi}_0(\overline{x}, \widehat{y}) + \mu(\varepsilon)\widehat{\psi}_1(\overline{x}, \widehat{y}) + \dots,$$

en accord avec la seconde des relations (4.48) et la relation de similitude (4.53) :

$$(7.9) \qquad\qquad\qquad\qquad \delta_0 = 1/\sqrt{Re} \equiv \varepsilon.$$

On notera que $\nu(\varepsilon)$ et $\mu(\varepsilon)$ sont deux jauges telles que : $\nu(\varepsilon)$ et $\mu(\varepsilon) \to 0$ avec $\varepsilon \to 0$, et il ne faut pas oublier que

$$(7.10) \qquad\qquad\qquad\qquad \overline{y} = \varepsilon\widehat{y},$$

toujours d'après (4.48) et (7.9).

Appliquons la règle (5.8) qui a conduit aux relations (5.9). On peut donc écrire :

$$\overline{\psi}_0(\overline{x}, 0) + \varepsilon \widehat{y} \frac{\partial \overline{\psi}_0}{\partial \overline{y}}\Big|_{\overline{y}=0} + \nu(\varepsilon) \overline{\psi}_1(\overline{x}, 0) + \dots$$
$$= \varepsilon \widehat{\psi}_0(\overline{x}, \infty) + \mu(\varepsilon) \widehat{\psi}_1(\overline{x}, \infty) + \dots.$$

Ainsi, à l'ordre zéro (ε^0), il vient

(7.11)
$$\overline{\psi}_0(\overline{x}, 0) = 0,$$

et nous ne pouvons, pour l'instant, rien dire de plus car nous ne savons pas la forme de $\nu(\varepsilon)$ et aussi celle de $\mu(\varepsilon)$! La condition (7.11) est la condition de *glissement* qu'il faut imposer à l'équation limite d'ordre zéro extérieur (7.5) pour $\overline{\psi}_0(\overline{x}, \overline{y})$.

Ainsi, on constate que la *condition de glissement*, sur une paroi, *découle tout naturellement du processus même de la MDAR*, une fois que l'on considère l'écoulement de fluide peu visqueux (à $Re \to \infty$) comme étant, à la limite, la conjonction de deux écoulements : l'un de fluide parfait (avec la condition de glissement) et l'autre de couche limite (avec la condition d'adhérence).

De plus pour $\overline{\psi}_0(\overline{x}, \overline{y})$, satisfaisant à (7.5) et (7.11) nous avons aussi la condition (à l'infini amont) :

(7.12)
$$\overline{\psi}_0(-\infty, \overline{y}) = \overline{y},$$

Cette dernière condition a d'ailleurs conduit à imposer : $\overline{f}_0(\overline{\psi}_0) \equiv 0$ au niveau de (7.5). La solution du problème (7.5), (7.11), (7.12) est tout simplement l'écoulement uniforme :

(7.13)
$$\overline{\psi}_0(\overline{x}, \overline{y}) \equiv \overline{y}.$$

Maintenant, on revient à (7.6) pour $\widehat{\psi}_0(\overline{x}, \widehat{y})$. Lorsque $\widehat{y} \to +\infty$, il faut nécessairement que cette équation de couche limite (7.6) s'identifie avec l'équation de fluide parfait.

(7.14)
$$\frac{\partial \overline{\psi}_0}{\partial \overline{x}} \frac{\partial}{\partial \overline{y}}(\mathbf{D}^2 \overline{\psi}_0) - \frac{\partial \overline{\psi}_0}{\partial \overline{y}} \frac{\partial}{\partial \overline{x}}(\mathbf{D}^2 \overline{\psi}_0) = 0,$$

écrite en $\overline{y} = 0$. Mais comme (7.14), du fait de (7.13), est en fait une identité, $(0 = 0)$, on constate que l'on a nécessairement :

(7.15)
$$\widehat{f}_0(\overline{x}) \equiv 0,$$

au niveau de (7.6).

Ainsi, le terme $\widehat{\psi}_0(\overline{x}, \widehat{y})$ du développement local (7.8) satisfait à l'équation de Prandtl, de la couche limite, suivante :

(7.16)
$$\frac{\partial^3 \widehat{\psi}_0}{\partial \widehat{y}^3} + \frac{\partial \widehat{\psi}_0}{\partial \overline{x}} \frac{\partial^2 \widehat{\psi}_0}{\partial \widehat{y}^2} - \frac{\partial \widehat{\psi}_0}{\partial \widehat{y}} \frac{\partial^2 \widehat{\psi}_0}{\partial \overline{x} \partial \widehat{y}} = 0.$$

Mais il ne faut pas oublier que cela est uniquement le cas, lorsque l'écoulement de base à l'infini amont (pour $x \to -\infty$) est uniforme (irrotationnel !). L'équation de Prandtl (7.16) est du troisième ordre en $\widehat{y}$ et il nous faut donc trois conditions en $\widehat{y}$.

Comme le développement local (7.8) est représentatif dans la couche limite, au voisinage de la paroi $\widehat{y} = 0$, nous pouvons lui associer les conditions d'adhérence.

Ainsi, à (7.16) nous pouvons associer les conditions :

$$(7.17) \qquad \begin{cases} \widehat{\psi}_0(\overline{x}, 0) = 0, \\ \dfrac{\partial \widehat{\psi}_0}{\partial \widehat{y}} \Big|_{\widehat{y}=0} = 0, \\ (0 < \overline{x} < +\infty). \end{cases}$$

Il nous manque donc une condition en $\widehat{y}$. Pour obtenir cette troisième condition en $\widehat{y}$, pour $\widehat{\psi}_0(\overline{x}, \widehat{y})$, il faut faire appel, une fois de plus, au raccord. Cette fois il faut raccorder les vitesses horizontales (on a déjà raccordé les vitesses verticales ce qui nous a conduit à la condition de glissement (7.11)).

On a, d'une part,

$$\frac{\partial \psi}{\partial y} \cong \frac{\partial \overline{\psi}_0}{\partial \overline{y}}(\overline{x}, \varepsilon \widehat{y}) = \frac{\partial \overline{\psi}_0}{\partial \overline{y}}(\overline{x}, 0) + \varepsilon \widehat{y} \frac{\partial^2 \overline{\psi}_0}{\partial \overline{y}^2}(\overline{x}, 0) + \ldots = 1 + 0,$$

et d'autre part

$$\frac{\partial \psi}{\partial y} \cong \frac{\partial \widehat{\psi}_0}{\partial \widehat{y}}\left(\overline{x}, \frac{y}{\varepsilon}\right) + \ldots = \frac{\partial \widehat{\psi}_0}{\partial \widehat{y}}(\overline{x}, \infty) + \ldots.$$

Ainsi, il faut que

$$(7.18) \qquad \frac{\partial \widehat{\psi}_0}{\partial \widehat{y}}(\overline{x}, +\infty) = 1,$$

qui est notre troisième condition pour $\widehat{\psi}_0(\overline{x}, \widehat{y})$. En définitive, nous pouvons formuler pour $\widehat{\psi}_0(\overline{x}, \widehat{y})$ le problème suivant :

$$(7.19) \qquad \begin{cases} \dfrac{\partial^3 \widehat{\psi}_0}{\partial \widehat{y}^3} + \dfrac{\partial \widehat{\psi}_0}{\partial \overline{x}} \dfrac{\partial^2 \widehat{\psi}_0}{\partial \widehat{y}^2} - \dfrac{\partial \widehat{\psi}_0}{\partial \widehat{y}} \dfrac{\partial^2 \widehat{\psi}_0}{\partial \overline{x} \partial \widehat{y}} = 0; \\ \widehat{\psi}_0(\overline{x}, 0) = 0, \\ \dfrac{\partial \widehat{\psi}_0}{\partial \widehat{y}}(\overline{x}, 0) = 0, \\ \dfrac{\partial \widehat{\psi}_0}{\partial \widehat{y}}(\overline{x}, +\infty) = 1. \end{cases}$$

Cependant pour formuler un problème rigoureux, mathématiquement, il nous faut encore, au niveau de (7.19), afficher une condition sur $\partial \widehat{\psi}_0 / \partial \widehat{y}$ pour une valeur particulière de $\overline{x} > 0$.

La nécessité de cette dernière condition (en $\overline{x}$) est une conséquence de la théorie mathématique de Nickel (1973) et elle est liée au caractère parabolique (en $\overline{x}$) de l'équation du problème (7.19).

Mais cela n'est pas tout, car il faut encore avoir en vue que l'introduction de l'échelle de longueur L_0, qui apparaît au niveau du nombre de Reynolds ($Re = L_0 U_0 / \nu_0$) est *artificielle* pour le problème de Blasius, relatif à une plaque plane semi-infinie.

De ce fait, pour que la théorie de couche limite - fluide parfait mise en place soit cohérente, il faut que L_0 n'apparaisse pas dans le résultat final.

A cette fin, il faut postuler une *solution semblable* du problème (7.19) qui ne fasse plus intervenir L_0. On peut aisément se convaincre que cette solution semblable doit-être de la forme :

$$(7.20) \qquad \widehat{\psi}_0(\overline{x}, \widehat{y}) = \sqrt{\overline{x}} \widehat{F}_0(\eta), \text{ avec } \eta = \widehat{y}/\sqrt{\overline{x}}.$$

Grâce à (7.20), le problème (7.19) devient un problème pour $\widehat{F}_0(\eta)$:

$$(7.21) \qquad \begin{cases} 2\widehat{F}_0''' + \widehat{F}_0 \widehat{F}_0'' = 0, \\ \widehat{F}_0(0) = \widehat{F}_0'(0) = 0, \\ \widehat{F}'(\infty) = 1, \end{cases}$$

et il n'est plus nécessaire d'imposer une condition en $\overline{x}$, mais cette solution $\widehat{F}_0(\eta)$ ne reste valable *qu'en dehors* d'un voisinage de $\overline{x} = 0$ (dans ce voisinage, l'approximation de couche limite n'est pas valable).

On peut aussi exprimer

$$(7.22) \qquad \frac{\partial \widehat{\psi}_0}{\partial \overline{x}} = \frac{1}{2\sqrt{\overline{x}}}(\widehat{F}_0 - \eta \widehat{F}_0').$$

L'existence et l'unicité de la solution du problème (de Blasius) (7.21) a été démontré pour la première fois par Weyl (1942), dans la classe des fonctions appartenant à $C^\infty[0, \infty)$.

On trouvera dans le livre de Meyer (1971 ; voir l'appendice 22, page 105) une démonstration simple du résultat de Weyl qui est due à Serrin. Cette démonstration (de Serrin) est basée sur le fait que le problème de Blasius (7.21) peut se mettre sous la forme d'un problème aux valeurs initiales (en $\widehat{y} = 0$) pour la fonction

$$\widehat{G}_0(z) = k_0 \widehat{F}_0(2k_0 z), \text{ avec } z = \eta/2k_0,$$

de telle façon que :

$$\lim_{z \to +\infty} \widehat{G}_0'(z) = 2k_0^2 > 0, \text{ existe.}$$

Ainsi, on obtient pour $\widehat{G}_0(z)$, le problème suivant :

$$(7.23) \qquad \widehat{G}_0''' + \widehat{G}_0 \widehat{G}_0'' = 0, \widehat{G}_0(0) = 0, \widehat{G}_0'(0) = 0, \widehat{G}_0''(0) = 1.$$

Par intégration numérique du problème de Weyl (7.23) on trouve que :

$$(7.24) \qquad \begin{cases} \widehat{F}_0''(0) \equiv \alpha \cong 0,33206, \\ \beta = \lim_{\eta \to +\infty} [\eta - \widehat{F}_0(\eta)] \cong 1,7208. \end{cases}$$

Enfin, il s'avère que

$$(7.25) \qquad \lim_{\widehat{y} \to +\infty} \frac{\partial \widehat{\psi}_0}{\partial \widehat{y}} = -\frac{\beta}{2} \frac{1}{\sqrt{x}}, \ o < x < +\infty.$$

Donc : "à la frontière supérieure de la couche limite de Blasius apparaît une composante de la vitesse dirigée perpendiculairement à la plaque plane semi-infinie".

Une étude plus poussée (voir, par exemple, Zeytounian (1987 ; pp.12–19)) montre bien que : "pour que la solution homogène de Blasius puisse s'établir au voisinage de la plaque plane semi-infinie, dans une région "assez loin" du bord d'attaque ($x = 0, y = 0$), il suffit que le nombre de Reynolds local

$$(7.26) \qquad Re_x = \frac{U_0 x}{\nu_0},$$

calculé avec l'abscisse dimensionnée x, soit " très grand" devant un".

Plus précisément que soit satisfait le passage à la limite :

$$(7.27) \qquad Re_x \to \infty, \quad \text{avec } \eta \ \text{ et } \ \frac{1}{x} \ \text{bornés.}$$

Ainsi, pour des valeurs suffisamment grandes du nombre de Reynolds local Re_x, la solution du problème de couche limite de Blasius satisfait approximativement à l'équation exacte de Navier, lorsque $x > x_0$ et $0 < \eta < \eta_0$, pour des constantes positives x_0 et η_0 indépendantes de Re_x.

Voyons maintenant comment a lieu le couplage (régulier) entre l'écoulement de fluide parfait et celui de la couche limite.

Nous avons pour le développement asymptotique local (avec un seul terme) :

$$(7.28) \qquad \psi \sim \varepsilon \sqrt{\overline{x}} \widehat{F}_0(\eta),$$

ou encore, en variable extérieure (deux termes),

$$(7.29) \qquad \begin{aligned} \psi \sim \varepsilon \sqrt{\overline{x}} \widehat{F}_0(\overline{y}/\varepsilon \sqrt{\overline{x}}) = \varepsilon \sqrt{\overline{x}} \Big\{ \overline{y}/\varepsilon \sqrt{\overline{x}} - \beta \\ + \ \text{termes exponentiellement petits lorsque } \eta \text{ est grand} \Big\}, \end{aligned}$$

C'est à dire (*) :

(7.30)
$$\psi \sim \varepsilon\widehat{y} - \varepsilon\beta\sqrt{\overline{x}}.$$

Pour le développement asymptotique principal (avec deux termes) nous avons :

$$\psi \sim \overline{y} + \nu(\varepsilon)\overline{\psi}_1(\overline{x},\overline{y})$$

ou encore, en variable intérieure (deux termes),

(7.31)
$$\psi \sim \varepsilon\widehat{y} + \nu(\varepsilon)\overline{\psi}_1(\overline{x},\varepsilon\widehat{y})$$
$$= \varepsilon\widehat{y} + \nu(\varepsilon)\overline{\psi}_1(\overline{x},0).$$

D'après la règle de raccord de Van Dyke nous obtenons :

(7.32)
$$\nu(\varepsilon) \equiv \varepsilon \quad \text{et} \quad \overline{\psi}_1(\overline{x},0) = -\beta\sqrt{\overline{x}}.$$

De (7.32) nous arrivons à la conclusion importante suivante :

Pour tenir compte de l'effet de la couche limite de Blasius sur l'écoulement de fluide parfait extérieur il faut (à l'ordre ε) considérer un écoulement de fluide parfait, *linéarisé*, autour d'une *parabole* dont l'équation est

(7.33)
$$\overline{y} = \varepsilon\beta\sqrt{\overline{x}}, \quad 0 < \overline{x} < +\infty.$$

Dans ce cas, la condition : $\overline{\psi}_1(\overline{x},0) = -\beta\sqrt{\overline{x}}$ est la bonne condition (en un sens asymptotique) de glissement sur cette parabole (7.33), linéarisée suivant la théorie classique des profils minces (c'est-à-dire que la condition de glissement est reportée sur l'axe de la parabole, $\overline{y} = 0, 0 < \overline{x} < \infty$)(**).

Mais, la substitution du développement extérieur,

(7.34)
$$\psi = \overline{y} + \varepsilon\overline{\psi}_1(\overline{x},\overline{y}) + \ldots,$$

(*) Lorsque η est grand est comme pour $\eta \to \infty$ on a $\widehat{F}_0(\eta) \to 1$, il vient la formule approchée

$$\widehat{F}_0(\eta) \cong \eta - \beta + \gamma \int_\eta^\infty d\sigma \int_\sigma^\infty \exp\left[-\frac{1}{4}(\lambda - \beta)^2\right]d\lambda,$$

oú $\gamma \cong 0,231$, d'après un calcul de Blasius (1908).

(**) "Asymptotiquement" on a : $\psi = \overline{y} + \varepsilon\overline{\psi}_1(\overline{x},\overline{y}) + \ldots = 0$, sur $\overline{y} = \varepsilon\beta\sqrt{\overline{x}}$, ce qui veut dire

$$\varepsilon\left\{\beta\sqrt{\overline{x}} + \overline{\psi}_1(\overline{x},\varepsilon\beta\sqrt{\overline{x}})\right\} + \ldots = 0,$$

ou encore, lorsque $\varepsilon \to 0$, $\beta\sqrt{\overline{x}} + \overline{\psi}_1(\overline{x},0) = 0$, ce qui est bien la condition trouvée sur $\overline{\psi}_1$ (voir (7.32)).

dans l'équation exacte de Navier pour ψ, conduit une fois de plus à une équation bidimensionnelle de Laplace pour $\overline{\psi}_1(\overline{x}, \overline{y})$:

$$(7.35) \qquad \frac{\partial}{\partial \overline{x}}(\mathbf{D}^2\overline{\psi}_1) = 0 \Rightarrow \mathbf{D}^2\overline{\psi}_1 = 0,$$

du fait de l'hypothèse d'irrotationnalité à l'infini amont (pour $\overline{x} \to -\infty$).

Ainsi, pour $\overline{\psi}_1(\overline{x}, \overline{y})$ il faut résoudre le problème suivant :

$$(7.36) \qquad \begin{cases} \mathbf{D}^2\overline{\psi}_1 = 0; \\ \overline{\psi}_1(-\infty, \overline{y}) = 0, \\ \overline{\psi}_1(x, 0) = \begin{cases} 0, & \overline{x} < 0, \\ -\beta\sqrt{\overline{x}}, & 0 < \overline{x} < \infty, \end{cases} \end{cases}$$

dont la solution est :

$$(7.37) \qquad \overline{\psi}_1(\overline{x}, \overline{y}) = -\beta\,\mathrm{Reel}\left[\sqrt{\overline{x} + i\overline{y}}\right], \quad i = \sqrt{-1}.$$

Une fois $\overline{\psi}_1(\overline{x}, \overline{y})$ connu, à partir de la formule (7.37), on peut "redescendre" dans la couche limite et formuler un problème de couche limite pour le terme $\widehat{\psi}_1(\overline{x}, \widehat{y})$ du développement local (7.8). Chemin faisant, grâce au raccord, on détermine la jauge $\mu(\varepsilon)$:

$$(7.38) \qquad \frac{\mu(\varepsilon)}{\varepsilon} = \varepsilon \Rightarrow \mu(\varepsilon) = \varepsilon^2,$$

et aussi la condition "à l'infini" suivante (pour le terme $\widehat{\psi}_1$) :

$$(7.39) \qquad \lim_{\widehat{y} \to +\infty} \frac{\partial\widehat{\psi}_1}{\partial\widehat{y}} = \left.\frac{\partial\overline{\psi}_1}{\partial\overline{y}}\right|_{\overline{y}=0} = 0,$$

d'après (7.37). Mais comme l'équation pour $\widehat{\psi}_1(\overline{x}, \widehat{y})$ est homogène (elle se déduit de (4.50), où $\delta_0 \equiv \varepsilon$ et $\widehat{\psi} = \varepsilon\widehat{\psi}_0 + \varepsilon^2\widehat{\psi}_1 + \ldots$, en tenant compte de l'irrotationalité à l'infini amont), avec trois conditions homogènes (en $\widehat{y}$) associées ; on en déduit que $\widehat{\psi}_1 \equiv 0(*)$.

Ainsi, l'intéraction fluide parfait - couche limite, lorsque $Re \to \infty$, s'effectue de façon *régulière*, d'après le schema ci-dessous.

(*) Les solutions propres du problème (7.19), sans condition initiale en $\overline{x}$ sur $\partial\widehat{\psi}_0/\partial\widehat{y}$, interviennent à partir des termes proportionnels à ε^p, avec $p \geq 3$, dans le développement local (7.8).

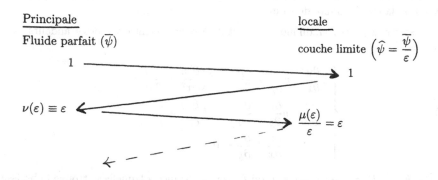

Au § 7.2. suivant on verra qu'il existe un couplage singulier (fort) pour lequel, dès le premier ordre, l'écoulement de fluide parfait et celui de la couche limite sont en intéraction directe réciproque, via une région intermédiaire.

7.2. Le modèle en triple couche

Lors du couplage régulier (faible), mis en évidence au § 7.1., précédent et qui caractérise l'intéraction fluide parfait - couche limite, il n'y a pas d'intéraction directe entre la couche limite (de Blasius) et l'écoulement de fluide parfait (uniforme) extérieur. Ce dernier, intervient à l'ordre zéro en ε, uniquement pour fournir une condition de comportement "au loin" pour la solution des équations de la couche limite de Blasius. Ensuite, la couche limite, par l'intermédiaire de l'effet de déplacement agit sur l'écoulement de fluide parfait, linéarisé, extérieur, d'ordre un en ε, et ainsi de suite...

Par opposition à cette situation régulière on dit qu'il y a *couplage singulier* (fort) lorsque, dès la première approximation, l'écoulement de fluide parfait et celui de la couche limite sont en intéraction directe, réciproque, par l'intermédiaire d'une couche médiane.

Cette situation singulière se rencontre chaque fois que la couche limite de Prandtl (classique) *subit un accident*, local, au voisinage d'une certaine abscisse (curviligne) sur un contour (cas plan) autour duquel l'écoulement à grand nombre de Reynolds (peu visqueux) est considéré. On trouvera au § 52 de Zeytounian (1987) divers types d'accidents que l'on peut rencontrer en hydro-aérodynamique.

Lorsqu'un tel accident survient, au voisinage de x_0, il est nécessaire, en toute généralité, de mettre en place un modèle dit " en triple couche", qui permet de modéliser localement le phénomène.

Ce modèle en triple couche est une dégénérescence significative des équations de Navier (dans le cas incompressible) au même titre que les équations d'Euler (de fluide parfait incompressible) et les équations de la couche limite de Prandtl.

On verra au § 7.3., suivant que le modèle dit de Rayleigh (valable près de $t = 0$, lorsque $Re \to \infty$) est aussi une dégénérescence significative des équations de Navier-Stokes complètes (la compressibilité joue dans ce cas un rôle primordial).

Donc, au voisinage de $x = x_0 > 0$, sur la paroi $y = 0$, on a un accident qui va se produire au niveau de la couche limite de Prandtl (cas stationnaire, plan).

Il est nécessaire de partir, ici, du modèle exact de Navier suivant (avec des grandeurs sans dimensions) :

$$(7.40) \quad \begin{cases} u\dfrac{\partial u}{\partial x} + v\dfrac{\partial u}{\partial y} + \dfrac{\partial p}{\partial x} = \varepsilon^2\Big(\dfrac{\partial^2 u}{\partial x^2} + \dfrac{\partial^2 u}{\partial y^2}\Big); \\[2mm] u\dfrac{\partial v}{\partial x} + v\dfrac{\partial v}{\partial y} + \dfrac{\partial p}{\partial y} = \varepsilon^2\Big(\dfrac{\partial^2 v}{\partial x^2} + \dfrac{\partial^2 v}{\partial y^2}\Big); \\[2mm] \dfrac{\partial u}{\partial x} + \dfrac{\partial v}{\partial y} = 0, \end{cases}$$

avec $\varepsilon^2 = Re^{-1}$, $Re = (U_0 L_0/\nu_0) \gg 1$, oú L_0 est la distance à laquelle se trouve l'abscisse x_0, calculée à partir du bord d'attaque ($x = 0$).

La couche limite de Prandtl, à l'amont du point oú se produit l'accident $(x_0, 0)$ est supposée établie et elle est caractérisée par les profils de vitesse :

$$(7.41) \quad u = U_B(x, y/\varepsilon), v = \varepsilon V_B(x, y/\varepsilon)$$

lorsque $0 < x < x_0$.

En se laissant guider par le travail fondamental de Lighthill (1953) on supposera que l'accident considéré conduit à un couplage singulier (fort) dans un voisinage, du point $(x_0, 0)$ de la plaque plane, qui reste "*important*" devant l'épaisseur même de la couche limite de Prandtl.

Cela veut dire que si l'on introduit un voisinage caractérisé par la jauge $\delta_1(\varepsilon)(\to 0, \text{avec } \varepsilon \to 0)$, alors

$$(7.42) \quad \varepsilon/\delta_1(\varepsilon) \ll 1, \text{ avec } \varepsilon = Re^{-1/2}.$$

D'autre part, il s'avère que ce couplage singulier fait intervenir de façon essentielle une sous-couche visqueuse (couche inférieure) au voisinage immédiat de la paroi $y = 0$, dont l'épaisseur est nécessairement

$$(7.43) \quad \delta_2(\varepsilon) \ll \varepsilon.$$

Cela implique, alors, l'introduction d'une ordonnée locale de sous-couche visqueuse

$$(7.44) \quad \widetilde{y} = \frac{y}{\delta_2(\varepsilon)}.$$

Naturellement, les jauges $\delta_1(\varepsilon)$ et $\delta_2(\varepsilon)$ sont à priori inconnues et elles doivent être déterminées de telle façon que le modèle en triple couche mis en place au voisinage du point $(x_0, 0)$ soit asymptotiquement consistant, lorsque $\varepsilon \to 0$. Si cela s'avère être bien le cas, alors les hypothèses de travail ci-dessus seront bien confirmées. Comme le petit paramètre principal de notre problème de perturbation singulière est ε, on supposera que :

$$(7.45) \quad \delta_1(\varepsilon) = \varepsilon^a \text{ et } \delta_2(\varepsilon) = \varepsilon^b, \text{ avec } a < 1 \text{ et } b > 1,$$

où a et b sont des scalaires réels positifs qui doivent être déterminés au cours de la mise en place du modèle en triple couche au voisinage de $(x_0, 0)$.

On passe, tout d'abord, à l'abscisse *locale*,

$$(7.46) \qquad \widetilde{x} = \frac{x - x_0}{\varepsilon^a}, \ a < 1,$$

et $\widetilde{x}$ reste de l'ordre de un.

En accord avec (7.41), on introduit U_{B0} et V_{B0}, (des fonctions de $\widehat{y}$) :

$$(7.47) \qquad U_{B0}(\widehat{y}) \equiv U_B(x_0, \widehat{y}) \quad \text{et} \quad V_{B0} \equiv V_B(x_0, \widehat{y}), \quad \text{avec} \quad \widehat{y} = y/\varepsilon,$$

les valeurs de U_B et V_B, qui existeraient dans la couche limite de Prandtl, à l'abscisse $x = x_0$, en l'absence d'accident. On notera que P_{B0} (qui est la pression à l'abscisse $x = x_0$) est une constante dans le cas d'une plaque plane $y = 0$; de ce fait on peut poser $P_{B0} \equiv 1$, en variables sans dimensions.

Précisons que si $\overline{y}$ caractérise la couche supérieure de fluide parfait et $\widetilde{y}$, d'après (7.44), la sous-couche visqueuse, l'ordonnée $\widehat{y}$ caractérise, elle, la couche médiane qui est le prolongement naturel vers l'aval ($\widetilde{x} > 0$) de la couche limite de Prandtl située en amont de $\widetilde{x} = 0$ et qui est caractérisé par (7.41).

Nous avons donc trois couches. Commençons notre analyse asymptotique par la couche médiane (intermédiaire) dans laquelle nos fonctions sont dépendantes de $\widetilde{x}$ et $\widehat{y}$.

On suppose que lorsque $\varepsilon \to 0$, l'accident perturbe "peu" l'écoulement de couche limite de Prandtl situé en amont de $\widetilde{x} = 0$:

$$(7.48) \qquad \begin{cases} u = U_{B0}(\widehat{y}) + \varepsilon^{\alpha} \widehat{u}(\widetilde{x}, \widehat{y}) + \varepsilon^a \widetilde{x} \left(\dfrac{\partial U_B}{\partial x} \right)_{x=x_0} + \ldots ; \\[2mm] v = \varepsilon V_{B0}(\widehat{y}) + \varepsilon^{\beta+1} \widehat{v}(\widetilde{x}, \widehat{y}) + \ldots + \varepsilon^{a+1} \widetilde{x} \left(\dfrac{\partial V_B}{\partial x} \right)_{x=x_0} + \ldots ; \\[2mm] p = 1 + \varepsilon^{\gamma} \widehat{p}(\widetilde{x}, \widehat{y}) + \ldots, \end{cases}$$

où $\alpha, \beta + 1$ et γ sont des scalaires réels positifs qui doivent être déterminés au cours de la mise en place du MTC.

Il faut maintenant substituer (7.48) dans les équations (7.40) réécrites avec les variables $\widetilde{x}$ et $\widehat{y}$. On constate alors que l'équation de continuité correspondante implique

$$(7.49) \qquad \beta = \alpha - a, \quad \beta < 0,$$

puisque $\alpha < a$ (comme nous le verrons par la suite). Par contre, dans ce cas

$$(7.50) \qquad \beta + 1 = 1 + \alpha - a > 0.$$

Dans la sous-couche visqueuse (inférieure) au voisinage immédiat de $y = 0 (\widetilde{y} = 0)$ les variables représentatives sont

$$(7.51) \qquad \widetilde{x} \text{ et } \widetilde{y} = y/\varepsilon^b,$$

avec $b > 1$, et l'idée est que, dans cette sous-couche visqueuse, nous devons être en mesure de conserver, au moins, une partie des termes visqueux provenant des équations de Navier.

Cherchons donc, dans cette SCV, la solution des équations (7.40), réécrites avec les variables $\widetilde{x}$ et $\widetilde{y}$, sous la forme suivante :

$$(7.52) \qquad \begin{cases} u = \varepsilon^\lambda \, \widetilde{u}(\widetilde{x}, \widetilde{y}) + \dots \, ; \\ v = \varepsilon^\mu \, \widetilde{v}(\widetilde{x}, \widetilde{y}) + \dots \, ; \\ p = 1 + \varepsilon^\gamma \, \widetilde{p}(\widetilde{x}, \widetilde{y}) + \dots \, ; \end{cases}$$

étant donné que les perturbations de la pression doivent nécessairement se raccorder de façon continue d'une couche à l'autre et que, d'autre part,

$$(7.53) \qquad U_{B0}(\widehat{y}) \sim \widehat{y}, \text{ lorsque } \widehat{y} \to 0.$$

Comme

$$(7.54) \qquad \widetilde{y} = \widehat{y}/\varepsilon^{b-1}, \text{ avec } b - 1 > 0.$$

on constate que $\widetilde{y} \to \infty$, correspond à $\widehat{y} \to 0$; ainsi notre hypothèse concernant $\delta_2(\varepsilon) = \varepsilon^b$, avec $b > 1$, nous permet de traiter l'ordonnée $\widetilde{y}$ comme une ordonnée intérieure relativement à l'ordonnée de la couche médiane $\widehat{y}$. Dans la couche inférieure (SCV) $\widetilde{u}$ et $\widetilde{v}$ doivent vérifier des équations du type de celle de la couche limite, auxquelles on pourra associer l'adhérence de la vitesse sur $\widetilde{y} = 0$.

Si cela est bien le cas, alors il faut que les scalaires λ, μ, γ et a et b satisfassent aux relations suivantes :

$$(7.55) \qquad \begin{array}{c} \mu = \lambda + b - a, \ \gamma = 2\lambda, \\ \gamma - a + 2b = \lambda + 2 \Rightarrow \mu = 2 - b. \end{array}$$

Maintenant, lorsque $\widehat{y} \to 0$ (on descend de la couche médiane (CM) vers la (SCV)) on a la relation (7.53) sur $U_{B0}(\widehat{y})$ et de ce fait :

$$U_{B0}(\widehat{y}) \sim \widehat{y} = \varepsilon^{b-1}\widetilde{y}, \text{ avec } \widetilde{y} \to \infty.$$

Par comparaison avec la première ligne de (7.52) on constate que si l'on veut une cohérence interne entre la (CM) et la (SCV), alors il faut faire le choix de :

$$(7.56) \qquad \lambda = b - 1 \Rightarrow a = 3(b - 1),$$

en accord avec (7.55). De plus, on constate que le comportement de $\widetilde{u}(\widetilde{x}, \widetilde{y})$ vers l'amont (vers la couche limite de Prandtl non perturbée par l'accident) est de la forme

$$(7.57) \qquad \widetilde{u} \to \widetilde{y}, \text{ lorsque } \widetilde{x} \to -\infty.$$

Remontons maintenant dans la couche supérieure (CS) de fluide parfait. Une fois de plus, il faut que

$$(7.58) \qquad p = 1 + \varepsilon^\gamma \overline{p}(\widetilde{x}, \widetilde{y}) + \dots,$$

avec le même scalaire γ que dans (7.48) et (7.52).

Au niveau de (7.58) nous avons introduit l'ordonnée

$$(7.59) \qquad \overline{y} = y/\varepsilon^c, \text{ avec } c < 1,$$

qui reste à déterminer ; la variable $\overline{y}$ caractérise la (CS) de fluide parfait.

Un peu de réflexion conduit à écrire, pour u et v, les développements suivants dans la (CS) :

$$(7.60) \qquad \begin{cases} u = U_{B0}(\infty) + \varepsilon^\gamma \overline{u}(\widetilde{x}, \overline{y}) + \ldots ; \\ v = \varepsilon^\gamma \overline{v}(\widetilde{x}, \overline{y}) + \ldots, \end{cases}$$

si l'on veut obtenir une dégénérescence significative des équations de Navier dans cette (CS).

De plus, on voit que :

$$\widehat{y} = \overline{y}/\varepsilon^{1-c}, c < 1 \quad \text{et} \quad \widehat{y} \to \infty \quad \text{correspond bien à} \quad \overline{y} \to 0.$$

Dans ce cas des équations de Navier pour la (CS) on obtient l'équation linéarisée suivante pour $\overline{u}$:

$$(7.61) \qquad U_{B0}(\infty)\frac{\partial \overline{u}}{\partial \widetilde{x}} + \frac{\partial \overline{p}}{\partial \widetilde{x}} = 0,$$

puis, avec le choix de $c \equiv a(\overline{y} = y/\varepsilon^a$, avec $a < 1$; cela confirme l'hypothèse (7.42)), on trouve l'équation linéarisée suivante pour $\overline{v}$:

$$(7.62) \qquad U_{B0}(\infty)\frac{\partial \overline{v}}{\partial \widetilde{x}} + \frac{\partial \overline{p}}{\partial \overline{y}} = 0,$$

et on a aussi

$$(7.63) \qquad \frac{\partial \overline{u}}{\partial \widetilde{x}} + \frac{\partial \overline{v}}{\partial \overline{y}} = 0.$$

Ainsi, pour $\overline{u}$, $\overline{v}$ et $\overline{p}$ on trouve le système fermé de trois équations (7.61)–(7.63). A ce système qui modélise l'écoulement de fluide parfait linéarisé il faut associer une condition de glissement, linéarisée, relativement à la vitesse verticale.

A cette fin, dans le cadre du modèle en triple couche d'intéraction forte, il faut effectuer un raccord direct des composantes v ; entre celle de la (CM)(dont la solution est modélisée par (7.48)) et celle de la (CS) de fluide parfait (qui est modélisée, elle, par (7.60)). Ce raccord conduit à imposer la contrainte suivante :

$$(7.64) \qquad \gamma = \beta + 1$$

et comme $\beta < 0$ on voit que $\gamma < 1$.

Ainsi, avec (7.64), on peut écrire la condition de raccord :

$$(7.65) \qquad\qquad \overline{v}(\widetilde{x}, 0) = \lim_{\widehat{y} \to +\infty} \widehat{v}(\widetilde{x}, \widehat{y}),$$

qu'il faut associer au système d'équations (7.61)–(7.63). Mais de (7.61)–(7.63) on peut déduire une seule équation pour $\overline{v}(\widetilde{x}, \overline{y})$:

$$(7.66) \qquad\qquad U_{B0}(\infty)\left(\frac{\partial^2 \overline{v}}{\partial \widetilde{x}^2} + \frac{\partial^2 \overline{v}}{\partial \overline{y}^2} \right) = 0,$$

et (7.65) doit-être associé à cette équation (7.66).

Revenons à la relation (7.64) ; on constate alors que :

$$\beta + 1 = 1 + \alpha - a = \gamma = 2\lambda = 2(b-1) = \frac{2}{3}a$$

d'après (7.50), (7.55) et (7.56). Ainsi

$$(7.67) \qquad\qquad \gamma - \alpha = \frac{2}{3}a - \alpha = 1 - a > 0, \quad 2\lambda - \alpha > 0.$$

Dans la (CM), par substitution de (7.48) dans les équations de Navier, réécrites avec les variables $\widetilde{x}, \widehat{y}$, on trouve les équations suivantes pour $\widehat{u}, \widehat{v}$ et $\widehat{p}$:

$$(7.68a) \qquad\qquad U_{B0}(\widehat{y}) \frac{\partial \widehat{u}}{\partial \widetilde{x}} + \frac{dU_{B0}}{d\widehat{y}} \widehat{v} + \ldots = 0;$$

$$(7.68b) \qquad\qquad \frac{\partial \widehat{u}}{\partial \widetilde{x}} + \frac{\partial \widehat{v}}{\partial \widehat{y}} = 0;$$

$$(7.68c) \qquad\qquad \frac{\partial \widehat{p}}{\partial \widehat{y}} + \ldots = 0,$$

où on a tiré profit de la seconde des relations (7.67) et où les pointillés indiquent des termes qui tendent vers zéro, avec $\varepsilon \to 0$.

Pour déterminer les scalaires inconnus (pour l'instant !) $a, \alpha, b, \beta + 1, \gamma, \lambda$ et μ, il faut établir une relation entre a et α.

A cette fin , on tire profit du raccord des vitesses u, dans la (SCV) et dans la (CM).

Il faut donc raccorder la première ligne de (7.48), lorsque $\widehat{y} \to 0$, avec la première ligne de (7.52), lorsque $\widetilde{y} \to \infty$.

Mais lorsque $\widehat{y} \to 0$, on a $\lim\limits_{\widehat{y} \to 0} U_{B0}(\widehat{y}) = 0$ et de ce fait, le raccord direct implique :

$$(7.69) \qquad\qquad \alpha = \lambda = b - 1 = \frac{a}{3} \Rightarrow \alpha = \frac{a}{3}.$$

En définitive, on arrive à la conclusion que :

(7.70)
$$\begin{cases} \dfrac{2}{3}a - \dfrac{a}{3} = 1 - a \Rightarrow a = 3/4; \\[2mm] \alpha = \dfrac{a}{3} \Rightarrow \alpha = 1/4; \\[2mm] b - 1 = \dfrac{a}{3} \Rightarrow b = 5/4; \\[2mm] \beta + 1 = \dfrac{2}{3}a \Rightarrow \beta + 1 = \dfrac{1}{2}; \\[2mm] \gamma = 2\lambda = 2b - 1 \Rightarrow \gamma = \dfrac{1}{2}; \\[2mm] \lambda = \gamma/2 \Rightarrow \lambda = 1/4; \\[2mm] \mu = 2 - b \Rightarrow \mu = 3/4. \end{cases}$$

Ce choix assure la *consistance interne* du MTC dit *d'auto-induction* et il conduit à un couplage *fort* entre la (SCV), la (CM) et la (CS).

Dans la (CM) on doit déterminer $\widehat{u}(\widetilde{x}, \widehat{y})$ et $\widehat{v}(\widetilde{x}, \widehat{y})$ à partir des deux équations limites :

$$U_{B0}(\widehat{y}) \frac{\partial \widehat{u}}{\partial \widetilde{x}} + \frac{dU_{B0}}{d\widehat{y}} \widehat{v} = 0;$$

$$\frac{\partial \widehat{u}}{\partial \widetilde{x}} + \frac{\partial \widehat{v}}{\partial \widehat{y}} = 0,$$

ce qui conduit à :

(7.71)
$$\widehat{u}(\widetilde{x}, \widehat{y}) = A(\widetilde{x}) \frac{dU_{B0}(\widehat{y})}{d\widehat{y}};$$

$$\widehat{v}(\widetilde{x}, \widehat{y}) = -U_{B0}(\widehat{y}) \frac{dA(\widetilde{x})}{d\widetilde{x}},$$

où $A(\widetilde{x})$ est une fonction arbitraire de $\widetilde{x}$. Il faut noter que si $\lim\limits_{\widehat{y}\to 0} U_{B0}(\widehat{y}) = 0$, par contre on a que

(7.72)
$$\lim\limits_{\widehat{y}\to 0} \frac{dU_{B0}}{d\widehat{y}} \neq 0 \Rightarrow \widehat{u}(\widetilde{x}, 0) \neq 0,$$

ce qui fait que pour ramener la vitesse u à zéro sur la plaque plane (du fait de (7.72)) il faut impérativement introduire une (SCV) !

D'autre part, cette solution "médiane", lorsque $\widehat{y} \to 0$, conduit à (d'après (7.48)) :

$$u = U_{B0}(0) + \varepsilon^{1/4} \widetilde{y} \frac{dU_{B0}}{d\widehat{y}}\Big|_0 + \varepsilon^{1/4} A(\widetilde{x}) \frac{dU_{B0}}{d\widehat{y}}\Big|_0 + \dots$$

et

$$v = -\varepsilon^{1/4} \widetilde{y} \frac{dU_{B0}}{d\widehat{y}}\Big|_0 \frac{dA(\widetilde{x})}{d\widetilde{x}} + \dots,$$

ou encore par comparaison avec (7.52),

$$(7.73) \quad \begin{cases} \widetilde{u}(\widetilde{x}, \widetilde{y}) \sim \dfrac{dU_{B0}}{d\widehat{y}}\bigg|_0 [\widetilde{y} + A(\widetilde{x})]; \\[2mm] \widetilde{v}(\widetilde{x}, \widetilde{y}) \sim -\dfrac{dU_{B0}}{d\widehat{y}}\bigg|_0 \widetilde{y}\dfrac{dA(\widetilde{x})}{d\widetilde{x}}, \\[2mm] \text{lorsque} \quad \widetilde{y} \to +\infty. \end{cases}$$

Naturellement, on a tiré profit de la relation : $\widetilde{y} = \widehat{y}/\varepsilon^{1/4}$.

Les relations (7.73) nous donnent ainsi le comportement des vitesses $\widetilde{u}$ et $\widetilde{v}$, de la (SCV), loin de la plaque plane $\widetilde{y} = 0$.

Si on retourne à (7.71), on constate que, pour $\widehat{y} \to +\infty$ (on va vers la (CS) de fluide parfait), la composante

$$(7.74) \quad \begin{cases} \widehat{v}(\widetilde{x}, \widehat{y}) \to -U_{B0}(\infty)\dfrac{dA(\widetilde{x})}{d\widetilde{x}} \neq 0, \\[2mm] \text{lorsque} \quad \widehat{y} \to +\infty. \end{cases}$$

Ainsi, à la frontière extérieure de la (CM), ou encore à la frontière inférieure de la (CS) apparaît une vitesse verticale liée à la fonction arbitraire $A(\widetilde{x})$ (ce qui justifie aussi la nécessité de l'introduction d'une (CS)).

Si l'on tient compte de (7.62) on peut écrire, à la place de (7.66), l'équation suivante pour $\overline{p}(\widetilde{x}, \overline{y})$:

$$(7.75) \quad \frac{\partial^2 \overline{p}}{\partial \widetilde{x}^2} + \frac{\partial^2 \overline{p}}{\partial \overline{y}^2} = 0.$$

Comme $\gamma = \frac{1}{2}$, dans la (SCV) on constate que :

$$\partial \widetilde{p}/\partial \widetilde{y} = 0 \to \widetilde{p} = \widetilde{P}(\widetilde{x}),$$

mais on a aussi que (d'après (7.68c)) :

$$\frac{\partial \widehat{p}}{\partial \widehat{y}} = 0 \to \widehat{p} = \widehat{P}(\widetilde{x})$$

et le raccord impose que : $\widehat{P}(\widetilde{x}) \equiv \widetilde{P}\widetilde{x})$. Ainsi, à l'équation (7.75) il faut imposer la condition à la limite :

$$(7.76) \quad \overline{p}(\widetilde{x}, 0) = \widetilde{P}(\widetilde{x}).$$

La fonction $\widetilde{P}(\widetilde{x})$ (arbitraire de $\widetilde{x}$) intervient naturellement dans les équations de (SCV), qui s'obtiennent de celles de Navier réécrites relativement à $(\widetilde{x}, \widetilde{y})$ en tenant compte de (7.52) et des valeurs (7.70).

On a ainsi pour $\widetilde{u}$, $\widetilde{v}$ et $\widetilde{p}$ les équations suivantes :

(7.77)
$$\begin{cases} \widetilde{u}\dfrac{\partial \widetilde{u}}{\partial \widetilde{x}} + \widetilde{v}\dfrac{\partial \widetilde{u}}{\partial \widetilde{y}} + \dfrac{d\widetilde{P}(\widetilde{x})}{d\widetilde{x}} = \dfrac{\partial^2 \widetilde{u}}{\partial \widetilde{y}^2}; \\[2mm] \dfrac{\partial \widetilde{u}}{\partial \widetilde{x}} + \dfrac{\partial \widetilde{v}}{\partial \widetilde{y}} = 0. \end{cases}$$

Comme nous travaillons avec des grandeurs sans dimensions, nous pouvons supposer que $(dU_{B0}/d\widehat{y})_0 \equiv 1$. Dans ce cas, il nous faut associer aux équations de la (SCV), (7.77), les conditions aux limites suivantes :

(7.78)
$$\begin{cases} \widetilde{y} = 0 : \widetilde{u} = 0, \widetilde{v} = 0, \text{pour tout} \quad \widetilde{x} = 0(1); \\[2mm] \widetilde{y} \rightarrow +\infty : \widetilde{u} \rightarrow \widetilde{y} + A(\widetilde{x}), \ \widetilde{v} \rightarrow -\widetilde{y}\dfrac{dA(\widetilde{x})}{d\widetilde{x}}; \\[2mm] \widetilde{x} \rightarrow -\infty : \widetilde{u} \rightarrow \widetilde{y}, \ \widetilde{v} \rightarrow 0, \ \widetilde{P}(\widetilde{x}) \rightarrow 0, \ A(\widetilde{x}) \rightarrow 0, \ \dfrac{dA(\widetilde{x})}{d\widetilde{x}} \rightarrow 0. \end{cases}$$

Précisons, encore, que d'après (7.74) on peut écrire, à la place de (7.65),

(7.79)
$$\overline{v}(\widetilde{x}, 0) = -U_{B0}(\infty)\frac{dA(\widetilde{x})}{d\widetilde{x}},$$

et cette condition doit-être associée à l'équation (7.66). D'autre part, de (7.62), on trouve aussi que :

(7.80)
$$\begin{aligned} \frac{\partial \overline{p}}{\partial \overline{y}}\bigg|_{\overline{y}=0} &= -U_{B0}(\infty)\frac{\partial \overline{v}(\widetilde{x}, 0)}{\partial \widetilde{x}} \\[2mm] &= U_{B0}^2(\infty)\frac{d^2 A(\widetilde{x})}{d\widetilde{x}^2}. \end{aligned}$$

Cette dernière condition (7.80) devant être associée, elle, à l'équation (7.75) pour $\overline{p}(\widetilde{x}, \overline{y})$.

Nous arrivons, en définitive, à la conclusion suivante :

Tout d'abord, le couplage singulier (fort), dit d'auto-induction, apparaît parce que les équations de (SCV), (7.77) à résoudre avec les conditions (7.78), *n'admettent pas la perturbation de pression $\widetilde{P}(\widetilde{x})$ comme une donnée connue par la résolution de l'écoulement de fluide parfait* (ce qui est le cas pour le couplage faible, entre le fluide parfait et la couche limite classique de Prandtl).

Au contraire, cette inconnue $\widetilde{P}(\widetilde{x})$ doit être calculée, au même titre que $\widetilde{u}$ et $\widetilde{v}$ en résolvant *simultanément* (7.77) avec (7.78) et en tenant compte de la relation fonctionnelle, liant $\widetilde{P}(\widetilde{x})$ et $A(\widetilde{x})$, qui découle de (7.80), une fois que l'on a résolu (7.75) avec (7.76).

On remarquera que la résolution de (7.75) avec la condition (7.76) permet de relier (de façon fonctionnelle) les deux fonctions arbitraires $A(\widetilde{x})$ et $\widetilde{P}(\widetilde{x})$ si l'on tient compte de (7.80).

Naturellement, les conditions pour $\widetilde{y} \rightarrow +\infty$ ainsi que celles pour $\widetilde{x} \rightarrow -\infty$ (conditions initiales, pour le problème parabolique (7.77), en $\widetilde{x}$) ne sont pas habituelles.

Un exemple type d'accident au voisinage du point d'abscisse x_0 est celui de l'apparition d'une "petite bosse" (ou d'une petite cavité) sur la paroi $y = 0$. On suppose alors que l'étendue horizontale de cette petite bosse est de l'ordre de $l_0 = \varepsilon^{3/4} L_0$ et la hauteur maximum de cette bosse doit être de l'ordre de $h_0 = \varepsilon^{5/4} L_0$, pour que la perturbation créant le couplage singulier, via le modèle en triple couche, soit de l'ordre de la perturbation d'auto-induction. On consultera le travail de F.T. Smith (1973) à ce sujet.

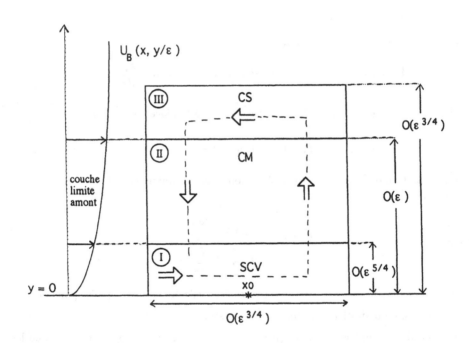

STRUCTURE EN TRIPLE COUCHE

Dans le couplage d'auto-induction on a une SCV dont l'épaisseur est $\mathcal{O}(\varepsilon^{5/4}) = \delta_2(\varepsilon)$. Puis au-dessus une CM non visqueuse dont l'épaisseur est compatible avec celle de la couche limite classique de Prandtl (celle qui s'établit en amont du point x_0, où a lieu l'accident) — c'est-à-dire de l'ordre de ε. La troisième couche supérieure, CS de fluide parfait a une épaisseur de l'ordre de $\mathcal{O}(\varepsilon^{3/4})$, qui est aussi l'ordre de l'étendue horizontale où le modèle local en triple couche est mis en place ; cette troisième couche réalise le couplage avec la SCV via la CM.

7.3. Le modèle de Rayleigh pour l'initialisation de la couche limite instationnaire

Revenons aux équations de Navier (7.40) pour le cas plan (*). Si l'on considère l'écoulement peu visqueux (à $Re \to \infty$) autour d'un obstacle, de paroi $\Sigma(t)$, en mouvement alors il est nécessaire, en toute généralité, de réécrire les équations (7.40) dans un système de coordonnées (s, n) curvilignes orthogonales, intrinsèquement lié à $\Sigma(t)$.

Dans ce cas, les équations de la couche limite de Prandtl sont obtenues sous l'hypothèse que le nombre de Strouhal, $S = L_0/U_0 t_0$ (cas instationnaire) reste fixé, de l'ordre de un, lors du passage à la limite de Prandtl : $\varepsilon \to 0$, avec $s, \widehat{n} = n/\varepsilon$ et t fixés ($\varepsilon = Re^{-1/2}$).

Ici nous voulons analyser la situation limite :

$$(7.81) \qquad\qquad S \gg 1 \quad \text{et} \quad Re \gg 1;$$

$S \gg 1$ veut dire que $t_0 \ll L_0/U_0$, c'est-à-dire que l'on étudie le voisinage de l'instant initial ($t = 0$).

Ainsi, la situation (7.81) se rencontre dès que l'on veut étudier le voisinage de l'instant initial ($t = 0$) en vue de déterminer les conditions initiales à associer aux équations de la couche limite instationnaire de Prandtl.

Il ne faut pas oublier que le passage à la limite de Prandtl fait disparaître, à la limite, la dérivée temporelle de la vitesse verticale (la seconde équation de (7.40) devient, à la limite, $\partial \widehat{p}_0/\partial \widehat{n} = 0$!) et que de ce fait on ne peut plus appliquer la condition initiale (en $t = 0$) sur cette composante de la vitesse verticale (qui était imposée au départ au niveau des équations exactes (7.40)) on est donc en présence d'un problème de perturbation singulière au voisinage de $t = 0$.

Afin, d'obtenir une représentation asymptotique valable au voisinage de l'instant initial il faut envisager, à partir des *équations de Navier-Stokes complètes, instationnaires, pour un fluide compressible et conducteur de la chaleur* (écrites sous forme adimensionnelle dans le système de coordonnées curvilignes réduites (s_1, s_2, n), intrinsèquement liées à la paroi $\Sigma(t)$ de l'obstacle (cas 3D)), *un nouveau passage à la limite* (qui est celui dit de *Rayleigh*, et qui a été mis en évidence par Zeytounian (1980)) :

$$(7.82) \qquad\qquad \varepsilon \to 0, \text{à} \quad s_1, s_2, \widetilde{n} = \frac{n}{\varepsilon^2} \quad \text{et} \quad \widetilde{t} = \frac{t}{\varepsilon^2} \quad \text{fixés}.$$

Si l'on associe à (7.82) la représentation limite :

$$(7.83) \qquad\qquad \lim_{Ra} \begin{pmatrix} u \\ v \\ w \\ T \\ \rho \\ p \end{pmatrix} = \begin{pmatrix} \widetilde{u}_0 \\ \widetilde{v}_0 \\ \widetilde{w}_0 \\ \widetilde{T}_0 \\ \widetilde{\rho}_0 \\ \widetilde{p}_0 \end{pmatrix},$$

(*) Mais instationnaire, et dans ce cas il faut ajouter à la première des équations (7.40), le terme instationnaire $S\dfrac{\partial u}{\partial t}$ et à la seconde de ces équations (7.40) le terme $S\dfrac{\partial v}{\partial t}$.

oú $\lim_{Ra}$ veut dire que l'on applique le processus limite (7.82), alors il vient pour les fonctions $\tilde{u}_0, \tilde{v}_0, \tilde{T}_0, \tilde{\rho}_0$ et $\tilde{p}_0$ les équations de Rayleigh qui régissent la classe des mouvements instationnaires d'un fluide visqueux, conducteur de la chaleur et compressible.

Dans ces équations de Rayleigh les dérivations partielles ne font intervenir que le temps $\tilde{t}$ et la variable d'espace $\tilde{n}$; les variables horizontales s_1 et s_2 jouant le rôle de paramètres. On trouvera l'obtention détaillé de ces équations de Rayleigh à la Leçon VIII de Zeytounian (1987).

Avec des grandeurs dimensionnées on peut écrire les équations de Rayleigh sous la forme suivante :

$$(7.84a) \qquad \rho\Big(\frac{\partial u}{\partial t} + w\frac{\partial u}{\partial n}\Big) = \frac{\partial}{\partial n}\Big(\mu\frac{\partial u}{\partial n}\Big);$$

$$(7.84b) \qquad \rho\Big(\frac{\partial w}{\partial t} + w\frac{\partial w}{\partial n}\Big) = -\frac{\partial p}{\partial n} + \frac{\partial}{\partial n}\Big[\Big(\mu_v + \frac{4}{3}\mu\Big)\frac{\partial w}{\partial n}\Big];$$

$$(7.84c - d) \qquad \frac{\partial \rho}{\partial t} + \frac{\partial(\rho w)}{\partial n} = 0; \quad p = R\rho T;$$

$$(7.84e) \qquad \begin{aligned} c_p\rho\Big(\frac{\partial T}{\partial t} + w\frac{\partial T}{\partial n}\Big) &= \frac{\partial p}{\partial t} + w\frac{\partial p}{\partial n} + \frac{\partial}{\partial n}\Big(k\frac{\partial T}{\partial n}\Big) \\ &+ \mu\Big(\frac{\partial u}{\partial n}\Big)^2 + \Big(\mu_v + \frac{4}{3}\mu\Big)\Big(\frac{\partial w}{\partial n}\Big)^2. \end{aligned}$$

A ces équations de Rayleigh dimensionnelles, on peut associer les conditions initiales et aux limites suivantes (cas d'un obstacle démarrant avec la vitesse $u = U(t)$ du repos) :

$$(7.85a) \qquad t = 0 : u = w = 0, \ p = p_\infty, \ \rho = \rho_\infty, \ T = T_\infty;$$

$$(7.85b) \qquad \begin{aligned} & n = 0 : u = U(t), \ w = 0, \ \frac{\partial T}{\partial n} = 0, \ t > 0; \\ & n \to \infty : u = w \to 0, \ p \to p_\infty, \ \rho \to \rho_\infty, \ T \to T_\infty, \ t > 0. \end{aligned}$$

Naturellement, on suppose que $U(0) \equiv 0$.

Si à la place du passage à la limite de Rayleigh (7.82), l'on effectue sur les équations de Navier-Stokes complètes le passage à la limite :

$$(7.86) \qquad \varepsilon \to 0, \quad \text{avec} \quad s_1, s_2, \overline{n} = \frac{n}{\varepsilon^\beta} \quad \text{et} \quad \overline{t} = \frac{t}{\varepsilon^\beta} \quad \text{fixés,}$$

oú $0 < \beta < 2$, et si, à la place de (7.83), on associe la représentation limite :

$$(7.87) \qquad \lim_{\substack{\varepsilon \to 0 \\ s_1, s_2, \tilde{t} \\ \tilde{n} \text{ fixés}}} \begin{pmatrix} u \\ v \\ w \\ T \\ \rho \\ p \end{pmatrix} = \begin{pmatrix} \overline{u}_0 \\ \overline{v}_0 \\ \overline{w}_0 \\ \overline{T}_0 \\ \overline{\rho}_0 \\ \overline{p}_0 \end{pmatrix},$$

on obtient pour les fonctions limites $\overline{u}_0, \overline{v}_0, \overline{w}_0, \overline{T}_0, \overline{\rho}_0$ et $\overline{p}_0$ les équations usuellement utilisées en dynamique des gaz pour décrire les mouvements monodimensionnels instationnaires d'un fluide parfait (en évolution adiabatique).

Sous forme dimensionnelle ces équations s'obtiennent simplement des équations (7.84) en imposant que $\mu = 0, \mu_v = 0$ et $k = 0$.

Ainsi au voisinage de $t = 0$, la forme limite des équations de N-S donne lieu à deux systèmes d'équations limites différents, régissant tous deux des mouvements instationnaires monodimensionnels, l'un d'un fluide visqueux et conducteur de la chaleur d'une part (Rayleigh), et l'autre d'un fluide parfait (Euler, en évolution adiabatique) d'autre part.

Evidemment les domaines de validité de l'une et l'autre forme limite sont distincts. Les équations de (type) Rayleigh, valables dans un voisinage de la paroi $\Sigma(t)$ de l'ordre de $\varepsilon^2 = 1/Re$ (*plus petit* que celui de la couche limite classique de Prandtl), dégénèrent tout naturellement, lorsque $\tilde{n} \to +\infty (\tilde{n} = \overline{n}/\varepsilon^{2-\beta}, \beta < 2)$, en celles du fluide parfait monodimensionnel instationnaire (en évolution adiabatique).

Il faut maintenant se convaincre (*) que les équations de Rayleigh, valables au voisinage de $\tilde{t} = 0$ et $\tilde{n} = 0$ sont bien compatible avec celles de la couche limite de Prandtl instationnaire, lorsque, d'une part, $\tilde{t} \to \infty$ et $\tilde{n} \to \infty$ (on va vers la CL de Prandtl) et d'autre part, lorsque $t \to 0$ et $\hat{n} = n/\varepsilon \to 0$, (on va vers la couche "initiale" de Rayleigh).

L'analyse de la structure asymptotique des équations de Rayleigh, au voisinage de $\tilde{t} = \infty$ et $\tilde{n} = \infty$, et de celles de la couche limite instationnaire de Prandtl, au voisinage de $t = 0$ et $\hat{n} = 0$, met en évidence une région intermédiaire commune qui est caractérisée par le changement d'échelles :

$$(7.88) \qquad t = \delta t^*, n = \varepsilon\delta^{1/2}n^*, w = \varepsilon\delta^{-1/2}w^*,$$

avec $\varepsilon^2 < \delta(\varepsilon) < 1$.

Dans cette région intermédiaire les équations limites sont celles qui s'obtiennent en effectuant sur les équations de la couche limite de Prandtl compressible instationnaire les simplifications qui conduisent aux équations de Rayleigh, si l'on part des équations de Navier-Stokes complètes, ou encore, si l'on fait sur les équations de Rayleigh les simplifications de la couche limite (forme couche limite des équations de Rayleigh).

(*) On se contente, ici, d'une analyse phénoménologique du raccord qui doit permettre *d'initialiser* les équations instationnaires de la couche limite de Prandtl. De toute façon, cette question est encore loin d'être entièrement élucidée.

Si l'on considère les équations de Rayleigh sous la forme (dimensionnelle) (7.84), alors dans cette région intermédiaire on obtient les équations de couche limite "à la Rayleigh" suivantes :

(7.89)
$$\begin{cases} \rho\Big(\dfrac{\partial u}{\partial t} + w\dfrac{\partial u}{\partial n}\Big) = \dfrac{\partial}{\partial n}\Big(\mu\dfrac{\partial u}{\partial n}\Big); \\[2mm] \dfrac{\partial p}{\partial n} = 0; \\[2mm] \dfrac{\partial \rho}{\partial t} + \dfrac{\partial(\rho w)}{\partial n} = 0, \quad p = R\rho T; \\[2mm] c_p\rho\Big(\dfrac{\partial T}{\partial t} + w\dfrac{\partial T}{\partial n}\Big) = \dfrac{\partial p}{\partial t} + \dfrac{\partial}{\partial n}\Big(k\dfrac{\partial T}{\partial n}\Big) + \mu\Big(\dfrac{\partial u}{\partial n}\Big)^2. \end{cases}$$

Ces équations (7.89) s'obtiennent naturellement aussi comme une dégénérescence des équations de la couche limite de Prandtl instationnaire compressible et conductrice de la chaleur, lorsque l'on se place dans la région intermédiaire se trouvant à l'amont de celle de la couche limite instationnaire de Prandtl classique.

Il faut aussi élucider la structure asymptotique des équations de fluide parfait (en évolution adiabatique) pour les mouvements monodimensionnels instationnaires, obtenues à partir de (7.86), (7.87), lorsque $\bar{t} \to \infty$ et $\bar{n} \to \infty$.

Ces équations "de compensation", qui restent valables dans une région dont l'épaisseur est égale "au déficit" d'épaisseur (au voisinage de $t = 0$), relativement à l'épaisseur de la couche limite (il ne faut pas oublier que les équations de Rayleigh sont valables pour $n \approx \varepsilon^2$, tandis que celles de la couche limite restent, elles, valables pour $n \approx \varepsilon$!), se raccordent avec les équations de fluide parfait classiques de seconde approximation (équations linéarisées), lorsque $t \to 0$.

Dans cette région compensatrice on est en présence d'une petite perturbation qui correspond à la correction d'épaisseur de déplacement. De façon quelque peu précise on constate que :

a) vue du côté de la CL de Prandtl cette correction tend vers l'infini comme $t^{-1/2}$, lorsque $t \to 0$, tandis que,

b) vue du côté de la couche visqueuse instationnaire (initiale) de Rayleigh elle tend vers zéro comme $\tilde{t}^{-1/2}$, lorsque $\tilde{t} \to \infty$.

De plus, lorsque $\tilde{t}$ est "très grand", on constate que l'on peut découpler le problème de Rayleigh, dans la couche initiale, en un problème de couche limite et un problème de fluide parfait de seconde approximation, linéarisé. On pourra à ce sujet consulter le travail de Van Dyke (1952) qui le premier a tiré profit de cette situation (sous l'hypothèse que $M^2/\sqrt{Re} \ll 1$) pour le cas d'une mise implulsive en mouvement d'une paroi $\Sigma(t)$(*).

En conclusion, on peut dire que l'*initialisation* des équations de CLI de Prandtl (en $t = 0$) doit être effectuée de telle façon que :

Le comportement de la solution des équations de la CL de Prandtl (compressible) pour $t = 0$ et $\hat{n} \to 0(\hat{n} = n/\varepsilon; \varepsilon = 1/\sqrt{Re})$ soit compatible avec le comportment de la solution des équations de Rayleigh associées, lorsque $\tilde{t} \to \infty$ et $\tilde{n} \to \infty(\tilde{t} = t/\varepsilon^2, \tilde{n} = \hat{n}/\varepsilon)$.

(*) On trouvera dans Zeytounian (1970) un cas plus général.

En fait, l'analyse phénoménologique ci-dessus montre que, pour être en mesure d'appliquer les bonnes conditions initiales, en $t = 0$, aux équations de la couche limite instationnaire (compressible et conductrice de la chaleur) de Prandtl, il faut être en mesure de résoudre la version "couche limite" des équations de Rayleigh (voir, les équations dimensionnelles, (7.89)).

Sur le schéma ci-dessous nous avons représenté la structure mise en évidence à ce § 7.3.

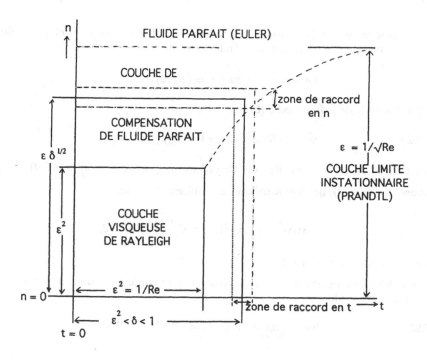

7.4. Écoulement de Stokes-Oseen. Cas stationnaire et instationnaire ($Re \ll 1$).

Considérons tout d'abord le cas d'un écoulement *stationnaire* à $Re \ll 1$. Limitons-nous au cas de l'écoulement autour d'un *cylindre circulaire*.

On sait déjà (d'après l'analyse effectuée aux §§ 4.4 et 4.5) qu'il est impossible de trouver une solution $\overline{\psi}_0$ de l'équation de Stokes (équation biharmonique (4.56) dans le cas plan) qui satisfasse aux conditions d'adhérence sur le cylindre circulaire $r = 1$ (nous travaillons avec des coordonnées cylindriques : $x = r\cos\theta$ et $y = r\sin\theta$, $r^2 = x^2 + y^2$) et à la condition à l'infini ($\overline{\psi}_0 \sim r\sin\theta$, lorsque $r \to \infty$).

Naturellement, il est clair maintenant pour nous qu'il faut substituer à la condition à l'infini une condition de raccord avec la représentation distale ("locale", à l'infini) (4.66), d'Oseen valable loin du cylindre circulaire.

* Pour le cas du cylindre circulaire les variables d'Oseen sont (en accord avec (4.62), (4.63)) :

$$(7.90) \qquad \tilde{r} = Re\,\overline{r},\, \tilde{\psi} = Re\,\overline{\psi}$$

et la première approximation de la représentation d'Oseen est l'écoulement uniforme :

$$(7.91) \qquad \tilde{\psi}_0 = \tilde{r}\sin\theta.$$

Ainsi, dans le cas de l'écoulement autour du cylindre circulaire à faible nombre de Reynolds, on a, d'une part, *loin du cylindre (Oseen)* :

$$(7.92) \qquad Re\,\overline{\psi} = \tilde{\psi} = \tilde{r}\,\sin\theta + \mu_1(Re)\tilde{\psi}_1(\tilde{r},\theta) + \dots,$$

et d'autre part, *près du cylindre (Stokes)* :

$$(7.92b) \qquad \overline{\psi} = \nu_0(Re)\overline{\psi}_0(\overline{r},\theta) + \nu_1(Re)\overline{\psi}_1(\overline{r},\theta) + \dots,$$

les jauges $\mu_1,\nu_0,\nu_1 \to 0$ avec $Re \to 0$. On notera que : $Re\,\overline{\psi}(\tilde{r}/Re,\theta) \equiv \tilde{\psi}(\tilde{r},\theta), \tilde{r} = Re\,\overline{r}$. Revenons à $\overline{\psi}_0(\overline{r},\theta)$, qui doit satisfaire au problème de Stokes :

$$\overline{\Delta}(\overline{\Delta\psi}_0) = 0, \overline{\psi}_0(1,\theta) = 0, \frac{\partial\overline{\psi}_0}{\partial\overline{r}}(1,\theta) = 0,$$

et à une condition de raccord.

A cette fin il faut exprimer que $\nu_0\overline{\psi}_0$ et $\tilde{r}\sin\theta$ se raccordent suivant une certaine classe de limites intermédiaires :

$$(7.93) \qquad \lim_{\lambda} \equiv \lim_{Re\to 0}(r_\lambda\ \text{fixé}), r_\lambda = (Re)^\lambda\overline{r}, 0 < \lambda < 1.$$

Si l'on adopte ce point de vue on est amené à rechercher $\overline{\psi}_0(\overline{r},\theta)$ sous la forme : $f_1(\overline{r})\sin\theta$, oú $f_1(\overline{r})$ est donné par l'expression

$$f_1(\overline{r}) = A_1\overline{r} + B_1\frac{1}{\overline{r}} + C_1\overline{r}^3 + D_1\overline{r}\,\mathrm{Log}\,\overline{r},$$

étant donné que l'opérateur de Laplace dans les coordonnées $(\overline{r},\theta)$ est :

$$\frac{\partial^2}{\partial\overline{r}^2} + \frac{1}{\overline{r}}\frac{\partial}{\partial\overline{r}} + \frac{1}{\overline{r}^2}\frac{\partial^2}{\partial\theta^2} \equiv \overline{\Delta}.$$

Ainsi, en appliquant la condition d'adhérence sur $\overline{r} = 1$, on trouve :

$$(7.94) \qquad \overline{\psi}_0(\overline{r},\theta) = B_1\sin\theta\left(2\overline{r}\,\mathrm{Log}\,\overline{r} - \overline{r} + \frac{1}{\overline{r}}\right)$$

et on a imposé $C_1 \equiv 0$, pour assurer le raccord ultérieur (car ce raccord impose un comportement linéaire en r). La règle de raccord conduit à l'expression :

$$\lim_\lambda \left\{ \frac{1}{\varepsilon} \left[\nu_0(Re)B_1 \sin\theta \left(2r_\lambda \operatorname{Log} r_\lambda \cdot \left(\frac{1}{Re}\right)^\lambda - 2\lambda \operatorname{Log}(Re)r_\lambda \right. \right. \right.$$
$$\left. - r_\lambda \left(\frac{1}{Re}\right)^\lambda + \frac{1}{r_\lambda}(Re)^\lambda \right) + \nu_1(Re)\overline{\psi}_1\left(r_\lambda \left(\frac{1}{Re}\right)^\lambda, \theta \right)$$
$$+ \ldots - r_\lambda \left(\frac{1}{Re}\right)^{1-\lambda} \sin\theta - \mu_1(Re)\frac{1}{Re}\widetilde{\psi}_1\left(r_\lambda (Re)^{1-\lambda}, \theta \right)$$
$$\left. \left. - \ldots \right] \right\} = 0.$$

Un peu de réflexion montre qu'il est impossible de raccorder à l'ordre (*) $\varepsilon \succ \nu_0(Re)(1/Re)^\lambda$, sans faire un certain choix sur λ !

En fait, seul le cas limite $\lambda \equiv 1$ marche, et dans ce cas la zone de recouvrement se réduit à une *ligne* de séparation entre les domaines de Stokes et d'Oseen.

Ainsi, le raccord est possible à l'ordre $\varepsilon \succ \dfrac{\nu_0(Re)}{Re}, r_1 \equiv \widetilde{r}$, mais à condition que :

$$(7.95) \qquad \nu_0(Re)\operatorname{Log} Re = 1 \quad \text{et} \quad B_1 = -\frac{1}{2}.$$

De plus, on constate que :

$$(7.96) \qquad \nu_0(Re) \equiv \mu_1(Re).$$

On notera que le choix limite de $\lambda = 1$ est lié au fait que l'écoulement uniforme n'est qu'une approximation (distale) de la solution, valable pour $r \succ \mathcal{O}(1/Re)$, tandis que le terme $\nu_0(Re)\overline{\psi}_0(\widetilde{r}, \theta)$ est une approximation (proximale), de cette même solution, valable dans un domaine beaucoup plus large au voisinage du cylindre circulaire.

On sait que l'équation d'Oseen, à laquelle doit satisfaire $\widetilde{\psi}_1(\widetilde{r}, \theta)$, est :

$$(7.97) \qquad \frac{\partial}{\partial \widetilde{x}}(\widetilde{\Delta}\widetilde{\psi}_1) = \widetilde{\Delta}(\widetilde{\Delta}\widetilde{\psi}_1), \widetilde{x} = \widetilde{r}\,\cos\theta,$$

oú

$$\widetilde{\Delta} = \partial^2/\partial\widetilde{r}^2 + (1/\widetilde{r})\partial/\partial\widetilde{r} + (1/\widetilde{r}^2)\partial^2/\partial\theta^2.$$

D'après la règle de raccord (avec $\lambda \equiv 1$ et (7.95), (7.96)) on voit alors qu'il faut imposer à la solution $\widetilde{\psi}_1(\widetilde{r}, \theta)$, de l'équation d'Oseen (7.97), le comportement suivant :

$$(7.98) \qquad \widetilde{\psi}_1(\widetilde{r}, \theta) \sim 2\widetilde{r}(\operatorname{Log}\widetilde{r} + \text{ constante}) \sin\theta, \text{ lorsque } \widetilde{r} \to 0.$$

(*) $f \prec g$ veut dire : "f inférieur en ordre à g".

Maintenant, par intégration partielle de l'équation d'Oseen (7.97) on peut déduire pour $\widetilde{\psi}_1$ une équation du type de celle de Poisson :

$$(7.99) \qquad \widetilde{\Delta}\widetilde{\psi}_1 = \text{Reel}\left\{(\alpha_n + i\beta_n)\exp\left[\frac{\widetilde{r}}{2}\cos\theta\right]K_n\left(\frac{\widetilde{r}}{2}\right)e^{in\theta}\right\},$$

en imposant à $\widetilde{\Delta}\widetilde{\psi}_1$ de rester borné à l'infini. Dans l'équation (7.99), α_n et β_n sont des constantes arbitraires et $K_n(X)$ désigne la fonction de Bessel modifiée de première espèce, d'ordre n.

Mais il faut aussi satisfaire à la condition de comportement (7.98), qui assure le raccord des solutions de Stokes et d'Oseen, et cela va nous permettre de sélectionner parmi toutes les solutions $\widetilde{\psi}_1$ possibles, satisfaisant à (7.99), celle qui présente bien le comportement (7.98).

Pour ce faire, il faut utiliser le comportement asymptotique des fonctions $K_n(X)$ pour X *petit* :

$$(7.100) \qquad \begin{cases} K_0(X) \sim -\operatorname{Log} X; \\ K_n(X) \sim 2^{n-1}(n-1)!\dfrac{1}{X^n}, \quad n \geq 1, \\ \text{lorsque} \quad X \to 0. \end{cases}$$

On arrive alors à la conclusion qu'il faut imposer : $n = 1$; $\alpha_n = \beta_n = 0$, pour $n > 1$ et α_1, et β_1 restent indéterminés.

En fait, on peut se convaincre que $\widetilde{\psi}_1(\widetilde{r},\theta)$ doit-être solution de

$$(7.101) \qquad \widetilde{\Delta}\widetilde{\psi}_1 = -\exp\left(\frac{\widetilde{r}}{2}\cos\theta\right)K_1\left(\frac{\widetilde{r}}{2}\right)\sin\theta$$

et on trouve pour $\widetilde{\psi}_1(\widetilde{r},\theta)$ l'expression (après une intégration assez longue) :

$$(7.102) \qquad \widetilde{\psi}_1(\widetilde{r},\theta) = \sum_{n=1}^{\infty} \varphi_n\left(\frac{\widetilde{r}}{2}\right)\frac{\widetilde{r}}{n}\sin\theta,$$

oú

$$(7.103) \qquad \varphi_n(X) = 2K_1(X)I_n(X) + K_0(X)(I_{n+1}(X) + I_{n-1}(X)),$$

avec $K_n(X)$ et $I_n(X)$ les fonctions de Bessel modifiées de première et de seconde espèce d'ordre n.

Ainsi, dans le domaine distal d'Oseen (au voisinage de l'infini) la solution est de la forme (avec deux termes) :

$$(7.104) \qquad \overline{\psi} \sim \frac{1}{Re}\left\{\widetilde{r}\sin\theta + \frac{1}{\operatorname{Log} Re}\widetilde{\psi}_1\right\}, \widetilde{r} = Re\,\overline{r},$$

oú $\widetilde{\psi}_1$ est donné par (7.102), (7.103).

Il est remarquable que l'on puisse obtenir l'expression des composantes de la vitesse d'Oseen $\widetilde{u}_1$ et $\widetilde{v}_1$ sous une forme simple :

(7.105)
$$\begin{cases} \widetilde{u}_1 = \dfrac{\partial \widetilde{\psi}_1}{\partial(\widetilde{r}\sin\theta)} = 2\Big\{ \dfrac{\partial}{\partial(\widetilde{r}\cos\theta)}\Big[\mathrm{Log}\,\widetilde{r} + K_0\Big(\dfrac{\widetilde{r}}{2}\Big)e^{(\widetilde{r}/2)\cos\theta}\Big] \\ \qquad\qquad - e^{(\widetilde{r}/2)\cos\theta}K_0\Big(\dfrac{\widetilde{r}}{2}\Big)\Big\}; \\[2mm] \widetilde{v}_1 = -\dfrac{\partial \widetilde{\psi}_1}{\partial(\widetilde{r}\cos\theta)} = 2\dfrac{\partial}{\partial(\widetilde{r}\sin\theta)}\Big[\mathrm{Log}\,\widetilde{r} + K_0\Big(\dfrac{\widetilde{r}}{2}\Big)e^{(\widetilde{r}/2)\cos\theta}\Big], \end{cases}$$

et lorsque $\widetilde{r} \to 0$, l'intégration de (7.105) conduit à :

(7.106)
$$\widetilde{\psi}_1(\widetilde{r},\theta) \cong -2\Big(\mathrm{Log}\,\frac{4}{\widetilde{r}} + 1 - \gamma\Big)\widetilde{r}\sin\theta + \mathcal{O}(\widetilde{r}^2\,\mathrm{Log}\,\widetilde{r}),$$

ce qui est en accord avec (7.98) et permet de déterminer la constante ; $\gamma \cong 0,5772$ est la constante d'Euler et on notera que le comportment de $K_0(X)$ est, en fait :

$$K_0(X) \sim -\gamma - \mathrm{Log}\,\frac{X}{2} + \mathcal{O}(X^2\,\mathrm{Log}\,X), \quad \text{lorsque } X \to 0.$$

Il faut maintenant redescendre dans le domaine de Stokes et on constate que, au niveau de (7.92b), le terme en $\overline{\psi}_1(\overline{r},\theta)$ est aussi solution de $\overline{\Delta}(\overline{\Delta}\,\overline{\psi}_1) = 0$, tant que

$$\nu_1(Re) \succ Re\,\nu_0(Re),$$

ce que l'on peut vérifier à postériori. Ainsi, on trouve que :

(7.107)
$$\overline{\psi}_1(\overline{r},\theta) = C_1\Big(\overline{r}\,\mathrm{Log}\,\overline{r} - \frac{1}{2}\overline{r} + \frac{1}{2\overline{r}}\Big)\sin\theta,$$

lorsque l'on tient compte des conditions

$$\overline{\psi}_1(1,\theta) = 0 \quad \text{et} \quad \frac{\partial\overline{\psi}_1}{\partial\overline{r}}(1,\theta) = 0,$$

et après avoir éliminé les termes qui croissent plus vite (lorsque $\overline{r} \to \infty$) que $\overline{r}\,\mathrm{Log}\,\overline{r}$ et qui apparaissent à postériori comme "*non raccordables*" avec le développement d'Oseen.

Pour déterminer C_1 il faut raccorder $\nu_0\overline{\psi}_0 + \nu_1\overline{\psi}_1$ avec (7.104) et ce raccord (toujours avec $\lambda \equiv 1$) conduit à imposer :

(7.108)
$$\begin{cases} \nu_1(Re)\,\mathrm{Log}\ Re = \nu_0(Re); \\[2mm] C_1 = -\Big(\mathrm{Log}\,4 - \gamma + \dfrac{1}{2}\Big). \end{cases}$$

Ainsi, au voisinage de la paroi du cylindre circulaire (dans le domaine de Stokes) la solution est de la forme (avec deux termes) :

$$(7.109) \qquad \overline{\psi} \sim \frac{\sin\theta}{Re}\left\{\overline{r}\operatorname{Log}\overline{r} - \frac{\overline{r}}{2} + \frac{1}{2\overline{r}}\right\}\left(1 - \frac{C_1}{\operatorname{Log}Re}\right),$$

oú C_1 est donné par la seconde des relations (7.108).

Le problème que nous venons de traiter ci-dessus a été résolu indépendamment par Kaplun (1957) et Proudman et Pearson (1957). Notons, pour clore la discussion du cas stationnaire, que la solution approchée d'Oseen permet de trouver pour le tourbillon (dans le cas plan, il n'y a qu'une seule composante, ω_3, qui est perpendiculaire au plan de l'écoulement) l'expression suivante :

$$(7.110) \qquad \widetilde{\omega}_3 \sim \sqrt{\frac{\pi}{\widetilde{r}}}\exp\left[-\frac{\widetilde{r}}{2}(1 - \cos\theta)\right],$$

et on constate que : pourvu que $\theta \neq 0$, le tourbillon décroît exponentiellement à l'infini (c'est une règle assez générale pour l'applicabilité de la MDAR).

Mais sur la ligne $\theta = 0$, dans le *sillage* du cylindre, lorsque $\cos\theta = 1$, on voit que le tourbillon *ne* décroît qu'algébriquement, comme $1/\sqrt{\widetilde{r}}$, beaucoup *moins* vite que dans les autres directions !

C'est là une remarque très importante qui met en évidence le comportement complexe des solutions visqueuses de Navier au voisinage de l'infini et le rôle très particulier joué par le sillage à l'aval d'un obstacle.

** Avant de passer au cas de l'écoulement instationnaire disons quelques mots sur l'*écoulement* (à $Re \to 0$) *autour d'une sphère* de rayon unité ; ce problème fait apparaître le *paradoxe* dit de *Whitehead*.

A cet effet, en écoulement stationnaire, adoptons des coordonnées sphériques, r, θ, φ et soient $\mathbf{e}_r$, $\mathbf{e}_\theta$ et $\mathbf{e}_\varphi$ les vecteurs unitaires associés. Nous cherchons une solution de l'équation du tourbillon ($\omega = \nabla \wedge \mathbf{u}$) :

$$(7.110) \qquad \Delta\omega = Re[(\mathbf{u}\cdot\nabla)\omega - (\omega\cdot\nabla)\mathbf{u}],$$

puisque $\nabla\cdot\mathbf{u} = 0$ et $\nabla\cdot\omega = 0$, qui découle directement des équations de Navier *sans* dimensions :

$$(7.111) \qquad \nabla\cdot\mathbf{u} = 0; \; S\frac{\partial\mathbf{u}}{\partial t} + (\mathbf{u}\cdot\nabla)\mathbf{u} + \nabla p = \frac{1}{Re}\Delta\mathbf{u},$$

avec $S \equiv 0$ et sous l'hypothèse que $Re \to 0$. On suppose que l'écoulement présente la symétrie de révolution en φ, autour de l'axe $0x$ de vecteur unitaire $\mathbf{i}$ et, de plus, qu'à l'infini(*)).

$$(7.112) \qquad \mathbf{u} \to \mathbf{i}, \text{ lorsque } r \to \infty.$$

_____

(*) On travaille avec des grandeurs sans dimensions.

Dans ce cas $\mathbf{u} = u\mathbf{e}_r + v\mathbf{e}_\theta$ et $\partial\mathbf{u}/\partial\varphi = 0$. On peut donc introduire la fonction de courant $\psi(r,\theta)$ telle que :

$$(7.113) \qquad u = \frac{1}{r^2 \sin\theta}\frac{\partial\psi}{\partial\theta}, v = -\frac{1}{r\sin\theta}\frac{\partial\psi}{\partial r}.$$

Le vecteur tourbillon associé à (7.113) est

$$(7.114) \qquad \omega = -\frac{1}{r}\left(\frac{\partial(rv)}{\partial r} - \frac{\partial u}{\partial\theta}\right)\mathbf{e}_\varphi = \frac{1}{r\sin\theta}(\mathcal{L}\psi)\mathbf{e}_\varphi,$$

où

$$(7.115) \qquad \mathcal{L} = \frac{\partial^2}{\partial r^2} + \frac{\sin\theta}{r^2}\frac{\partial}{\partial\theta}\left(\frac{1}{\sin\theta}\frac{\partial}{\partial\theta}\right).$$

Ainsi, pour $\psi(r,\theta)$ il faut résoudre l'équation complète de Navier suivante (adimensionnelle) :

$$(7.116) \qquad \begin{aligned} \mathcal{L}^2\psi = \frac{Re}{r^2\sin\theta}\Big\{ & 2\frac{\partial\psi}{\partial r}\cotg\theta - \frac{2}{r}\frac{\partial\psi}{\partial\theta} \\ & -\frac{\partial\psi}{\partial r}\frac{\partial}{\partial\theta} + \frac{\partial\psi}{\partial\theta}\frac{\partial}{\partial r}\Big\}(\mathcal{L}\psi), \end{aligned}$$

du moins dans le *cas stationnaire* ($S \equiv 0$) ; on a noté $\mathcal{L}^2\psi \equiv \mathcal{L}(\mathcal{L}\psi)$.

A cette équation il faut associer les conditions

$$(7.117) \qquad \psi = 0, \frac{\partial\psi}{\partial r} = 0, \text{ pour } r = 1 \quad \text{et} \quad \psi \sim \frac{r^2}{2}\sin^2\theta, \text{ lorsque } r \to \infty.$$

Dans le domaine de Stokes proche de $r = 1$, où les conditions (7.117) pour $r = 1$ restent valables, on a le développement (dans ce domaine de Stokes on note $\psi \equiv \overline{\psi}$) :

$$(7.118) \qquad \overline{\psi} = \overline{\psi}_0 + Re\,\overline{\psi}_1 + \dots$$

et on trouve aisément que (*) :

$$(7.119) \qquad \overline{\psi}_0(\overline{r},\theta) = \left(\frac{1}{2}\overline{r}^2 - \frac{3}{4}\overline{r} + \frac{1}{4\overline{r}}\right)\sin^2\theta;$$

lorsque $\overline{r} \to \infty$ on retrouve le "bon" comportement à l'infini : $\overline{\psi}_0 \sim \frac{1}{2}\overline{r}^2\sin^2\theta$ et la solution est unique. Il n'y a donc pas de phénomène singulier (analogue au paradoxe de Stokes) à cet ordre !

(*) Naturellement, dans le domaine de Stokes $\overline{r} \equiv r$, car r est sans dimension relativement au rayon de la sphère.

Pour $\overline{\psi}_1$ on trouve la solution suivante :

$$(7.120) \qquad \overline{\psi}_1(\overline{r}, \theta) = F_1(\overline{r}) \sin^2 \theta \cos \theta,$$

avec

$$(7.121) \qquad F_1(\overline{r}) = -\frac{3}{32}\Big[2\overline{r}^2 - 3\overline{r} + 1 - \frac{1}{\overline{r}} + \frac{1}{\overline{r}^2}\Big],$$

mais on constate que cette solution ne permet pas de satisfaire le bon comportement de $\overline{\psi}_1$ à $\overline{r} \to \infty$!

On retombe sur une singularité à l'infini, qui nous donne le *paradoxe de Withehead* (1889). Donc le développement de Stokes (7.118) n'est pas uniformément valable jusqu'à l'infini.

En fait, il s'avère qu'il faut ajouter au second membre de (7.120) un terme de la forme $C_0\overline{\psi}_0$ et le raccord (avec deux termes) avec la solution d'Oseen donne la valeur : $C_0 = 3/8$.

Le passage à la variable d'Oseen

$$(7.122) \qquad \widetilde{r} = Re\,r$$

donne pour la fonction $\widetilde{\psi}_1 = Re^2\overline{\psi}_1$ l'équation d'Oseen :

$$(7.123) \qquad \Big(\widetilde{\mathcal{L}} - \cos\theta\frac{\partial}{\partial\widetilde{r}} + \frac{\sin\theta}{\widetilde{r}}\Big)(\widetilde{\mathcal{L}}\widetilde{\psi}_1) = 0,$$

avec

$$\widetilde{\mathcal{L}} = \partial^2/\partial\widetilde{r}^2 + (\sin\theta/\widetilde{r}^2)\frac{\partial}{\partial\theta}\Big(\frac{1}{\sin\theta}\frac{\partial}{\partial\theta}\Big).$$

Si maintenant on applique la condition de raccord, on constate que :

$$(7.124) \qquad \widetilde{\psi}_1 \sim \frac{3}{4}\widetilde{r}\sin^2\theta, \widetilde{r} \to \infty, \text{ avec } \nu_0(Re) = 1.$$

Le développement d'Oseen étant de la forme suivante :

$$(7.125) \qquad \widetilde{\psi} = \frac{1}{2}\widetilde{r}^2\sin^2\theta + Re\,\widetilde{\psi}_1 + \ldots.$$

La solution de (7.123) satisfaisant au comportement (7.124) est de la forme :

$$(7.126) \qquad \widetilde{\psi}_1(\widetilde{r}, \theta) = -\frac{3}{2}(1 + \cos\theta)\Big[1 - \exp\Big(-\frac{\widetilde{r}}{2}[1 - \cos\theta]\Big)\Big];$$

c'est la *solution fondamentale d'Oseen*.

Ainsi, on arrive à la conclusion que, pour l'écoulement à faible nombre de Reynolds autour d'une sphère, on a les deux représentations suivantes : l'une,

$$(7.127) \qquad \begin{aligned} \psi \sim &\frac{1}{4}\Big(2r^2 - 3r + \frac{1}{r}\Big)\sin^2\theta + Re\Big\{\frac{3}{32}\Big(2r^2 - 3r + \frac{1}{r}\Big) \\ &\sin^2\theta - \frac{3}{32}\Big(2r^2 - 3r + 1 - \frac{1}{r} + \frac{1}{r^2}\Big)\sin^2\theta\cos\theta\Big\}, \end{aligned}$$

reste valable *près* de la sphère (Stokes) et l'autre,

$$(7.128) \qquad \psi \sim \frac{1}{2}r^2 \sin^2 \theta - \frac{3}{2}\frac{1}{Re}(1 + \cos \theta)\left[1 - \exp\left(-\frac{Re}{2}r[1 - \cos \theta]\right)\right],$$

est valable au voisinage de l'infini, *loin* de la sphère (Oseen).

Pour tout ce qui concerne l'écoulement à faible nombre de Reynolds autour d'une sphère on pourra consulter les §§ 8.2–8.6, du chapitre 8, du livre de Van Dyke (1975).

*** Nous considérons maintenant le cas *instationnaire*, et plus précisément le cas de l'écoulement autour de la sphère en mouvement de translation rectiligne et uniforme dans un fluide visqueux et incompressible à *Re* petit.

Dans ce cas instationnaire il s'avère nécessaire d'introduire un temps local (*t* est sans dimension).

$$\bar{t} = t/Re$$

et de considérer dans le plan $(\bar{t}, \bar{r})$ deux régions. La première région est caractérisée par : $\bar{t} = \mathcal{O}(1)$ et $\bar{r} = \mathcal{O}(1)$, tandis que la seconde région est telle que : $\bar{t} = \mathcal{O}(1/Re^2)$ et $\bar{r} = \mathcal{O}(1/Re)$.

Dans la région proximale de Stokes, il faut résoudre l'équation suivante :

$$(7.129) \qquad \left(\frac{\partial}{\partial \bar{t}} - \overline{\mathcal{L}}\right)(\overline{\mathcal{L}}\,\overline{\psi}) = Re\left\{\frac{1}{\bar{r}^2 \sin \theta}\frac{D(\overline{\psi}, \overline{\mathcal{L}}\,\overline{\psi})}{D(\bar{r}, \theta)} - \frac{2}{\bar{r}^3 \sin^2 \theta}\frac{D(\overline{\psi}, \bar{r}\sin \theta)}{D(\bar{r}, \theta)}(\overline{\mathcal{L}}\,\overline{\psi})\right\},$$

où

$$\overline{\mathcal{L}} = \frac{\partial^2}{\partial \bar{r}^2} + \frac{\sin \theta}{\bar{r}^2}\frac{\partial}{\partial \theta}\left(\frac{1}{\sin \theta}\frac{\partial}{\partial \bar{r}}\right) \quad \text{et} \quad \frac{D(A, B)}{D(\bar{r}, \theta)} = \frac{\partial A}{\partial \bar{r}}\frac{\partial B}{\partial \theta} - \frac{\partial A}{\partial \theta}\frac{\partial B}{\partial \bar{r}}.$$

A cette équation (7.129) il faut associer les conditions suivantes :

$$(7.130) \qquad \begin{cases} \overline{\psi} = \dfrac{\partial \overline{\psi}}{\partial \bar{r}} = 0 \quad \text{sur} \quad \bar{r} = 1, 0 \leq \theta \leq \pi; \\[2mm] \overline{\psi} \to \dfrac{\bar{r}^2}{2}\sin^2 \theta \cdot H(\bar{t}), \quad \text{lorsque} \quad \bar{r} \to \infty; \\[2mm] \overline{\psi} = 0 \quad \text{en} \quad t = 0, 1 \leq \bar{r} < +\infty, \end{cases}$$

où $H(\bar{t})$ est la fonction de Heaviside (elle vaut 0 sur $(-\infty, 0)$ et 1 sur $[0, \infty)$).

On suppose alors que $\overline{\psi}$ est de la forme

$$(7.131) \qquad \overline{\psi} = \overline{\psi}_0(\bar{r}, \theta, \bar{t}) + Re\,\overline{\psi}_1(\bar{r}, \theta, \bar{t}) + \ldots$$

et $\overline{\psi}_0$ satisfait à l'équation de Stokes instationnaire

$$(7.132) \qquad \left(\frac{\partial}{\partial \bar{t}} - \overline{\mathcal{L}}\right)(\overline{\mathcal{L}}\,\overline{\psi}_0) = 0.$$

Une analyse de la solution de (7.132) montre que lorsque $\bar{t} \to +\infty$, on retrouve la solution de Stokes stationnaire associée (7.119).

Mais pour ce qui concerne $\overline{\psi}_1$ (le second terme de (7.131)) cela ne sera pas le cas. En effet, $\overline{\psi}_1$ doit satisfaire à l'équation suivante :

$$(7.133) \qquad \left(\frac{\partial}{\partial \overline{t}} - \overline{\mathcal{L}}\right)(\overline{\mathcal{L}}\,\overline{\psi}_1) = \mathcal{G}_1(\overline{r},\overline{t})\sin^2\theta\,\cos\theta,$$

oú $\mathcal{G}_1(\overline{r},\overline{t})$ est une fonction qui est induite par la solution $\overline{\psi}_0 = f_0(\overline{r},\overline{t})\sin^2\theta$ (qui se raccorde avec (7.119) pour $\overline{t} \to \infty$).

La solution de l'équation (7.133) est donc de la forme

$$(7.134) \qquad \overline{\psi}_1 = h(\overline{r},\overline{t})\sin^2\theta\,\cos\theta,$$

mais cette solution ne peut pas se raccorder avec la solution stationnaire correspondante, lorsque $\overline{t} \to \infty$, (terme proportionnel à Re dans (7.127)) puisqu'il y a un terme en $\sin^2\theta$ dans la solution stationnaire ! Ainsi, le développement de Stokes (instationnaire) ne peut plus être valable au voisinage de la sphère lorsque $\overline{t}$ devient très grand !

En fait, d'après Sano (1981), il faut considérer dans le plan $(\overline{t},\overline{r})$ une région initiale, oú $\overline{t}$ reste de l'ordre de un et oú la solution est donnée par le développement de Stokes (7.131), qui reste valable pour $\overline{r} \to +\infty$.

Pour les temps $\overline{t}$ grand, lorsque $\overline{t} \sim 1/Re^2$, il faut introduire un nouveau temps :

$$(7.135) \qquad T = Re^2\overline{t}$$

et considérer une région proximale (de Stokes) et une région distale (d'Oseen). Ensuite, il convient d'effectuer le raccord en temps $(\overline{t} \to \infty \sim T \to 0)$.

On notera qu'il n'y a pas lieu de considérer, dans le domaine initial, une région distale d'Oseen ; cela découle du fait que le comportement de la solution (initiale) proximale de Stokes est uniformément valable en $\overline{r}$.

Voyons maintenant comment on peut construire les développements correspondants.

Dans le domaine *proximal* pour les *grands temps* (variables $(T,\overline{r})$) on doit résoudre l'équation :

$$(7.136) \qquad \left(Re^2\frac{\partial}{\partial T} - \overline{\mathcal{L}}\right)(\overline{\mathcal{L}}\widehat{\psi}) = Re\left\{\frac{1}{\overline{r}^2\sin\theta}\frac{D(\widehat{\psi},\overline{\mathcal{L}}\widehat{\psi})}{D(\overline{r},\theta)} - \frac{2}{\overline{r}^3\sin^2\theta}\frac{D(\widehat{\psi},\overline{r}\sin\theta)}{D(\overline{r},\theta)}(\overline{\mathcal{L}}\widehat{\psi})\right\},$$

oú

$$\widehat{\psi}(\overline{r},\theta,T) \equiv \overline{\psi}(\overline{r},\theta,T/Re^2).$$

L'analyse de Proudman et Pearson (1957) suggère que la solution doit être développée sous la forme (pour pouvoir se raccorder avec la solution stationnaire de Stokes associée) :

$$(7.137) \qquad \widehat{\psi} = \widehat{\psi}_0 + Re\,\widehat{\psi}_1 + Re^2\,\mathrm{Log}\,Re\,\widehat{\psi}_2 + \mathcal{O}(Re^2).$$

Par contre, dans le domaine *distal* pour les *grands temps* (variables : $\widetilde{r} = Re\,\overline{r}$ et T) on doit résoudre l'équation :

$$(7.138) \qquad \left(\frac{\partial}{\partial T} - \widetilde{\mathcal{L}}\right)(\widetilde{\mathcal{L}}\widetilde{\psi}) = \frac{1}{\widetilde{r}^2\sin\theta}\frac{D(\widetilde{\psi},\widetilde{\mathcal{L}}\widetilde{\psi})}{D(\widetilde{r},\theta)} - \frac{2}{\widetilde{r}^3\sin^2\theta}\frac{D(\widetilde{\psi},\widetilde{r}\sin\theta)}{D(\widetilde{r},\theta)}(\widetilde{\mathcal{L}}\widetilde{\psi}),$$

où

$$\widetilde{\mathcal{L}} = \frac{\partial^2}{\partial \widetilde{r}^2} + \frac{\sin\theta}{\widetilde{r}^2}\frac{\partial}{\partial\theta}\Big(\frac{1}{\sin\theta}\frac{\partial}{\partial\theta}\Big) \quad \text{et} \quad \widetilde{\psi}(\widetilde{r},\theta,T) = Re^2\overline{\psi}\Big(\frac{\widetilde{r}}{Re},\theta,\frac{T}{Re^2}\Big).$$

La solution de (7.138), d'Oseen, est recherchée sous la forme :

(7.139)
$$\widetilde{\psi} = \frac{\widetilde{r}^2}{2}\sin^2\theta + Re\,\widetilde{\psi}_1 + \mathcal{O}(Re^2),$$

puisqu'une fois de plus, vu du domaine distal, la sphère se réduit à un point et l'écoulement est très voisin de l'écoulement uniforme.

On notera que lorsque $Re \rightarrow 0$, le terme instationnaire $Re^2\dfrac{\partial}{\partial T}(\widetilde{\mathcal{L}}\widehat{\psi})$, au niveau de l'équation (7.136), tend vers zéro et de ce fait loin de l'origine des temps au voisinage de la sphère (dans le domaine proximale de Stokes)l'écoulement sera quasi-stationnaire ; la dépendance en temps de la solution devra donc émerger via le raccord avec la solution, "à la Oseen", de (7.138).

De (7.136), avec (7.137), on déduit les solutions suivantes

(7.140a)
$$\widehat{\psi}_0 = \Big(\frac{1}{2}\overline{r}^2 - \frac{3}{4}\overline{r} + \frac{1}{4}\frac{1}{\overline{r}}\Big)\sin^2\theta;$$

(7.140b) $\widehat{\psi}_1 = -\dfrac{3}{32}\Big(2\overline{r}^2 - 3\overline{r} + 1 - \dfrac{1}{\overline{r}} + \dfrac{1}{\overline{r}^2}\Big)\sin^2\theta\cos\theta + C(T)\Big(2\overline{r}^2 - 3\overline{r} + \dfrac{1}{\overline{r}}\Big)\sin^2\theta,$

et cette dernière solution satisfait aux conditions sur $\overline{r} = 1$. Dans (7.140b) la constante d'intégration, fonction de T, doit être déterminée par le raccord.

De même de (7.138), avec (7.139), on trouve une équation pour la fonction $\widetilde{\psi}_1(\widetilde{r},\theta,T)$ et Bentwich et Miloh (1978) ont pu trouver la solution de cette équation satisfaisant aux conditions de raccord en T (avec la solution pour les temps petits) et en $\widetilde{r}$ (avec la solution de Stokes pour les grands temps).

D'après cette solution (que nous n'écrivons pas ici) on trouve le comportement asymptotique de $\widetilde{\psi}_1$ pour les $\widetilde{r}$ petits :

(7.141)
$$\widetilde{\psi}_1 \sim \frac{3\sin^2\theta}{4}\widetilde{r} + \frac{3\sin^2\theta}{16}\Big\{\Big(1 + \frac{4}{T^2}\Big)erf\Big(\frac{\sqrt{T}}{2}\Big)$$
$$+ \frac{2}{\sqrt{\pi T}}\Big(1 - \frac{2}{T}\Big)\exp\Big(-\frac{T}{4}\Big) - \cos\theta\Big\}\widetilde{r}^2 + \mathcal{O}(\widetilde{r}^3), \quad \text{lorsque} \quad \widetilde{r} \rightarrow 0,$$

où

$$erf(X) = 1 - \frac{2}{\sqrt{\pi}}\int_X^\infty \exp(-\alpha^2)d\alpha.$$

Ainsi, pour satisfaire la condition de raccord entre les solutions de Stokes et d'Oseen, valables pour les grands temps, il faut que le comportement asymptotique de $\widehat{\psi}$, pour $\overline{r}$ grand soit de la forme :

(7.142)
$$\widehat{\psi}_1 \sim \frac{3\sin^2\theta}{16}\Big\{\Big(1 + \frac{4}{T^2}\Big)erf\Big(\frac{\sqrt{T}}{2}\Big)$$
$$+ \frac{2}{\sqrt{\pi T}}\Big(1 - \frac{2}{T}\Big)\exp\Big(-\frac{T}{4}\Big) - \cos\theta\Big\}\overline{r}^2 + \dots \text{lorsque} \quad \overline{r} \rightarrow \infty.$$

De (7.140b) et (7.142) on détermine la valeur de $C(T)$:

(7.143)
$$C(T) = \frac{3}{32}\left[\left(1 + \frac{4}{T^2}\right)erf\left(\frac{\sqrt{T}}{2}\right) + \frac{2}{\sqrt{\pi T}}\left(1 - \frac{2}{T}\right)\exp\left(-\frac{T}{4}\right)\right].$$

Ainsi, on trouve l'expression de $\widehat{\psi}_1$:

(7.144)
$$\widehat{\psi}_1 = -\frac{3}{32}\left(2\overline{r}^2 - 3\overline{r} + 1 - \frac{1}{\overline{r}} + \frac{1}{\overline{r}^2}\right)\sin^2\theta\,\cos\theta$$
$$+ \frac{3}{32}\left\{\left(1 + \frac{4}{T^2}\right)erf\left(\frac{\sqrt{T}}{2}\right)\right.$$
$$\left. + \frac{2}{\sqrt{\pi T}}\left(1 - \frac{2}{T}\right)\exp\left(-\frac{T}{4}\right)\right\}\left(2\overline{r}^2 - 3\overline{r} + \frac{1}{\overline{r}}\right)\sin^2\theta.$$

Lorsque $T \to \infty$, cette dernière expression de $\widehat{\psi}_1$ redonne bien la solution stationnaire correspondante. De plus on montre que les deux premiers termes du développement (7.137) se raccordent bien avec le développement correspondant pour les temps *petits*.

Si maintenant nous substituons (7.140a) et (7.144) dans le développement de $\widehat{\psi}$, (7.137), et développons cette dernière expression en $\overline{t} = T/Re^2$, nous obtenons l'expression suivante :

(7.145)
$$\widehat{\psi}_1 \sim \left\{\left(\frac{1}{2}\overline{r}^2 - \frac{3}{4}\overline{r} + \frac{1}{4}\frac{1}{\overline{r}}\right)\right.$$
$$+ \frac{1}{4\sqrt{\pi\overline{t}}}\left(2\overline{r}^2 - 3\overline{r} + \frac{1}{\overline{r}}\right) + \ldots\right\}\sin^2\theta$$
$$+ Re\left\{-\frac{3}{32}\left(2\overline{r}^2 - 3\overline{r} + 1 - \frac{1}{\overline{r}} + \frac{1}{\overline{r}^2}\right) + \ldots\right\}\sin^2\theta\,\cos\theta$$
$$+ \mathcal{O}(Re^2 \log Re), \quad \text{lorsque} \quad \overline{t} \to +\infty.$$

On constate que le premier terme de (7.145) est bien en accord avec le comportement asymptotique de $\overline{\psi}_0$ pour les $\overline{t}$ grands. De plus, le second terme de (7.145) s'avère être aussi en accord avec (7.134) ce qui implique que le raccord a bien lieu entre : $\lim\limits_{T \to 0}\widehat{\psi}$ et $\lim\limits_{\overline{t} \to \infty}\overline{\psi}$. Enfin, on notera que le terme en $\widehat{\psi}_2$, au niveau de (7.137), satisfait à l'équation

$$\overline{\mathcal{L}}^2\widehat{\psi}_2 = 0,$$

et la solution de cette dernière équation peut être obtenue en tenant compte, de la condition, que cette solution ne contienne pas de terme $\mathcal{O}(Re^2 \log Re)$ dans le développement distal pour les grands temps. Cela conduit à la solution stationnaire suivante :

(7.146)
$$\widehat{\psi}_2 = \frac{9}{160}\left(2\overline{r}^2 - 3\overline{r} + \frac{1}{\overline{r}}\right)\sin^2\theta,$$

et le fait que cette solution (7.146) soit indépendante de T suggère que ce terme doit se raccorder avec le terme en $\mathcal{O}(R^2)$ du développement initial.

Sur le schéma ci-dessous nous avons représenté les diverses régions qui interviennent (dans le plan $(\bar{t}, \bar{r})$), lors de l'analyse asymptotique des écoulements de Navier à *faible* nombre de Reynolds.

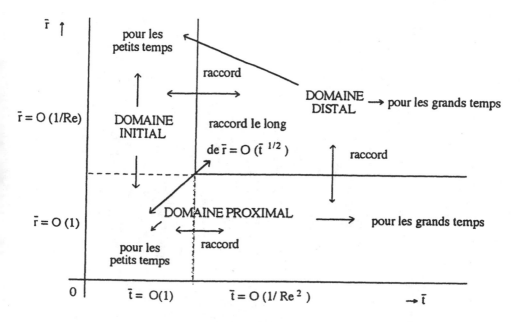

Chapitre VIII

LES MODÈLES LIÉS AU NOMBRE DE MACH

Le nombre de Mach, M, joue un rôle important au niveau des équations de $N - S$ compressibles et conductrices de la chaleur. Nous considérons dans ce qui suit divers modèles en fonction de l'ordre de grandeur de ce nombre de Mach. Il faut, en fait, distinguer les cas suivants :

$M = 0$ – Cas incompressible,

$M \ll 1$ – Cas dit "hyposonique",

$M < 1$ – Cas subsonique,

$M \cong 1$ – Cas transsonique,

$M > 1$ – Cas supersonique,

$M \gg 1$ – Cas hypersonique.

Naturellement lorsque $M \ll 1$ il se peut aussi que $Re \gg 1$ (ou $Re \ll 1$) ou encore $S \gg 1$ et il en est de même du cas $M \gg 1$. Pour les écoulements atmosphériques on a toujours $M \ll 1$, mais malheureusement une modélisation cohérente des écoulements hyposoniques de l'atmosphère est encore loin d'être mise en place à l'heure actuelle (voir à ce sujet notre livre de (1990) ; nous reviendrons sur la question au Chapitre IX suivant).

8.1. Le passage au modèle de Navier.

Lorsque l'on s'intéresse à l'écoulement autour d'un obstacle, on suppose, habituellement, en aérodynamique, qu'il existe un écoulement de base loin de l'obstacle, tel que (avec des grandeurs sans dimensions) :

$$(8.1) \qquad\qquad p = 1, \rho = 1 \quad \text{et} \quad T = 1.$$

Pour les écoulements à faibles nombres de Mach, lorsque l'on analyse le cas *limite incompressible de Navier* :

$$M \to 0 \quad \text{à} \quad t \quad \text{et} \quad x_i \quad \text{fixés,}$$

il est judicieux, avec (8.1), d'introduire les perturbations thermodynamiques :

$$(8.3) \qquad\qquad p = 1 + M^2\pi, \quad \rho = 1 + M^2\omega \quad \text{et} \quad T = 1 + M^2\theta,$$

l'apparition de M^2 étant directement liée à la présence de M^2 dans les équations adimensionnelles (2.8b-c).

En substituant (8.3) dans les équations (2.8a-d) on trouve les équations exactes suivantes, pour les composantes de la vitesse u_i et les perturbations thermodynamiques π, ω et θ :

(8.4a)
$$\frac{\partial u_k}{\partial x_k} + M^2 \left(S \frac{\partial \omega}{\partial t} + \frac{\partial}{\partial x_k}(\omega u_k) \right) = 0;$$

(8.4b)
$$S \frac{\partial u_i}{\partial t} + u_k \frac{\partial u_i}{\partial x_k} + \frac{\partial}{\partial x_i} \left(\frac{\pi}{\gamma} \right) + M^2 \omega \left[S \frac{\partial u_i}{\partial t} + u_k \frac{\partial u_i}{\partial x_k} \right]$$
$$= \frac{1}{Re} \left[\frac{\partial^2 u_i}{\partial x_k^2} + \frac{1}{3} \frac{\partial}{\partial x_i} \left(\frac{\partial u_k}{\partial x_k} \right) \right];$$

(8.4c)
$$(\gamma - 1) \frac{\partial u_k}{\partial x_k} + M^2 \left[S \frac{\partial \theta}{\partial t} + u_k \frac{\partial \theta}{\partial x_k} + (\gamma - 1)\pi \frac{\partial u_k}{\partial x_k} \right] + O(M^4)$$
$$= \frac{\gamma}{Pr} \frac{M^2}{Re} \frac{\partial^2 \theta}{\partial x_k^2} + \gamma(\gamma - 1) \frac{M^2}{Re} \left[-\frac{2}{3} \left(\frac{\partial u_k}{\partial x_k} \right)^2 + \frac{1}{2} \left(\frac{\partial u_i}{\partial x_k} + \frac{\partial u_k}{\partial x_i} \right)^2 \right];$$

(8.4d)
$$\pi = \omega + \theta + M^2 \omega \theta,$$

oú $O(M^4)$ est un terme de l'ordre de M^4, que nous n'avons pas écrit, et qui ne joue pas de rôle dans l'obtention du modèle de Navier, sous le passage à la limite (8.2).

Aux équations (8.4) il faut associer les conditions aux limites suivantes (voir (2.5)) :

(8.5)
$$u_i = 0, \quad \text{sur} \quad \Sigma;$$

(8.6)
$$\theta = \frac{\tau_0}{M^2} \, \Xi(t, \mathcal{P}), \quad \text{sur} \quad \Sigma,$$

(8.7)
$$\pi, \omega, \theta \to 0 \quad \text{à l'infini (loin de } \Sigma).$$

De (8.6) on constate qu'il y a une situation privilégiée qui correspond à :

(8.8)
$$\tau_0 = \Lambda_0 M^2, \quad \text{lorsque} \quad M \to 0 \quad \text{et} \quad \tau \to 0,$$

oú Λ_0 est un paramètre de similitude (de l'ordre de un).

Maintenant, sous le passage à la limite (8.2), on obtient à la place de (8.4a) l'équation limite :

(8.9)
$$\frac{\partial u_k}{\partial x_k} = 0, \quad \text{incompressibilité},$$

puis (8.4b) donne :

(8.10)
$$\frac{\partial u_i}{\partial t} + u_k \frac{\partial u_i}{\partial x_k} + \frac{\partial}{\partial x_i} \left(\frac{\pi}{\gamma} \right) = \frac{1}{Re} \frac{\partial^2 u_i}{\partial x_k^2}, \quad \text{équation de Navier.}$$

Enfin, l'équation (8.4c) implique pour θ :

$$(8.11) \quad \begin{aligned} S\frac{\partial \theta}{\partial t} + u_k\frac{\partial \theta}{\partial x_k} &= \frac{\gamma}{Pr}\frac{1}{Re}\frac{\partial^2 \theta}{\partial x_k^2} \\ &+ \gamma(\gamma-1)\frac{1}{2Re}\left(\frac{\partial u_i}{\partial x_k} + \frac{\partial u_k}{\partial x_i}\right)^2 ; \quad \text{équation de l'énergie,} \end{aligned}$$

une fois que l'on tient compte de (8.9).

Une fois π et θ déterminés, on trouve :

$$(8.12) \qquad\qquad \omega = \pi - \theta.$$

Au système limite (8.9–12) il faut associer les conditions aux limites :

$$(8.13) \qquad \begin{cases} u_i = 0 \quad \text{et} \quad \theta = \Lambda_0\Xi, & \text{sur } \Sigma\,; \\ \pi, \omega, \theta \to 0, & \text{loin de } \Sigma. \end{cases}$$

Les équations de Navier, proprement dites (8.9) et (8.10), avec la première des conditions (8.13) (sur Σ), permettent de déterminer u_i et π, puis ensuite, de l'équation *linéaire* (8.11), pour θ, avec la seconde des conditions (8.13), on détermine θ et enfin (8.12) donne ω. Ainsi, on constate que :

"*A chaque écoulement dynamique de Navier,(u_i, π) de fluide, visqueux et incompressible, on peut associer un champ de perturbations de température θ, qui satisfasse à l'équation de l'énergie (8.11) et à une condition de température (seconde des conditions (8.13) sur Σ) sur la paroi Σ de l'obstacle*".

8.2. Le modèle acoustique

Il convient, tout de suite, de noter que le modèle de Navier obtenu au § 8.1, sous le passage à la limite (principal) (8.2) n'est certainement pas valable au voisinage de $t = 0$. D'autre part, d'après une étude de Viviand (1970), il s'avère qu'au loin de Σ, du fait du "mauvais" comportement de la solution dynamique de Navier, il y a aussi une singularité et les équations de Navier tombent une fois de plus en défaut.

Au *voisinage de $t = 0$*, il est nécessaire de supposer que $S \gg 1$, et il s'avère que la relation de similitude suivante (avec $\widehat{S} = O(1)$) :

$$(8.14) \qquad SM = \widehat{S}, \quad \text{lorsque} \quad S \to \infty \quad \text{et} \quad M \to 0,$$

doit être vérifiée. En fait, cela veut dire aussi que : au voisinage de t=0, il faut introduire un temps trés *court* :

$$(8.15) \qquad\qquad \widehat{t} = \frac{t}{M}$$

et considérer le passage à la limite local :

(8.16) $M \to 0$ avec $\widehat{t}, x_i$ et S fixés.

En fait, pour obtenir le modèle acoustique valable dans la couche initiale, il faut postuler, au niveau des équations exactes complètes de Navier-Stokes (2.8a–d), la représentation locale suivante :

(8.17)
$$u_i = \widehat{u}_i(\widehat{t}, x_i), p = 1 + M\widehat{p}(\widehat{t}, x_i),$$
$$\rho = 1 + M\widehat{\rho}(\widehat{t}, x_i), T = 1 + M\widehat{T}(\widehat{t}, x_i).$$

Dans ce cas, sous la limite locale (8.16), on trouve pour $\widehat{u}_i$, $\widehat{p}$, $\widehat{\rho}$, et $\widehat{T}$ les équations de *l'acoustique linéaire* suivante :

(8.18)
$$\begin{cases} S\dfrac{\partial \widehat{\rho}}{\partial \widehat{t}} + \dfrac{\partial \widehat{u}_k}{\partial x_k} = 0 ; \\[2mm] \gamma S\dfrac{\partial \widehat{u}_i}{\partial \widehat{t}} + \dfrac{\partial \widehat{p}}{\partial x_i} = 0 ; \\[2mm] S\dfrac{\partial \widehat{T}}{\partial \widehat{t}} + (\gamma - 1)\dfrac{\partial \widehat{u}_k}{\partial x_k} = 0 ; \\[2mm] \widehat{p} = \widehat{\rho}\widehat{T}, \end{cases}$$

oú S reste de l'ordre de un.

A ce système, nous ne pouvons associer qu'une condition de glissement sur la paroi Σ. Lorsque $\widehat{t} \to \infty$, de la solution de (8.18), nous devons pouvoir tirer la bonne condition initiale, en $t = 0$, pour les équations de Navier (du moins si la MDAR s'applique). Mais :

$$\widehat{S}\frac{\partial}{\partial t} \sim S\frac{\partial}{\partial \widehat{t}},$$

et l'on peut arriver aux équations acoustiques (8.18) de deux façons différentes : soit avec (8.14), soit avec (8.16).

Voyons maintenant le cas de l'écoulement à faible nombre de Mach *loin* de Σ. Dans ce cas, il faut introduire les variables d'espace distales :

(8.19) $\widetilde{x}_i = M x_i$

et postuler la représentation (avec $\mathbf{u}_\infty$ un vecteur vitesse constant) :

(8.20) $\mathbf{u} = \mathbf{u}_\infty + M^\varphi \widetilde{\mathbf{u}}, p = 1 + M^\beta \widetilde{p}, \rho = 1 + M^\sigma \widetilde{\rho}, T = 1 + M^\lambda \widetilde{T},$

oú $\widehat{\mathbf{u}}$, $\widetilde{p}$, $\widetilde{\rho}$ et $\widetilde{T}$ sont des fonctions de t et des $\widetilde{x}_i$.

De l'équation de continuité de Navier-Stokes, (2.8a), il vient, tout d'abord, l'équation limite :

(8.21a) $S\dfrac{\partial \widetilde{\rho}}{\partial t} + \dfrac{\partial \widetilde{u}_k}{\partial \widetilde{x}_k} = 0.$

Puis, l'équation (2.8b) donne :

$$(8.21b) \qquad S\frac{\partial \widetilde{u}_i}{\partial t} + \frac{1}{\gamma}\frac{\partial \widetilde{p}}{\partial \widetilde{x}_i} = 0,$$

lorsque l'on suppose que $Re = 0(1)$ et $\varphi = \beta - 1$, $\beta = \sigma = \lambda$. L'équation (2.8c), sous hypothèse que $\lambda = \beta$ et aussi Pr de l'ordre de un, donne :

$$(8.21c) \qquad S\frac{\partial \widetilde{T}}{\partial t} + (\gamma - 1)\frac{\partial \widetilde{u}_k}{\partial \widetilde{x}_k} = 0.$$

Enfin, l'équation d'état (2.8d) conduit à :

$$(8.21d) \qquad \widetilde{p} = \widetilde{\rho} + \widetilde{T}.$$

On retrouve bien, une fois de plus, les équations de l'acoustique linéaire. On note cependant que l'exposant β reste indéterminé et ce n'est que lors du raccord avec le champ proximal de Navier que l'on pourra le déterminer.

D'après l'analyse asymptotique de Viviand (1970), il s'avère que $\beta = \sigma = \lambda = 3$ et $\varphi = 2$. Des équations distales (8.21a–d), on construit aisément une seule équation pour $\widetilde{p}(t, \widetilde{x}_i)$:

$$S^2 \frac{\partial^2 \widetilde{p}}{\partial t^2} = \left[\frac{\partial^2}{\partial \widetilde{x}_1^2} + \frac{\partial^2}{\partial \widetilde{x}_2^2} + \frac{\partial^2}{\partial \widetilde{x}_3^2}\right]\widetilde{p}.$$

8.3. Les cas subsonique et supersonique

Nous nous limiterons ici, à ce § 8.3, ainsi qu'aux §§ 8.4 et 8.5, aux écoulements plans stationnaires autour de profils *minces* ; ces profils minces seront supposés, de plus, symétriques. L'écoulement, loin en amont, sera supposé uniforme et sans incidence. Nous travaillons avec des grandeurs *sans* dimensions, et, dans ce cas, pour les écoulements de fluides parfaits en évolution adiabatique, apparaissent les deux paramètres sans dimensions suivants :

$$(8.23) \qquad \delta = \frac{\text{épaisseur}}{\text{corde}}\text{(du profil mince)} \ll 1,$$

et le nombre de Mach amont :

$$(8.24) \qquad M_\infty = U_\infty \left/ \left(\gamma\frac{p_\infty}{\rho_\infty}\right)^{\frac{1}{2}}\right.,$$

où l'indice "∞" est relatif aux grandeurs (constantes) de l'écoulement uniforme loin en amont du profil. L'équation du profil mince est donc de la forme :

$$(8.25) \qquad y = \delta h(x), x \in [0, 1],$$

et on doit écrire la condition de glissement :

(8.26)
$$v(x, \delta h(x)) = \delta \frac{dh}{dx} u(x, \delta h(x)).$$

Enfin, comme l'écoulement est symétrique il suffit de considérer l'écoulement dans le demi-plan $y \geq 0$.

Nous faisons une hypothèse supplémentaire qui est liée à l'existence d'un potentiel des vitesses $\varphi(x, y)$; c'est-à-dire que nous considérons des écoulements irrotationnels.

Dans le cas plan stationnaire $\varphi(x, y)$ doit satisfaire à l'équation suivante : (*)

(8.27)
$$\left[a^2 - M_\infty^2 \left(\frac{\partial \varphi}{\partial x}\right)^2\right] \frac{\partial^2 \varphi}{\partial x^2} - 2M_\infty^2 \frac{\partial \varphi}{\partial x} \frac{\partial \varphi}{\partial y} \frac{\partial^2 \varphi}{\partial x \partial y}$$
$$+ \left[a^2 - M_\infty^2 \left(\frac{\partial \varphi}{\partial y}\right)^2\right] \frac{\partial^2 \varphi}{\partial y^2} = 0,$$

oú :

(8.28)
$$a^2 = 1 + \frac{\gamma - 1}{2} M_\infty^2 \left\{1 - \left[\left(\frac{\partial \varphi}{\partial x}\right)^2 + \left(\frac{\partial \varphi}{\partial y}\right)^2\right]\right\} \cdot$$

A (8.27), avec (8.28), on va associer les conditions :

(8.29)
$$\begin{cases} \left.\frac{\partial \varphi}{\partial y}\right|_{y=\delta h(x)} = \delta \frac{dh}{dx} \left.\frac{\partial \varphi}{\partial x}\right|_{y=\delta h(x)}, \ x \in [0, 1]; \\ \quad \varphi \to x, \qquad x \to -\infty. \end{cases}$$

On considère, au niveau du problème exact (8.27)–(8.29), le passage à la limite :

(8.30) $\delta \to 0$,   avec M_∞ fixé et x et y fixés.

Dans ce cas on postule avec (8.30) le développement asymptotique suivant selon les jauges $\varepsilon_n(\delta)$, $n = 1, 2, \cdots$, et les $\varepsilon_n(\delta) \to 0$ avec $\delta \to 0$:

(*) voir l'équation (4.12), avec (4.13), qui a été écrite pour le cas plan et stationnaire :

$$x_1 \equiv x, x_2 \equiv y, \frac{\partial}{\partial x_3} = 0; u_1 = u = \frac{\partial \varphi}{\partial x}, u_2 = v = \frac{\partial \varphi}{\partial y},$$

avec des grandeurs *sans* dimensions.

(8.31) $$\varphi = x + \varepsilon_1(\delta)\varphi_1(x, y; M_\infty) + \varepsilon_2(\delta)\varphi_2(x, y; M_\infty) + \cdots,$$

Tout d'abord, de la condition de glissement (première des conditions (8.29)), on trouve, après un développement taylorien :

$$\varepsilon_1(\delta)\frac{\partial\varphi_1}{\partial y}\bigg|_{y=0} + \varepsilon_1(\delta)\delta h(x)\frac{\partial^2\varphi_1}{\partial y^2}\bigg|_{y=0} + \varepsilon_2(\delta)\frac{\partial\varphi_2}{\partial y}\bigg|_{y=0}$$

$$+ \cdots = \delta\frac{dh}{dx} + \delta\varepsilon_1(\delta)\frac{dh}{dx}\frac{\partial\varphi_1}{\partial x}\bigg|_{y=0} + \cdots,$$

et l'on constate que la dégénérescence significative correspond au choix de :

(8.32) $$\varepsilon_1(\delta) \equiv \delta \quad \text{et} \quad \varepsilon_2(\delta) \equiv \varepsilon_1(\delta)\delta = \delta^2.$$

Ainsi, la condition de glissement se décompose en :

(8.33a) $$\frac{\partial\varphi_1}{\partial y}\bigg|_{y=0} = \frac{dh}{dx};$$

(8.33b) $$\frac{\partial\varphi_2}{\partial y}\bigg|_{y=0} = \frac{dh}{dx}\frac{\partial\varphi_1}{\partial x}\bigg|_{y=0} - h(x)\frac{\partial^2\varphi_1}{\partial y^2}\bigg|_{y=0}$$

Maintenant, la substitution du développement (8.31) dans l'équation (8.27), avec (8.28), conduit à :

$$\delta\left\{(1 - M_\infty^2)\frac{\partial^2\varphi_1}{\partial x^2} + \frac{\partial^2\varphi_1}{\partial y^2}\right\}$$

$$+\delta^2\left\{(1 - M_\infty^2)\frac{\partial^2\varphi_2}{\partial x^2} + \frac{\partial^2\varphi_2}{\partial y^2} - M_\infty^2(\gamma + 1)\frac{\partial\varphi_1}{\partial x}\frac{\partial^2\varphi_1}{\partial x^2}\right.$$

$$\left. -2M_\infty^2\frac{\partial\varphi_1}{\partial y}\frac{\partial^2\varphi_1}{\partial x\partial y} - (\gamma - 1)M_\infty^2\frac{\partial\varphi_1}{\partial x}\frac{\partial^2\varphi_1}{\partial y^2}\right\}$$

$$+ 0(\delta^3) = 0.$$

On trouve ainsi, à l'ordre δ,

(8.34a) $$(1 - M_\infty^2)\frac{\partial^2\varphi_1}{\partial x^2} + \frac{\partial^2\varphi_1}{\partial y^2} = 0$$

puis, à l'ordre δ^2,

(8.34b) $$(1 - M_\infty^2)\frac{\partial^2\varphi_2}{\partial x^2} + \frac{\partial^2\varphi_2}{\partial y^2} = M_\infty^2\left\{\left[(\gamma - 1)M_\infty^2 + 2\right]\frac{\partial\varphi_1}{\partial x}\frac{\partial^2\varphi_1}{\partial x^2} + 2\frac{\partial\varphi_1}{\partial y}\frac{\partial^2\varphi_1}{\partial x\partial y}\right\},$$

puisque :

$$\frac{\partial^2 \varphi_1}{\partial y^2} = (M_\infty^2 - 1)\frac{\partial^2 \varphi_1}{\partial x^2}.$$

Lorsque $M_\infty^2 < 1$, l'équation (8.34a) est *elliptique* et c'est le cas *subsonique*; lorsque $M_\infty^2 > 1$ on est dans le cas dit *supersonique* et l'équation (8.34a) est *hyperbolique*. On constate que le cas dit *transsonique*, qui correspond à $M_\infty \approx 1$ (voir le § 8.4), est singulier au niveau de l'équation (8.34a) ; cela veut dire que dans ce cas la théorie linéaire, considérée ici, tombe en défaut !

Mais revenons au cas supersonique, lorsque $M_\infty > 1$. Alors, sous la condition de glissement (8.33a), on peut vérifier que la solution de (8.34a) est :

$$(8.35) \qquad \begin{cases} \varphi_1(x, y; M_\infty > 1) = -\left[1/\sqrt{M_\infty^2 - 1}\right].h(x - \sqrt{M_\infty^2 - 1}\,y), \\ \\ y > 0, \quad 0 < x - \sqrt{M_\infty^2 - 1}\,y < 1. \end{cases}$$

On constate que cette solution supersonique (8.35) reste *constante* en dehors de la zone d'onde $0 < x - \sqrt{M_\infty^2 - 1}\,y < 1$, $y > 0$, et que de plus on a bien : $\varphi_1 \to 0$, lorsque $x \to -\infty$.(*)

Si l'on suppose que $(dh/dx)_{x=0} \neq 0$ alors la *caractéristique* $x = \sqrt{M_\infty^2 - 1}\,y$ est telle que la pression subit un saut à sa traversée ; ce saut est, en fait, la version linéarisée d'une onde de choc.

De (8.35) on constate que le développement (supersonique) de φ, (8.31), n'est une bonne approximation de la solution que si : $\delta/\sqrt{M_\infty^2 - 1} \ll 1$, et pour préciser plus il faut considérer la solution de (8.34b) pour φ_2 (toujours pour $M\infty > 1$). A cette fin, il est judicieux d'introduire des coordonnées caractéristiques :

$$(8.36) \qquad \xi = x - \sqrt{M_\infty^2 - 1}\,y \quad \text{et} \quad \eta = x + \sqrt{M_\infty^2 - 1}\,y.$$

Dans ce cas, à la place de (8.34b), on obtient l'équation hyperbolique non homogène suivante :

$$(8.37) \qquad \frac{\partial^2 \varphi_2}{\partial \xi \partial \eta} = \frac{\gamma + 1}{4} \frac{M_\infty^4}{(M_\infty^2 - 1)^2} \frac{dh(\xi)}{d\xi} \frac{d^2 h(\xi)}{d\xi^2}.$$

La solution de cette équation (8.37), lorsque $0 < \xi < 1$, peut s'écrire sous la forme générale :

$$(8.38) \qquad \varphi_2(\xi, \eta; M_\infty > 1) = \frac{\gamma + 1}{8} \frac{M_\infty^4}{(M_\infty^2 - 1)^2} \left[\frac{dh(\xi)}{d\xi}\right]^2 \eta + G(\xi),$$

Oú la fonction $G_(\xi)$ doit être choisie de telle façon que la solution (8.38) satisfasse à la condition (8.33b) et aussi au comportement $\varphi_2 \to 0$, au loin.

(*) La fonction $h_(x)$ devient nulle en dehors de l'intervalle $0 < x < 1$ (avec des grandeurs sans dimensions).

Mais pour nous, ici, ce qui est important c'est la forme que prend le développement pour φ (supersonique), (8.31) lorsque l'on tient compte des solutions (8.35) et (8.38). Ainsi, il vient :

$$(8.39) \qquad \begin{aligned} \varphi(x, y; M_\infty > 1, \delta \ll 1) &= x - \frac{\delta}{\sqrt{1 - M_\infty^2}} h(\xi) \\ &\quad + 0\left(\frac{\gamma + 1}{8} \frac{\delta^2 M_\infty^4}{(M_\infty^2 - 1)^2} \eta\right), \end{aligned}$$

avec ξ et η les coordonnées caractéristiques (8.36), puisque l'on suppose que $dh(\xi)/d\xi$ reste borné, de l'ordre de un.

Nous savons que le développement limité (8.39) donne une bonne approximation de la solution (supersonique) φ si l'on a :

$$\frac{\varepsilon_2(\delta)\varphi_2}{\varepsilon_1(\delta)\varphi_1} = \frac{\delta\varphi_2}{\varphi_1} \ll 1$$

ce qui veut dire aussi que :

$$(8.40) \qquad \frac{\gamma + 1}{8(M_\infty^2 - 1)^{3/2}} \delta M_\infty^4 \eta \ll 1.$$

Ainsi, la condition (8.40) valide la théorie linéaire mise en place ici (du moins dans le cas supersonique). Si maintenant, l'on considère le cas limite *transsonique* $M_\infty \approx 1$, alors :

$$(8.41a) \qquad \eta \approx 1 \quad \text{et il faut que :} \quad \delta/(M_\infty^2 - 1)^{3/2} \ll 1.$$

Si, par contre, on s'intéresse au *champ lointain*, pour lequel $\eta \approx \infty$, mais M_∞ fixé, alors :

$$(8.41b) \qquad \delta\eta \ll 1.$$

Enfin, il y a un troisième cas qui est celui de l'écoulement dit *hypersonique*, lorsque $M_\infty \gg 1$; dans ce cas il faut que :

$$(8.41c) \qquad \delta M_\infty \ll 1.$$

Ainsi, on arrive à la conclusion que la théorie linéaire tombe en défaut lorsque :

$$(1) \qquad (M_\infty^2 - 1)/\delta^{2/3} = K_T = 0(1);$$

$$(2) \qquad \delta M_\infty = K_H = 0(1);$$

$$(3) \qquad \delta\eta = K_L = 0(1).$$

Le paramètre de similitude K_T est celui de la théorie transsonique ; K_H est le paramètre de similitude de la théorie hypersonique, et enfin, K_L est le paramètre de similitude pour la théorie distale décrivant le champ loitain. On voit donc que la théorie des écoulements potentiels autour de profils minces, nous donne une illustration remarquable des limites de la linéarisation. Pour traiter les trois cas singuliers, ci-dessus, il faut avoir recours à des techniques de perturbations singulières. Ce qui vient d'être mis en évidence, ici, reste vrai dans le cas le plus général des écoulements eulériens compréssibles ; mais la théorie est moins aisée et nous nous limiterons ici au cas considéré ci-dessus.

8.4. Le cas transsonique

* Commençons par le cas dit *sonique*, lorsque $M_\infty \equiv 1$. Si l'on ne veut pas retomber sur le cas linéaire classique, valable en subsonique et supersonique, il faut dans le cas sonique effectuer un changement d'échelle sur les y ; de toute façon nous ne pouvons pas faire ce changement sur les x, car il nous faut garder la possibilité de satisfaire au comportement au loin (en $x \to -\infty$) et aussi sur le profil mince $y = \delta h(x)$.

Introduisons donc la nouvelle ordonnée :

$$(8.42) \qquad\qquad \zeta = \alpha(\delta)\, y$$

et à la place du développement (8.31) considérons le nouveau développement asymptotique :

$$(8.43) \qquad\qquad \varphi = x + \omega(\delta)\varphi'(x,\zeta) + \cdots$$

Dans ce cas, on constate que l'on obtient l'équation dominante suivante, pour $\varphi'(x,\zeta)$, de (8.27), avec (8.28),

$$(8.44) \qquad \alpha^2\omega \frac{\partial^2\varphi'}{\partial\zeta^2} - (\gamma+1)\omega^2 \frac{\partial\varphi'}{\partial x}\frac{\partial^2\varphi'}{\partial x^2} + 2\alpha^2\omega^2 \frac{\partial\varphi'}{\partial\zeta}\frac{\partial^2\varphi'}{\partial\zeta\partial x} + \cdots = 0,$$

et selon le principe de moindre dégénérescence, il faut manifestement faire le choix suivant :

$$(8.45) \qquad\qquad \alpha^2\omega = \omega^2 \Rightarrow \alpha(\delta) = \sqrt{\omega(\delta)}.$$

Ainsi, avec (8.45), à la limite $\delta \to 0$, on obtient l'équation *sonique* suivante pour $\varphi'(x,\zeta)$:

$$(8.46) \qquad\qquad \frac{\partial^2\varphi'}{\partial\zeta^2} - (\gamma+1)\frac{\partial\varphi'}{\partial x}\frac{\partial^2\varphi'}{\partial x^2} = 0,$$

qui n'est plus linéaire !

Mais pour l'instant on ne sait pas ce que vaut la jauge $\alpha(\delta)$. A cette fin, il faut tirer profit de la condition de glissement (voir (8.29)). Pour $\varphi'(x,\zeta)$ cette condition de glissement donne :

$$\alpha\omega \left.\frac{\partial\varphi'}{\partial\zeta}\right|_{\zeta=0} + \cdots = \delta\frac{dh}{dx} + \cdots$$

et la seule possibilité (raisonnable) est :

$$(8.47) \qquad \begin{aligned} &\alpha\omega = \delta \Rightarrow \alpha = \frac{\delta}{\omega} = \frac{\delta}{\alpha^2} \Rightarrow \alpha(\delta) \equiv \delta^{1/3} \\ &\text{et} \qquad \omega(\delta) \equiv \delta^{2/3}. \end{aligned}$$

Ainsi, à l'équation sonique (8.46), il faut associer les conditions :

$$(8.48) \qquad \frac{\partial\varphi'}{\partial\zeta} = \frac{dh}{dx}, \quad \text{sur} \quad \zeta = 0 \quad \text{et} \quad \varphi' \to 0, \quad \text{lorsque} \quad x \to -\infty.$$

La théorie sonique qui conduit au problème non (quasi)-linéaire (8.46)–(8.48), s'obtient donc à partir du développement limité :

$$(8.49) \qquad \varphi = x + \delta^{2/3}\varphi'(x, \delta^{1/3}y) + \cdots.$$

L'équation (8.46) est de type elliptique (localement) lorsque $\partial\varphi'/\partial x < 0$ et de type hyperbolique (localement) lorsque $\partial\varphi'/\partial x > 0$. Nous renvoyons au travail de Cole (1975), pour une discussion et la résolution de cette équation (8.46).

** Considérons maintenant le cas transsonique proprement dit, lorsque simultanément :

$$(8.50) \qquad \begin{cases} M_\infty \to 1 \quad et \quad \delta \to 0 \\ \text{de telle façon que} \\ \dfrac{M_\infty^2 - 1}{\nu(\delta)} = K_T = 0(1); \end{cases}$$

nous voulons montrer que : $\nu(\delta) \equiv \delta^{2/3}$. Lorsque $K_T \equiv 0$ on retrouve le cas sonique ($M_\infty \equiv 1$) précédent, tandis que lorsque $K_T \gg 1$ on retombe sur le cas linéaire supersonique (comme cela a été discuté au § 8.3 précédent). D'après les résultats du cas sonique on doit s'attendre à un développement en φ de la forme suivante :

$$(8.51) \qquad \varphi = x + \delta^{2/3}\overline{\varphi}(x, \zeta; K_T) + \cdots,$$

oú, d'après (8.42) et (8.47), $\zeta = \delta^{1/3}y$. Dans ce cas, à la place de (8.44) on trouve l'équation :

$$\delta^{2/3}\nu(\delta)K_T\frac{\partial^2\overline{\varphi}}{\partial x^2} + \cdots + \delta^{4/3}\frac{\partial^2\overline{\varphi}}{\partial\zeta^2}$$

$$-\delta^{4/3}(\gamma+1)\frac{\partial\overline{\varphi}}{\partial x}\frac{\partial^2\overline{\varphi}}{\partial x^2} + \cdots = 0,$$

et on constate bien que le cas le plus significatif correspond à : $\nu(\delta) \equiv \delta^{2/3}$. Ainsi, dans le cas transsonique, la perturbation $\overline{\varphi}(x, \zeta; K_T)$ satisfait à *l'équation transsonique* suivante :

$$(8.52) \qquad \left[K_T + (\gamma+1)\frac{\partial\overline{\varphi}}{\partial x}\right]\frac{\partial^2\overline{\varphi}}{\partial x^2} - \frac{\partial^2\overline{\varphi}}{\partial\zeta^2} = 0.$$

Précisons que l'ordonnée ζ joue le rôle d'une variable interne ($y = \zeta/\delta^{1/3}$), lorsque $\delta \to 0$ et de ce fait "au loin", lorsque $\partial\overline{\varphi}/\partial x \to 0$, l'équation transsonique (8.52), se "confond" avec l'équation linéaire (8.34a) pour φ_1. De plus les régions qui sont au loin viennent près du profil pour K_T grand et de ce fait les résultats de la théorie supersonique linéarisée doivent découler de la solution transsonique lorsque K_T devient suffisamment grand devant un. .

Nous pouvons mettre l'équation transsonique (8.52) sous la forme d'un système de deux équations (du premier ordre) écrites sous une forme *divergente* :

$$\begin{cases} \dfrac{\partial}{\partial x}\left(\dfrac{\partial\overline{\varphi}}{\partial\zeta}\right) + \dfrac{\partial}{\partial\zeta}\left(-\dfrac{\partial\overline{\varphi}}{\partial x}\right) = 0; \\[2ex] \dfrac{\partial}{\partial x}\left[K_T\dfrac{\partial\overline{\varphi}}{\partial x} + \dfrac{\gamma+1}{2}\left(\dfrac{\partial\varphi}{\partial x}\right)^2\right] + \dfrac{\partial}{\partial\zeta}\left(-\dfrac{\partial\overline{\varphi}}{\partial\zeta}\right) = 0, \end{cases}$$

et nous pouvons alors écrire la *relation de choc* suivante :

$$(8.53) \qquad K_T \left[\!\!\left[\frac{\partial \overline{\varphi}}{\partial x}\right]\!\!\right]^2 + \frac{\gamma+1}{2}\left[\!\!\left[\left(\frac{\partial \overline{\varphi}}{\partial x}\right)^2\right]\!\!\right]\!\left[\!\!\left[\frac{\partial \overline{\varphi}}{\partial x}\right]\!\!\right] = \left[\!\!\left[\frac{\partial \overline{\varphi}}{\partial \zeta}\right]\!\!\right]^2,$$

où [.] désigne le *saut* de la grandeur à travers le choc, lequel se propage avec la vitesse :

$$(8.54) \qquad C_{ch} = -\frac{[\partial \overline{\varphi}/\partial x]}{[\partial \overline{\varphi}/\partial \zeta]}.$$

On trouvera dans le livre de Cole et Cook (1986), une trés bonne introduction théorique à l'aérodynamique transsonique.

8.5. Le cas hypersonique

Dans le cas hypersonique il n'existe pas de potentiel des vitesses φ, étant donné que derrière le choc (il apparaît toujours en hypersonique, lorsque $M_\infty \gg 1$) l'écoulement sera, en règle générale, rotationnel. De ce fait, il faut considérer les équations d'Euler ; dans le cas plan stationnaire on écrira pour u, v, p et ρ les équations *avec* dimensions suivantes :

$$(8.55) \qquad \begin{cases} \dfrac{\partial \rho u}{\partial x} + \dfrac{\partial \rho v}{\partial y} = 0 \\[2mm] u\dfrac{\partial u}{\partial x} + v\dfrac{\partial u}{\partial y} + \dfrac{1}{\rho}\dfrac{\partial p}{\partial x} = 0; \\[2mm] u\dfrac{\partial v}{\partial x} + v\dfrac{\partial v}{\partial y} + \dfrac{1}{\rho}\dfrac{\partial p}{\partial y} = 0; \\[2mm] \left(u\dfrac{\partial}{\partial x} + v\dfrac{\partial}{\partial y}\right)(p/\rho^\gamma) = 0. \end{cases}$$

La quantité $\pi = p/\rho^\gamma$ ne se conserve pas à la traversée du choc : elle reste constante sur les lignes de courant en aval et en amont du choc, mais la constante n'est pas la même pour l'écoulement amont et l'écoulement aval. Avec des dimensions, il faut associer aux équations (8.55) la condition suivante de glissement :

$$(8.56) \qquad v = h_0 \frac{dh(x/L_0)}{dx} u, \quad \text{sur} \quad y = h_0 h(x/L_0)$$

lorsque $0 \le x/L_0 \le 1$.

Il faut aussi associer les conditions liées au choc ; sur le choc nous avons tout d'abord la relation suivante (valable pour une onde de choc courbe), avec des dimensions (on peut à ce sujet consulter le § 29 de la Leçon V de Zeytounian (1986)) :

$$(8.57) \qquad -\rho_\infty U_\infty (u - U_\infty) = p - p_\infty = \frac{2\gamma}{\gamma+1} p_\infty \left(M_\infty^2 \cos^2 \alpha - 1\right),$$

où α est l'angle d'inclinaison de la normale à l'onde de choc (en un point déterminé) avec l'axe des x ; l'indice "∞" est relatif à l'écoulement uniforme (de vitesse U_∞) à l'infini amont, loin du profil.

D'autre part, comme les composantes de la vitesse, tangentes à l'onde de choc, restent continues, on a aussi :

$$(8.58) \qquad u - U_\infty = -|\mathbf{v}| \cos \alpha,$$

où $|\mathbf{v}|^2 = (u - U_\infty)^2 + v^2$. En combinant (8.57) avec (8.58), on obtient une équation algébrique quadratique en $\cos \alpha$, d'où l'on tire :

$$(8.59) \qquad \cos \alpha = \frac{\gamma + 1}{4} \frac{|\mathbf{v}|}{U_\infty} + \sqrt{\left(\frac{\gamma + 1}{4}\right)^2 \frac{|\mathbf{v}|}{U_\infty} + \frac{1}{M_\infty^2}}.$$

Enfin, on a la condition de choc suivante, pour la masse volumique :

$$(8.60) \qquad \frac{\rho - \rho_\infty}{\rho_\infty} = \frac{M_\infty^2 \cos^2 \alpha - 1}{\frac{\gamma-1}{2} M_\infty^2 \cos^2 \alpha + 1},$$

toujours avec des dimensions.

Les conditions (8.56–60) permettent d'établir les estimations suivantes, qui sont satisfaites dans la région d'écoulement (hypersonique) entre le profil et l'onde de choc. De (8.56) on trouve que :

$$(8.61a) \qquad v \sim U_\infty \delta, \quad \text{où} \quad \delta = h_0/L_0,$$

puis de (8.59) on a

$$\cos \alpha \sim \frac{|\mathbf{v}|}{U_\infty} + \frac{1}{M_\infty}.$$

Mais comme :

$$v = U_\infty \left(\frac{u}{U_\infty} - 1\right) \operatorname{tg} \alpha = -\frac{|\mathbf{v}|}{U_\infty} \cos \alpha,$$

on trouve que :

$$(8.61b) \qquad \frac{u}{U_\infty} - 1 \sim \delta^2 + \frac{\delta}{M_\infty},$$

et de même

$$\frac{p}{p_\infty} - 1 \sim -\gamma M_\infty^2 \left(\frac{u}{U_\infty} - 1\right) ;$$

c'est à dire :

$$(8.61c) \qquad \frac{p}{p_\infty} - 1 \sim M_\infty^2 \delta^2 + M_\infty \delta.$$

Enfin, de (8.60), on a aussi :

(8.61d)
$$\frac{\rho}{\rho_\infty} - 1 \sim \frac{\delta M_\infty}{\delta M_\infty + 1}.$$

Ainsi, lorsque $M_\infty \gg 1$, avec $\delta \ll 1$ et de telle façon que :

(8.62)
$$M_\infty \delta = K_H \cong 1, M_\infty \to \infty \quad et \quad \delta \to 0,$$

on trouve de (8.61) les estimations suivantes :

(8.63)
$$\begin{cases} u \sim U_\infty(1 + \delta^2); \\ v \sim U_\infty \delta; \\ p \sim p_\infty(1 + \delta^2 M_\infty^2); \\ \rho \sim \rho_\infty. \end{cases}$$

En conclusion, la solution approchée des équations (8.55), sous les conditions (8.56–60), dans le cas hypersonique (cas (8.62)), peut être recherchée sous la forme suivante, en accord avec (8.63),

(8.64)
$$\begin{cases} u = U_\infty(1 + \delta^2 \overline{u} + \cdots); \\ v = U_\infty \delta \overline{v} + \cdots ; \\ p = \gamma p_\infty(1 + M_\infty^2 \delta^2 \overline{p} + \cdots); \\ \rho = \rho_\infty(1 + \overline{\rho} + \cdots), \end{cases}$$

oú les fonctions (*sans* dimensions) $\overline{u}, \overline{v}, \overline{p}, \overline{\rho}$ sont dépendantes des variables (*sans* dimensions).

(8.65)
$$\overline{x} = \frac{x}{L_0} \quad et \quad \overline{y} = \frac{y/L_o}{\delta},$$

et aussi du paramètre de similitude K_H. On notera que l'ordonnée *sans* dimensions significative,

(8.66)
$$\overline{y} = \frac{y/L_0}{\delta} \sim M_\infty \frac{y}{L_0},$$

s'introduit dans le cas hypersonique du fait que l'onde, dite de Mach : $x = \sqrt{M_\infty^2 - 1}\, y$ $\cong M_\infty y$, se trouve à une distance du profil qui est du même ordre que l'épaisseur du profil δ et dans ce cas le profil n'est, en vérité, *plus* mince relativement à l'onde de choc (dite *forte*).

En tirant profit de (8.64–65), avec (8.62), dans les équations (8.55), on trouve tout d'abord que :

$$u\frac{\partial}{\partial x} + v\frac{\partial}{\partial y} = \frac{U_\infty}{L_0}\left(\frac{\partial}{\partial \overline{x}} + \overline{v}\frac{\partial}{\partial \overline{y}}\right) + 0(\delta^2)$$

et de ce fait, $\overline{u}, \overline{v}, \overline{p}, \overline{\rho}$ doivent satisfaire aux équations limites hypersoniques suivantes :

$$(8.67) \quad \begin{cases} \dfrac{\partial \overline{\rho}}{\partial \overline{x}} + \dfrac{\partial}{\partial \overline{y}}[(1 + \overline{\rho})\overline{v}] = 0; \\[2mm] (1 + \overline{\rho})\left[\dfrac{\partial \overline{u}}{\partial \overline{x}} + \overline{v}\dfrac{\partial \overline{u}}{\partial \overline{y}}\right] + \dfrac{\partial \overline{p}}{\partial \overline{x}} = 0; \\[2mm] (1 + \overline{\rho})\left[\dfrac{\partial \overline{v}}{\partial \overline{x}} + \overline{v}\dfrac{\partial \overline{v}}{\partial \overline{y}}\right] + \dfrac{\partial \overline{p}}{\partial \overline{y}} = 0; \\[2mm] \left(\dfrac{\partial}{\partial \overline{x}} + \overline{v}\dfrac{\partial}{\partial \overline{y}}\right)[\overline{p}/(1 + \overline{\rho})^{\gamma}] = 0. \end{cases}$$

Au système (8.67) il faut associer les conditions :

$$(8.68) \qquad \overline{v} = \frac{dh(\overline{x})}{d\overline{x}}, \quad \text{sur} \quad \overline{y} = h(\overline{x});$$

$$(8.69) \qquad \left. \begin{aligned} \overline{u} &= -\overline{p}; \\ \beta \overline{v}\frac{dg}{d\overline{x}} &= \overline{u} = -\overline{p}; \\ \overline{v} &= \beta(1 + \overline{p})\frac{dg}{d\overline{x}}; \\ \overline{p} &= \frac{\gamma}{K_H^2}\frac{1 + \overline{\rho}}{1 - \frac{\gamma-1}{2}(1 + \overline{\rho})}, \end{aligned} \right\} \quad \text{sur} \quad \overline{y} = \beta g(\overline{x})$$

oú $y = g_0 g(x/L_0)$ est l'équation de l'onde de choc attachée au bord d'attaque du profil et $\beta = g_0/h_0$.

Enfin, au loin à l'infini amont on a :

$$(8.70) \qquad \overline{u} = \overline{v} = \overline{p} = \overline{\rho} = 0, \qquad \text{lorsque} \quad \overline{x} \to -\infty.$$

Mais en $\overline{x} \to +\infty$ on ne doit rien s'imposer (le problème hypersonique a un caractère hyperbolique en $\overline{x}$). Par contre, du fait du caractère "couche limite" de l'écoulement hypersonique ($\overline{y} = (y/L_0)/\delta$ on doit avoir aussi :

$$(8.71) \qquad \overline{u} = \overline{v} = \overline{p} = \overline{\rho} = 0, \qquad \text{pour} \quad \overline{y}. \to \pm\infty$$

En définitive, on constate qu'il faut d'abord résoudre les équations pour $\overline{v}$, $\overline{p}$ et $\overline{\omega} \equiv 1 + \overline{\rho}$:

$$(8.72) \quad \begin{cases} \dfrac{\partial \overline{\omega}}{\partial \overline{x}} + \dfrac{\partial}{\partial \overline{y}}(\overline{\omega}\overline{v}) = 0; \\[2mm] \overline{\omega}\left(\dfrac{\partial \overline{v}}{\partial \overline{x}} + \overline{v}\dfrac{\partial \overline{v}}{\partial \overline{y}}\right) + \dfrac{\partial \overline{p}}{\partial \overline{y}} = 0; \\[2mm] \left(\dfrac{\partial}{\partial \overline{x}} + \overline{v}\dfrac{\partial}{\partial \overline{y}}\right)(\overline{p}/\overline{\omega}^{\gamma}) = 0, \end{cases}$$

avec les conditions :

$$(8.73a) \qquad\qquad \bar{v} = \frac{dh}{d\bar{x}}, \qquad \text{sur} \quad \bar{y} = h(\bar{x}), \ o \le \bar{x} \le 1;$$

$$(8.73\text{b}) \qquad \left.\begin{array}{r} \beta\bar{v}\dfrac{dg}{d\bar{x}} + \bar{p} = 0, \\[2mm] \bar{v} = \beta\bar{\omega}\dfrac{dg}{d\bar{x}}, \\[2mm] \bar{p} = \dfrac{\gamma}{K_H^2}\dfrac{\bar{\omega}}{1 - \frac{\gamma-1}{2}\bar{\omega}}. \end{array}\right\} \quad \text{sur} \quad \bar{y} = \beta g(\bar{x}),\ (0 \le \bar{x} \le 1).$$

Ensuite, pour $\bar{u}$, on a à résoudre le problème :

$$(8.74) \qquad \bar{\omega}\left(\frac{\partial \bar{u}}{\partial \bar{x}} + \bar{v}\frac{\partial \bar{u}}{\partial \bar{y}}\right) + \frac{\partial \bar{p}}{\partial \bar{y}} = 0\,;\ \bar{u} = -\bar{p}, \quad \text{sur} \quad \bar{y} = \beta g(\bar{x}),$$

et on trouve (d'après l'intégrale de Bernouilli) :

$$(8.75) \qquad\qquad \bar{u} = \frac{\gamma}{\gamma - 1}\frac{\left[(\bar{\omega} - 1)\big/K_H^2\right] - \bar{p}}{\bar{\omega}} - \frac{\bar{v}^2}{2}.$$

Les équations (8.72) sont celles qui gouvernent les écoulements instationnaires unidimensionnels d'un gaz parfait à c_p et à c_v constants $(\gamma = c_p/c_v)$. Cette analogie, dite "du piston" a été initialement introduite par Hayes (1947). Le théorème de Hayes affirme que :

"Tout écoulement hypersonique, stationnaire ou non, sur une aile mince applatie sur un plan, ou sur un obstacle fuselé, est équivalent à un écoulement non stationnaire à une dimension de moins."

Pour tout ce qui concerne la théorie des écoulements hypersoniques on consultera le livre de Hayes et Probstein (1959).

8.6. Le cas hyposonique peu visqueux

Il s'agit de l'écoulement (limite) correspondant au double passage à la limite :

$$(8.76) \qquad\qquad M \to 0 \quad et \quad Re \to \infty.$$

Si on se limite à un écoulement plan, on a comme équations de départ (Navier-Stokes, *sans* dimensions), pour le cas *stationnaire* :

$$(8.77\text{a}) \qquad\qquad \frac{\partial \rho u}{\partial x} + \frac{\partial \rho v}{\partial y} = 0;$$

$$(8.77\text{b}) \qquad \rho\left(u\frac{\partial u}{\partial x} + v\frac{\partial u}{\partial y}\right) + \frac{1}{\gamma M^2}\frac{\partial p}{\partial x}$$
$$= \frac{1}{Re}\left[\Delta_2 u + \frac{1}{3}\frac{\partial}{\partial x}\left(\frac{\partial u}{\partial x} + \frac{\partial v}{\partial y}\right)\right];$$

$$(8.77\text{c}) \qquad \rho\left(u\frac{\partial v}{\partial x} + v\frac{\partial v}{\partial y}\right) + \frac{1}{\gamma M^2}\frac{\partial p}{\partial y}$$
$$= \frac{1}{Re}\left[\Delta_2 v + \frac{1}{3}\frac{\partial}{\partial y}\left(\frac{\partial u}{\partial x} + \frac{\partial v}{\partial y}\right)\right];$$

$$(8.77\text{d}) \qquad \rho\left(u\frac{\partial T}{\partial x} + v\frac{\partial T}{\partial y}\right) - \frac{\gamma - 1}{\gamma}\left(u\frac{\partial p}{\partial x} + v\frac{\partial p}{\partial y}\right)$$
$$= \frac{1}{Re}\Delta_2 T + (\gamma - 1)\frac{M^2}{Re}\left[2\left(\frac{\partial u}{\partial x}\right)^2 + 2\left(\frac{\partial v}{\partial y}\right)^2\right.$$
$$\left. + \left(\frac{\partial u}{\partial y} + \frac{\partial v}{\partial x}\right)^2 - \frac{2}{3}\left(\frac{\partial u}{\partial x} + \frac{\partial v}{\partial y}\right)^2\right];$$

$$(8.77\text{e}) \qquad p = \rho T,$$

$$\text{avec} \quad \Delta_2 = \frac{\partial^2}{\partial x^2} + \frac{\partial^2}{\partial y^2} \quad \text{et} \quad Pr \equiv 1.$$

On va considérer pour les équations (8.77) le problème de Blasius ; on a donc les conditions suivantes :

$$(8.78\text{a}) \qquad u = v = 0,\, T = 1 + \tau_0 \Xi(x), \quad \text{sur} \quad y = 0$$
$$\text{et pour} \quad 0 < x < +\infty\,;$$

$$(8.78\text{b}) \qquad u \to 1,\, v \to 0,\, p = \rho = T \to 1, \quad \text{lorsque} \quad x \to -\infty.$$

On sait que le cas le plus significatif est lié à :

$$(8.79) \qquad \tau = \Lambda_0 M^2.$$

Si $\varepsilon^2 \equiv Re^{-1}$, alors on suppose, sous le passage à la limite $\varepsilon \to 0$ et $M \to 0$, que l'on a la relation de similitude suivante :

$$(8.80) \qquad \varepsilon^2 = \lambda_0 M^b, \quad b > 0.$$

Notre petit paramètre principal de perturbation singulière est donc $M \to 0$. Il faut considérer deux représentations asymptotiques, lorsque $M \to 0$.

$$(\text{a}) \qquad M \to 0 \quad \text{à} \quad x \quad \text{et} \quad y \quad \text{fixés (extérieure)}\,;$$

(b) $M \to 0$ à x et $\widehat{y} = \dfrac{y}{M^c}$, $c > 0$, fixés (intérieure).

D'après (8.80), on doit avoir : $c = b/2$, et b reste, pour l'instant, indéterminé. La représentation extérieure, liée au cas (a), peut-être choisie sous la forme suivante, si l'on tient compte de (8.78b),

$$
\begin{aligned}
u &= 1 + M^\alpha \overline{u}(x, y) + \cdots ; \\
v &= M^\alpha \overline{v}(x, y) + \cdots ; \\
p &= 1 \phantom{+ M^\alpha \overline{u}(x, y)} + M^{\alpha+2}\overline{p}(x, y) + \cdots ; \\
\rho &= 1 + M^\alpha \overline{\rho}(x, y) + \cdots ; \\
T &= 1 + M^\alpha \overline{T}(x, y) + \cdots ,
\end{aligned}
$$

(8.81)

oú $\alpha > 0$ reste indéterminé. Avec (8.81), on tire de (8.77) les équations suivantes pour $\overline{u}$, $\overline{v}$, $\overline{\rho}$, $\overline{p}$ et $\overline{T}$:

(8.82)
$$
\begin{cases}
\dfrac{\partial \overline{\rho}}{\partial x} + \dfrac{\partial \overline{u}}{\partial x} + \dfrac{\partial \overline{v}}{\partial y} = 0 ; \\[2mm]
\dfrac{\partial \overline{u}}{\partial x} + \dfrac{1}{\gamma} \dfrac{\partial \overline{p}}{\partial x} = 0 ; \\[2mm]
\dfrac{\partial \overline{v}}{\partial x} + \dfrac{1}{\gamma} \dfrac{\partial \overline{p}}{\partial y} = 0 ; \\[2mm]
\dfrac{\partial \overline{T}}{\partial x} = 0 ; \ \overline{\rho} = -\overline{T}
\end{cases}
$$

On constate ainsi, du fait des conditions (8.78b), que :

(8.83) $\overline{T} \equiv 0$ et $\overline{\rho} \equiv 0$,

et on peut donc introduire la fonction de courant $\overline{\psi}(x, y)$ telle que :

(8.84) $\overline{u} = \dfrac{\partial \overline{\psi}}{\partial y}$, $\overline{v} = -\dfrac{\partial \overline{\psi}}{\partial x}$.

On obtient ainsi, l'équation de Laplace pour $\overline{\psi}$:

(8.85) $\Delta_2 \overline{\psi} = 0$,

avec la condition $\overline{\psi}(-\infty, y) = 0$.

Nous avons donc la représentation extérieure suivante :

(8.86) $\psi = y + M^\alpha \overline{\psi} + \cdots$,

pour la fonction de courant $\psi(x, y)$ telle que :

$$
u = \rho^{-1} \frac{\partial \psi}{\partial y} \quad \text{et} \quad v = -\rho^{-1} \frac{\partial \psi}{\partial x} ,
$$

en accord avec (8.77a). Pour déterminer $\alpha > 0$ et obtenir ainsi une condition de glissement pour $\overline{\psi}$, il faut postuler l'existence d'une représentation intérieure, liée au cas (b) ; on écrira donc :

(8.87)
$$\begin{cases} u = \widehat{u}_0(x,\widehat{y}) + M^\alpha \widehat{u}(x,\widehat{y}) + \cdots ; \\ v = M^{b/2}\widehat{v}_0(x,\widehat{y}) + M^\sigma \widehat{v}(x,\widehat{y}) + \cdots ; \\ p = 1 + M^{\alpha+2}\widehat{p}(x,\widehat{y}) + \cdots ; \\ \rho = 1 + M^\alpha \widehat{\rho}(x,\widehat{y}) \cdots ; \\ T = 1 + M^\alpha \widehat{T}(x,\widehat{y}) + \cdots \end{cases}$$

oú $\sigma > 0$ est aussi un scalaire arbitraire.

Comme la paroi (la plaque plane semi-infinie) est dans le domaine de validité de la représentation intérieure, on doit être en mesure d'appliquer à T la condition écrite en (8.78a) avec la relation de similitude (8.79) ; ainsi on constate que nécessairement :

(8.88) $\alpha = 2.$

En substituant (8.87) dans les équations (8.77), on trouve pour $\widehat{u}_0$ et $\widehat{v}_0$ (ordre zéro en M) les équations de la couche limite de Blasius classique (incompressible) :

(8.89)
$$\begin{cases} \dfrac{\partial \widehat{u}_0}{\partial x} + \dfrac{\partial \widehat{v}_0}{\partial \widehat{y}} = 0 ; \\ \widehat{u}_0 \dfrac{\partial \widehat{u}_0}{\partial x} + \widehat{v}_0 \dfrac{\partial \widehat{u}_0}{\partial \widehat{y}} = \lambda_0 \dfrac{\delta^2 \widehat{u}_0}{\partial \widehat{y}^2} , \end{cases}$$

avec $\lambda_0 = \varepsilon^2/M^b$, d'après (8.80) et $\widehat{y} = y/M^{b/2}$, et il reste à déterminer le scalaire $b > 0$!

Précisons, tout de suite, que la solution de couche limite, (satisfaisant aux équations (8.89)), devra se raccorder (à l'ordre zéro en M) avec la solution de fluide parfait — c'est à dire, en accord avec la représentation (8.86), avec l'écoulement uniforme valable à l'infini amont ; c'est cela qui explique l'absence du gradient de pression au niveau des équations (8.89).

Des équations (8.89) on tire l'équation classique de Blasius, en posant :

$$\widehat{u}_0 = \frac{\partial \widehat{\psi}_0}{\partial \widehat{y}} , \; \widehat{v}_0 = -\frac{\partial \widehat{\psi}_0}{\partial x} , \; \widehat{\psi}_0(x,\widehat{y}) = \sqrt{x}\, \widehat{F}_0(\eta) ,$$

avec :

$$\eta = \widehat{y}/\sqrt{x} ,$$

et il vient l'équation suivante pour $\widehat{F}_0(\eta)$ (Blasius) :

(8.90) $2\lambda_0 \widehat{F}_0''' + \widehat{F}_0 \widehat{F}_0'' = 0.$

A cette équation (8.90) il faut associer les conditions :

(8.91) $\widehat{F}_0(0) = \widehat{F}_0'(0) = 0$

et aussi (condition de raccord) :

(8.92)
$$\widehat{F}_0'(\infty) = 1.$$

On constate que le cas $\lambda_0 \approx 1$ est le plus significatif et on va supposer dans ce qui suit que $\lambda \equiv 1$ $(\varepsilon^2 = M^b)$. Pour ce qui concerne le problème de Blasius, (8.90–92), on sait que d'une part :

(8.93)
$$\widehat{F}_0(\eta) \sim \eta - \beta_0 + \exp(-\eta^2), \quad \text{lorsque} \quad \eta \to +\infty,$$

avec $\beta_0 \cong 1,73$ et d'autre part :

(8.94)
$$\lim_{\eta \to +\infty} \widehat{v}_0 = \frac{\beta_0}{2\sqrt{x}}.$$

Maintenant, pour déterminer le scalaire $b > 0$ on va imposer à la solution extérieure (8.81), où $\alpha = 2$ (d'après le raisonnement fait avant (8.88)), d'être la "moins dégénérée" possible — cela veut dire qu'il faut associer à l'équation de Laplace (8.85) une condition non nulle sur $y = 0$. Cela sera bien le cas si on raccorde les v :

$$\lim_{y \to 0} (M^2 \overline{v}) = \lim_{\widehat{y} \to \infty} (M^{b/2} \widehat{v}_0),$$

ce qui est possible lorsque :

(8.95)
$$b = 4 \quad \to \quad \lambda_0 = \frac{\varepsilon^2}{M^4} \equiv \kappa_0.$$

Ainsi, il faut imposer à $\overline{\psi}(x, y)$ la condition :

(8.96)
$$\overline{\psi}(x, 0) = \begin{cases} 0 & , \quad x < 0, \\ -\beta_0 \sqrt{x} & , \quad 0 < x < +\infty, \end{cases}$$

puisque $\overline{v} = -\partial \overline{\psi}/\partial x$ et $\lim_{\widehat{y} \to +\infty} \widehat{v}_0 = \beta_0/2\sqrt{x}$ (x fixé), d'après (8.94) ; on note que $\eta \to +\infty$ veut dire (pour tout $x \neq 0$ et $x > 0$) que $\widehat{y} \to +\infty$.

La solution du problème (8.85),(8.96) satisfaisant aussi à la condition amont, $\overline{\psi}(-\infty, y) = 0$ est de la forme suivante :

(8.97)
$$\overline{\psi}(x, y) = -\beta_0 \text{Reel}\{\sqrt{(x + iy)}\}.$$

Ainsi, à ce stade (lorsque $\lambda_0 \equiv 1$) nous obtenons une double représentation pour la fonction de courant $\psi(x, y; M)$:

(8.98)
$$\psi = \begin{cases} y - \beta_0 M^2 \text{Reel}\{\sqrt{x + iy}\} + \cdots, & \text{extérieure} ; \\ M^2 \sqrt{x} \widehat{F}_0 \left(\dfrac{y}{\sqrt{x}\, M^2} \right) + \cdots, & \text{intérieure}. \end{cases}$$

Afin de tenir compte de la faible compressibilité ($\kappa_0 \approx 1$), il faut pousser plus loin au niveau de la représentation de couche limite. Pour cela on revient à (8.87), oú $\sigma > 0$ reste encore indéterminé. En substituant (8.87) dans les équations de départ (8.77), avec $1/Re = \kappa_0 M^4$ et $\widehat{y} = y/M^2$, on trouve à l'ordre M^2 les équations de la couche limite de faible compressibilité, à condition de faire le choix de $\sigma = 4$ (cas le plus significatif). Ainsi, on a les équations de couche limite suivantes pour $\widehat{u}$, $\widehat{v}$, $\widehat{p}$, et $\widehat{T}$:

(8.99a)
$$\frac{\partial \widehat{u}}{\partial x} + \frac{\partial \widehat{v}}{\partial \widehat{y}} = \widehat{u}_0 \frac{\partial \widehat{T}}{\partial x} + \widehat{v}_0 \frac{\partial \widehat{T}}{\partial \widehat{y}} \, ;$$

(8.99b)
$$\widehat{u}_0 \frac{\partial \widehat{u}}{\partial x} + \widehat{v}_0 \frac{\partial \widehat{u}}{\partial \widehat{y}} + \widehat{u} \frac{\partial \widehat{u}_0}{\partial x} + \widehat{v} \frac{\partial \widehat{v}_0}{\partial \widehat{y}}$$
$$+ \frac{1}{\gamma} \frac{\partial \widehat{p}}{\partial x} = \kappa_0 \frac{\partial^2 \widehat{u}}{\partial \widehat{y}^2} + \widehat{T} \left(\widehat{u}_0 \frac{\partial \widehat{u}_0}{\partial x} + \widehat{v}_0 \frac{\partial \widehat{u}_0}{\partial \widehat{y}} \right) \, ;$$

(8.99c)
$$\frac{\partial \widehat{p}}{\partial \widehat{y}} = 0 \, ;$$

(8.99d)
$$\widehat{u}_0 \frac{\partial \widehat{T}}{\partial x} + \widehat{v}_0 \frac{\partial \widehat{T}}{\partial \widehat{y}} = \kappa_0 \frac{\partial^2 \widehat{T}}{\partial \widehat{y}^2} + (\gamma - 1)\kappa_0 \left(\frac{\partial \widehat{u}_0}{\partial \widehat{y}} \right)^2 \, ;$$

(8.99e)
$$\widehat{\rho} = -\widehat{T} \, .$$

D'après (8.99a), on peut introduire la fonction de courant $\widehat{\psi}(x, \widehat{y})$, telle que :

(8.100)
$$\widehat{u} - \widehat{u}_0 \widehat{T} = \frac{\partial \widehat{\psi}}{\partial \widehat{y}} \quad \text{et} \quad \widehat{v} - \widehat{v}_0 \widehat{T} = -\frac{\partial \widehat{\psi}}{\partial x} \, ,$$

puisque $\partial \widehat{u}_0/\partial x + \partial \widehat{v}_0/\partial \widehat{y} = 0$. Ensuite, par analogie avec le cas classique de Blasius, on pose :

(8.101)
$$\widehat{\psi}(x, \widehat{y}) = \sqrt{x} \widehat{F}(\eta) \, .$$

Si maintenant on tient compte du raccord des pressions (à l'ordre M^4).

$$\widehat{p} \equiv \widehat{p}(x) = \overline{p}(x, 0) \equiv -\gamma \overline{u}(x, 0) = -\gamma \frac{\partial \overline{\psi}}{\partial y}(x, 0) = 0,$$

(puisque la solution (8.97) implique $\dfrac{\partial \overline{\psi}}{\partial y}(x, 0) = 0$), on obtient pour $\widehat{F}(\eta)$ l'équation suivante :

(8.102)
$$2\kappa_0 \widehat{F}''' + \widehat{F}_0 \widehat{F}'' + \widehat{F}_0'' \widehat{F} = \widehat{F}_0 \widehat{F}_0' \widehat{G}'$$
$$+ 2\kappa_0 [\widehat{F}' \widehat{G}'' + 2\widehat{F}_0'' \widehat{G}'] \, ,$$

où $\widehat{F}_0(\eta)$ satisfait au problème classique de Blasius (8.90),(8.92), tandis que la fonction $G(\eta) \equiv -\widehat{T}(x,\widehat{y})$ satisfait à l'équation (qui découle de (8.99d)) :

$$(8.103) \qquad 2\kappa_0 \widehat{G}'' + \widehat{F}_0 G' = 2\kappa_0(\gamma - 1)\left[\widehat{F}_0''\right]^2.$$

On notera que (8.103) est une équation représentative uniquement dans le cas de $\Xi(x) \equiv 1$, lorsque $0 < x < +\infty$. Dans ce cas, on peut associer à cette équation (8.103) les deux conditions suivantes :

$$(8.104) \qquad \widehat{G}(0) = -\Lambda_0 \quad \text{et} \quad \widehat{G}(\infty) = 0,$$

cette dernière condition découlant du raccord avec la solution extérieure (où $\overline{T} \equiv 0$).

A l'équation (8.102), pour $\widehat{F}(\eta)$, il faut associer les conditions homogènes :

$$(8.105) \qquad \widehat{F}(0) = \widehat{F}'(0) = 0 \quad \text{et} \quad \widehat{F}'(\infty) = 0,$$

puisque $\dfrac{\partial \overline{\psi}}{\partial y}(x,0) = 0$.

Lorsque $\kappa_0 \equiv 1$ (cas le plus significatif) on trouve la solution de (8.103) avec (8.104), sous la forme explicite suivante :

$$(8.106) \qquad G(\eta) = -\Lambda_0 + \left(\Lambda_0 - \frac{\gamma - 1}{2}\right)\widehat{F}_0'(\eta) + \frac{\gamma - 1}{2}\widehat{F}_0'^2(\eta),$$

qui est bien déterminée, une fois que la solution de Blasius a été calculée. En définitive, lorsque $\kappa_0 \equiv 1$, il nous faut résoudre le problème suivant, pour $\widehat{F}(\eta)$:

$$(8.107) \qquad \begin{cases} 2\widehat{F}''' + \widehat{F}_0\widehat{F}'' + \widehat{F}_0''\widehat{F} \\ = 2\widehat{F}''^2[2\Lambda_0 + (\gamma - 1)(3\widehat{F}_0' - 1)]; \\ \widehat{F}(0) = \widehat{F}'(0) = \widehat{F}'(\infty) = 0. \end{cases}$$

Le coefficient de frottement à la paroi de la plaque plane semi-infinie c_f peut alors se calculer à l'aide de la formule :

$$(8.108) \qquad \begin{aligned} c_f &\cong 0,6641\, Re_{x^*}^{-1/2}[1 + \Lambda_0 M^2] \\ &+ 2Re_{x^*}^{-1/2}M^2\widehat{F}''(0) + \cdots, \end{aligned}$$

où $Re_{x^*} = \dfrac{U_0 x^*}{\nu_0}$ est le Reynolds local lié à l'abscisse dimensionnée x^*. Le calcul montre que $(*)$: $\widehat{F}''(0) \cong -0,403$. La faible compressibilité au niveau du c_f, calculée à partir de (8.108), intervient par l'intermédiaire de deux termes (proportionnels à M^2), l'un lié à Λ_0, et l'autre à $\widehat{F}''(0)$.

(*) Voir l'article de Godts et Zeytounian (1990).

Chapitre IX

LES MODÈLES POUR LES ÉCOULEMENTS ATMOSPHÉRIQUE ET OCÉANIQUE

On trouvera dans nos deux livres (Zeytounian(1990) et (1991)) un panorama assez complet des modèles asymptotiques pour les écoulements atmosphériques.

Nous nous limiterons, ici, pour ce qui concerne l'atmosphère, à deux modèles : celui dit "de Boussinesq" et celui dit "quasi-géostrophique" qui est obtenu à partir des équations dites "primitives".

Pour ce qui concerne l'océan, nous considérons le système (exact) de départ (1.39), et nous présentons une analyse basée sur la MEM (analogue à celle du § 5.5) qui permet de mettre en évidence un système dynamique à trois équations ; divers résultats numériques liés au caractère chaotique de ce SD sont présentés.

9.1. Les équations modèles de Boussinesq

Nous revenons aux équations (2.18), sous les conditions :

$$\varepsilon_0 \equiv 1 \,, \; Ro \equiv \infty \quad \text{et} \quad \beta \equiv 0 \,.$$

Lorsque $\mathbf{u} = 0$ et $w = 0$ au niveau des équations (2.18) on retrouve l'état de base (indice "s"), fonction uniquement de $z_s = Boz$ (avec des grandeurs *sans* dimensions) :

$$(9.1) \qquad \frac{dp_s}{dz_s} + \rho_s = 0 \quad , \quad p_s = \rho_s T_s \,,$$

mais en atmosphère adiabatique ($Re \equiv \infty$). Pour obtenir le modèle (asymptotique) de Boussinesq il est judicieux d'introduire, comme au § 8.1 les perturbations thermodynamiques (relativement à l'état de repos) :

$$(9.2) \qquad \begin{cases} \pi = \dfrac{p - p_s(z_s)}{p_s(z_s)} \,, \\[2mm] \omega = \dfrac{\rho - \rho_s(z_s)}{\rho_s(z_s)} \,, \\[2mm] \theta = \dfrac{T - T_s(z_s)}{T_s(z_s)} \,. \end{cases}$$

En substituant (9.2), à la place de p, ρ et T, et en tenant compte de (9.1), il vient pour $\mathbf{u} = \mathbf{v} + w\mathbf{k}$, π, ω et θ, les équations (*exactes*) suivantes :

(9.3a)
$$(1+\omega)S\frac{D\mathbf{u}}{Dt} + \frac{T_s(z_s)}{\gamma M_\infty^2}\nabla\pi = (1+\omega)\frac{Bo}{\gamma M_\infty^2}\theta\mathbf{k}\,;$$

(9.3b)
$$S\frac{D\omega}{Dt} + (1+\omega)\,(\nabla.\mathbf{u}) = (1+\omega)\frac{Bo}{T_s(z_s)}\Big[1 + \frac{dT_s}{dz_s}\Big]\mathbf{u}.\mathbf{k}\,;$$

(9.3c)
$$(1+\omega)S\frac{D\theta}{Dt} - \frac{\gamma-1}{\gamma}S\frac{D\pi}{Dt} + (1+\pi)\frac{Bo}{T_s(z_s)}\Big[\frac{\gamma-1}{\gamma} + \frac{dT_s}{dz_s}\Big]\mathbf{u}.\mathbf{k} = 0\,;$$

(9.3d)
$$\pi = \omega + \theta + \omega\theta\,.$$

On notera que :
$$S\frac{D}{Dt} = u\frac{\partial}{\partial x} + v\frac{\partial}{\partial y} + w\frac{\partial}{\partial z} + S\frac{\partial}{\partial t} \equiv S\frac{\partial}{\partial t} + \mathbf{u}.\nabla$$
$$\text{et}\quad \nabla = \left(\frac{\partial}{\partial x}, \frac{\partial}{\partial y}, \frac{\partial}{\partial z}\right)\,;\ \mathbf{u}.\mathbf{k} \equiv w, \mathbf{v} = (u,v)\,.$$

Pour obtenir les équations limites de Boussinesq, selon Zeytounian (1974), il faut supposer que le nombre de Mach M_∞ *et* le nombre de Boussinesq Bo, sont tout les deux *petits* devant un. Il faut donc considérer le double passage à la limite :

(9.4) $M_\infty \to 0$ *et* $Bo \to 0$ pour t, x, y et z fixés.

Mais cela n'est pas tout ; il faut encore postuler que la relation de similitude suivante :

(9.5)
$$\frac{Bo}{M_\infty} = \widehat{B} \cong 1$$

est satisfaite. On notera que, étant donné la relation $z_s = Boz$ ou encore $z_s = \widehat{B}M_\infty z$, il vient aussi :

(9.6) $z_s \to 0$,   avec $M_\infty \to 0$,

lorsque t, x, y et z sont *fixés*.

De plus, comme on travaille avec des grandeurs sans dimensions, il est clair que : $T_s(z_s) \to 1$, pour $z_s \to 0$ $(T_s(0) \equiv 1)$.

Un peu de réflexion conduit à la représentation significative suivante, pour $\mathbf{u}$, π, ω et θ, en relation avec (9.4–5).

(9.7)
$$\begin{cases} \mathbf{u} = \mathbf{u}_B + \cdots, \pi = M_\infty^2\pi_B + \cdots, \\ \omega = M_\infty\omega_B + \cdots, \theta = M_\infty\theta_B + \cdots. \end{cases}$$

Par substitution, de (9.7) dans les équations (9.3), on obtient en tenant compte de (9.4–6), les équations dites *"de Boussinesq"* (non visqueuses, adiabatiques) pour $\mathbf{u}_B$, π_B et θ_B :

$$(9.8) \qquad \begin{cases} S\dfrac{D\mathbf{u}_B}{Dt} + \dfrac{1}{\gamma}\nabla\pi_B = \dfrac{\widehat{B}}{\gamma}\theta_B\mathbf{k}\,; \\[2mm] \nabla.\mathbf{u}_B = 0\,; \\[2mm] S\dfrac{D\theta_B}{Dt} + \widehat{B}\Gamma^0_\infty w_B = 0\,, \end{cases}$$

où $w_B \equiv \mathbf{u}_B.\mathbf{k}$ et

$$(9.9) \qquad \Gamma^0_\infty = \frac{\gamma-1}{\gamma} + \left(\frac{dT_s}{dz_s}\right)_{z_s=0} = \text{constante.}$$

Ensuite, on trouve :

$$(9.10) \qquad \omega_B = -\theta_B\,.$$

Notons, une fois de plus, que les équations modèles de Boussinesq (9.8) sont obtenues sous la condition de similitude (9.5) ; cela veut dire que :

$$(9.11) \qquad \frac{\dfrac{gH_0}{RT_s(0)}}{U_0\Big/\sqrt{\gamma RT_s(0)}} = \widehat{B} \Rightarrow H_0 = \widehat{B}\frac{U_0}{g}\sqrt{\frac{RT_s(0)}{\gamma}}\,.$$

Dans l'atmosphère, cela implique que pour $\widehat{B} \approx 1$, on doit avoir $H_0 \approx 10^3$m, ce qui est une contrainte assez sévère sur l'échelle verticale des mouvements atmosphériques . On peut aisément se convaincre que dans le cas visqueux, conducteur de la chaleur, il faut à la place de (9.8), utiliser les équations de Boussinesq suivantes :

$$(9.12) \qquad \begin{cases} S\dfrac{D\mathbf{u}_B}{Dt} + \nabla\left(\dfrac{\pi_B}{\gamma}\right) - \dfrac{\widehat{B}}{\gamma}\theta_B\mathbf{k} = \dfrac{1}{Re}\nabla^2\mathbf{u}_B\,; \\[2mm] \nabla.\mathbf{u}_B = 0\,; \\[2mm] S\dfrac{D\theta_B}{Dt} + \widehat{B}\Gamma^0_\infty w_B = \dfrac{1}{Pr}\dfrac{1}{Re}\nabla^2\theta_B\,, \end{cases}$$

en admettant que Re et Pr restent fixés, sous les contraintes (9.4–7).

Aux équations (9.12) on pourra imposer, sur une paroi $z = 0$ (par analogie avec (2.5)), la condition suivante sur θ_B :

$$(9.13) \qquad \theta_B = \Lambda\Xi(t,x,y), \quad \text{sur} \quad z = 0,$$

où $\Lambda = \tau_0/M_\infty = \dfrac{\gamma-1}{\gamma}\dfrac{M_\infty}{Ec} \approx 1$. Ainsi, le nombre d'Eckert Ec doit-être du même ordre que $M_\infty \ll 1$. Naturellement, les équations de Boussinesq ne peuvent pas être représentatives au voisinage de $t = 0$, du fait de la perte du terme $\partial \omega_B / \partial t$ au niveau des équations limites de Boussinesq (plus précisément, au niveau de l'équation de continuité). Il faut donc considérer une couche initiale au voisinage de $t = 0$ et ensuite raccorder cette dernière avec la couche principale "à la Boussinesq", où les équations de Boussinesq restent valables. Cette question a été résolue par Zeytounian (1984). On trouvera au Chapitre 8 de Zeytounian (1990), un exposé relativement complet sur l'approximation de Boussinesq. Pour notre part, nous n'irons pas plus loin ici dans cette direction.

9.2. Les équations dites "primitives"

Revenons aux équations (2.18) du Chapitre II, et considérons le passage à la limite *hydrostatique*:

$$(9.14) \qquad\qquad \varepsilon_0 \to 0, \quad \text{avec} \quad t, x, y \quad \text{et} \quad z \quad \text{fixés}.$$

Les équations limites qui résultent de (9.14) sur (2.18) peuvent alors s'écrire sous la forme suivante:

$$(9.15) \quad \begin{cases} S\dfrac{D\rho}{Dt} + \rho\left(\dfrac{\partial u}{\partial x} + \dfrac{\partial v}{\partial y} + \dfrac{\partial w}{\partial z}\right) = 0\,; \\[2mm] \rho\left[S\dfrac{Du}{Dt} - \left(\dfrac{1}{R_0} + \beta y\right)v\right] + \dfrac{1}{\gamma M_\infty^2}\dfrac{\partial p}{\partial x} = 0\,; \\[2mm] \rho\left[S\dfrac{Dv}{Dt} + \left(\dfrac{1}{R_0} + \beta y\right)u\right] + \dfrac{1}{\gamma M_\infty^2}\dfrac{\partial p}{\partial y} = 0\,; \\[2mm] \dfrac{1}{\rho}\dfrac{\partial p}{\partial z} + Bo = 0\,; \\[2mm] S\rho\dfrac{DT}{dt} - \dfrac{\gamma - 1}{\gamma}S\dfrac{Dp}{Dt} = 0\,; \\[2mm] p = \rho T\,, \end{cases}$$

où $S\dfrac{D}{Dt} = S\dfrac{\partial}{\partial t} + u\dfrac{\partial}{\partial x} + v\dfrac{\partial}{\partial y} + w\dfrac{\partial}{\partial z}$.

Habituellement ces équations (9.15) sont réécrites dans un système de coordonnées dit "pression", en tirant profit de l'équation (Eliassen (1949)):

$$(9.16) \qquad \frac{1}{\rho}\frac{\partial p}{\partial z} + Bo = 0 \Rightarrow \frac{\partial}{\partial z} = -Bo\rho\frac{\partial}{\partial p}\,.$$

L'idée est de passer des coordonnées d'espace (x, y, z) aux nouvelles coordonnées (x, y, p). Les formules de passage sont les suivantes:

$$(9.17) \quad \begin{array}{l} \dfrac{\partial}{\partial x} = \dfrac{\partial}{\partial x} + Bo\rho\dfrac{\partial \mathcal{H}}{\partial x}\dfrac{\partial}{\partial p}\,;\; \dfrac{\partial}{\partial y} = \dfrac{\partial}{\partial y} + Bo\rho\dfrac{\partial \mathcal{H}}{\partial y}\dfrac{\partial}{\partial p}\,; \\[3mm] \dfrac{\partial}{\partial z} = -Bo\rho\dfrac{\partial}{\partial p}\,,\; S\dfrac{\partial}{\partial t} = S\dfrac{\partial}{\partial t} + SBo\rho\dfrac{\partial \mathcal{H}}{\partial t}\dfrac{\partial}{\partial p}\,, \end{array}$$

avec $z = \mathcal{H}(t, x, y, p)$ l'altitude locale d'une surface isobarique (p =const) au-dessus d'un sol plat ($z = 0$). Comme conséquence de (9.17) on aura l'expression suivante pour $S\dfrac{D}{Dt}$:

(9.18)
$$
\begin{aligned}
S\frac{D}{Dt} &= S\frac{\partial}{dt} + u\frac{\partial}{\partial x} + v\frac{\partial}{\partial y} + Bo\rho\Big(S\frac{\partial \mathcal{H}}{\partial t} \\
&\quad + u\frac{\partial \mathcal{H}}{\partial x} + v\frac{\partial \mathcal{H}}{\partial y} - w\Big)\frac{\partial}{\partial p} \\
&= S\frac{\partial}{\partial t} + u\frac{\partial}{\partial x} + v\frac{\partial}{\partial y} + \omega\frac{\partial}{\partial p}
\end{aligned}
$$

après avoir introduit la nouvelle fonction,

$$
\omega \equiv S\frac{Dp}{Dt} = Bo\rho \left(S\frac{\partial \mathcal{H}}{\partial t} + u\frac{\partial \mathcal{H}}{\partial y} + v\frac{\partial \mathcal{H}}{\partial y} - w \right) .
$$

Ainsi, les équations (9.15) peuvent s'écrire sous la forme suivante :

(9.19)
$$
\begin{cases}
\dfrac{\partial u}{\partial x} + \dfrac{\partial v}{\partial y} + \dfrac{\partial \omega}{\partial p} = 0 ; \\[2mm]
S\dfrac{\partial \mathbf{v}}{\partial t} + (\mathbf{v}.\mathbf{D})\mathbf{v} + \omega\dfrac{\partial \mathbf{v}}{\partial p} \\[2mm]
\quad + \left(\dfrac{1}{R_0} + \beta y \right)(\mathbf{k} \wedge \mathbf{v}) \\[2mm]
\quad + \dfrac{Bo}{\gamma M_\infty^2}\mathbf{D}\mathcal{H} = 0 ; \\[2mm]
T = -Bo\rho\dfrac{\partial \mathcal{H}}{\partial p} ; \\[2mm]
S\dfrac{\partial T}{\partial t} + \mathbf{v}.\mathbf{D}T + \omega\left(\dfrac{\partial T}{\partial p} - \dfrac{\gamma - 1}{\gamma}\dfrac{T}{p} \right) = 0 ,
\end{cases}
$$

où $\mathbf{D} = \left(\dfrac{\partial}{\partial x}, \dfrac{\partial}{\partial y} \right)$ et $\mathbf{v} = (u, v)$. Les équations (9.19) sont les *équations*, dites *primitives* du Météorologue. Ces équations primitives servent de support théorique pour le calcul numérique du temps à courte échéance (3–4 jours). A ces équations primitives (9.19), nous devons associer la condition de glissement suivante :

(9.20)
$$
\omega = Bo\rho \left(S\frac{\partial \mathcal{H}}{\partial t} + \mathbf{v}.\mathbf{D}\mathcal{H} \right) \quad , \quad \text{sur} \quad \mathcal{H} = 0 .
$$

Une fois de plus, les équations primitives (9.19) (issues du passage à la limite $\varepsilon \to 0$ à t fixé) ne sont pas valables au voisinage de l'instant initial $t = 0$, du fait de la perte de la dérivée partielle en temps au niveau de l'équation de continuité. Il faut donc introduire une couche initiale afin de pouvoir *initialiser* les équations primitives (9.19) ; cette question a été résolue par Guiraud et Zeytounian (1982). Tout le Chapitre 7 de Zeytounian (1990), est consacré à l'approximation hydrostatique.

9.3. L'équation modèle dite "quasi-géostrophique"

Le point de départ est, dans ce cas, le système (9.19) du § 9.2. A la place du nombre de Rossby Ro on fait intervenir le nombre de Kibel :

$$Ki = SRo$$

et on peut mettre le système (9.19) sous la forme équivalente suivante :

$$(9.21) \qquad\qquad \mathbf{D}.\mathbf{v} + \frac{\partial \omega}{\partial p} = 0\,;$$

$$(9.22) \qquad
\begin{aligned}
&Ki\Big\{\frac{\partial \mathbf{v}}{\partial t} + \frac{1}{S}\Big[\mathbf{v}.\mathbf{D}\mathbf{v} + \omega\frac{\partial \mathbf{v}}{\partial p}\Big]\Big\} \\
&+ \Big(1 + \frac{\beta}{S}Ki\,y\Big)(\mathbf{k}\wedge\mathbf{v}) + \frac{\lambda_0 Bo}{Ki}\mathbf{D}\mathcal{H} = 0\,;
\end{aligned}$$

$$(9.23) \qquad\qquad T = -Bo\, p\frac{\partial \mathcal{H}}{\partial p}\,;$$

$$(9.24) \qquad \frac{\partial T}{\partial t} + \frac{1}{S}\left[\mathbf{v}.\mathbf{D}T + \omega\left(\frac{\partial T}{\partial p} - \frac{\gamma-1}{\gamma}\frac{T}{p}\right)\right] = 0,$$

oú :

$$(9.25) \qquad\qquad \lambda_0 = \frac{1}{\gamma S}\left(\frac{Ki}{M_\infty}\right)^2.$$

Les équations (9.21–24), avec (9.25), sont écrites sous une forme adéquate pour l'étude des écoulements atmosphériques à *faible nombre de Kibel*, lorsque la force de Coriolis joue un rôle dominant.

Pour obtenir l'équation modèle quasi–géostrophique, qui caractérise les écoulements à $Ki \ll 1$, il faut considérer le passage à la limite suivant :

$$(9.26) \qquad Ki \to 0 \quad \text{et} \quad M_\infty \to 0 \quad \text{avec} \quad t, x, y \quad \text{et} \quad p \quad \text{fixés}$$

de telle façon que :

$$(9.27) \qquad\qquad \lambda_0 \cong 1,$$

oú λ est exprimé par (9.25). Avec (9.26) et (9.27), il faut postuler la représentation :

$$(9.28) \qquad
\left\{
\begin{aligned}
&\mathbf{v} = \mathbf{v}_{qg} + Ki\,\mathbf{v}_{ag} + \cdots\,; \\
&\omega = Ki\,\omega_{qg} + \cdots\,; \\
&\mathcal{H} = \mathcal{H}_0(p) + Ki\,\mathcal{H}_{qg} + Ki^2\,\mathcal{H}_{ag} + \cdots\,; \\
&T = T_0(p) + Ki\,T_{qg} + \cdots
\end{aligned}
\right.$$

et on notera que

$$\rho = \frac{p}{T}.$$

Si $T_0(p)$ est la température liée à l'état hydrostatique, alors :

$$(9.29) \qquad \mathcal{H}_0(p) = Bo \int_1^p \frac{T_0(q)}{q}\, dq,$$

puisque on a la condition $\mathcal{H}_0(1) = 0$ lorsque $Ki \to 0$. Précisons, que lorsque $Ki \to 0$, alors $\mathcal{H} = 0$ devient

$$\mathcal{H}_0(p) + Ki\, \mathcal{H}_{qg} + \cdots = 0,$$

ou encore, en résolvant relativement à la pression p :

$$(9.30) \qquad p = p_s(t, x, y; Ki) = p_{s0} + Ki p_{s1} + \cdots.$$

Le terme constant p_{s0}, de (9.30), peut être pris égal à l'unité (avec des variables sans dimensions) et dans ce cas $p = 1$ est solution de $\mathcal{H}_0(p) = 0$. De plus, on aura que :

$$(9.31) \qquad p_{s1}(t, x, y) = - \left\{ \frac{\mathcal{H}_{qg}}{d\mathcal{H}_0/dp} \right\}_{p=1}$$

Par substitution de (9.28) dans les équations (9.21) à (9.24) on trouve, tout d'abord.

$$(9.32) \qquad \mathbf{k} \wedge \mathbf{v}_{qg} + \lambda_0 Bo \mathbf{D} \mathcal{H}_{qg} = 0$$

ou encore

$$(9.33) \qquad \mathbf{v}_{qg} = \lambda_0 Bo\, (\mathbf{k} \wedge \mathbf{D} \mathcal{H}_{qg}),$$

qui est la relation dite "géostrophique" du Synopticien (spécialiste de la métérologie "qualitative"). Ensuite, toujours de (9.22), on a :

$$(9.34) \qquad \mathbf{v}_{ag} = \mathbf{k} \wedge \left\{ Bo\lambda_0 \mathbf{D} \mathcal{H}_{ag} + \frac{\partial \mathbf{v}_{qg}}{\partial t} \right.$$
$$\left. + \frac{1}{S} \mathbf{v}_{qg} . \mathbf{D} \mathcal{H}_{qg} \right\} - \frac{\beta}{S} y \mathbf{v}_{qg}.$$

L'équation (9.21) donne :

$$(9.35) \qquad \mathbf{D}.\mathbf{v}_{qg} = 0 \quad \text{et} \quad \mathbf{D}.\mathbf{v}_{ag} + \frac{\partial \omega_{qg}}{\partial p} = 0,$$

et on note que la première des équations (9.35) est compatible (puisque $\lambda_0 = $ constante) avec (9.33).

De (9.23) on a :

$$(9.36) \qquad T_{qg} = -Bop \frac{\partial \mathcal{H}_{qg}}{\partial p}$$

et l'équation (9.24), donne une relation pour ω_{qg} :

$$
\begin{aligned}
(9.37) \qquad \omega_{qg} &= \frac{p}{K_0(p)} \Big[S \frac{\partial T_{qg}}{\partial t} + \mathbf{v}_{qg}.\mathbf{D} T_{qg} \Big] \\
&= -Bo \frac{p^2}{K_0(p)} \Big[S \frac{\partial}{\partial t} + \mathbf{v}_{qg}.\mathbf{D} \Big] \frac{\partial \mathcal{H}_{qg}}{\partial p} \,,
\end{aligned}
$$

oú, par définition,

$$
(9.38) \qquad K_0(p) = T_0(p) \Big[\frac{\gamma - 1}{\gamma} - p \frac{d \operatorname{Log} T_0}{dp} \Big]
$$

et on suppose que $K_0(p) \neq 0$.

Maintenant, tout est en place pour obtenir l'équation (principale) du modèle dit quasi-géostrophique. A cette fin, il faut utiliser la seconde des équations (9.35), avec (9.34) et (9.37). Le résultat est l'équation de compatibilité suivante :

$$
\begin{aligned}
(9.39) \qquad & \Big\{ \frac{\partial}{\partial t} + \frac{Bo\lambda_0}{S} \Big(\frac{\partial \mathcal{H}_{qg}}{\partial x} \frac{\partial}{\partial y} - \frac{\partial \mathcal{H}_{qg}}{\partial y} \frac{\partial}{\partial x} \Big) \Big\} \Lambda \mathcal{H}_{qg} \\
& + \frac{\beta}{S} \frac{\partial \mathcal{H}_{qg}}{\partial \dot{x}} = 0 \,,
\end{aligned}
$$

qui est une équation pour $\mathcal{H}_{qg}$ (qui reste indéterminée au niveau de (9.33)). Au niveau de (9.39) l'opérateur Λ est un opérateur elliptique :

$$
(9.40) \qquad \Lambda = \lambda_0 \mathbf{D}^2 + S \frac{\partial}{\partial p} \Big(\frac{p^2}{K_0(p)} \frac{\partial}{\partial p} \Big) \,,
$$

puisque, dans les cas usuels on a toujours $K_0(p) > 0$. On constate que l'équation (9.39) ne fait intervenir qu'une seule dérivée partielle en t relativement à $\mathcal{H}_{qg}$. Les équations primitives (9.21–24) faisait, elles, intervenir trois dérivations partielles en t (pour $\mathbf{v} = (u, v)$ et T. Il y a donc une forte dégénérescence en t ; ce qui veut dire que l'équation (9.39) tombe en défaut au voisinage de $t = 0$; on est en présence d'un problème de perturbation singulière lorsque $Ki \to 0$ et il faut résoudre (au voisinage de $t = 0$) le problème dit "de l'adaptation au géostrophisme" ; on pourra au sujet des problèmes d'adaptation instationnaire consulter le Chapitre V de Zeytounian (1991 ; m4).

Pour l'équation (9.39), on doit écrire une condition de glissement en $p = 1$ (sol plat). A cette fin il faut utiliser l'expression de ω_{qg}, d'après (9.37), et la condition (9.20). On obtient alors, après quelque calculs simples, la condition suivante :

$$
\begin{aligned}
(9.41) \qquad & \frac{\partial \mathcal{H}_{qg}}{\partial t} + \frac{1}{Bo} \frac{T_0(1)}{K_0(1)} \Big[\frac{\partial}{\partial t} + \frac{\lambda_0}{S} \Big(\frac{\partial \mathcal{H}_{qg}}{\partial x} \frac{\partial}{\partial y} \\
& - \frac{\partial \mathcal{H}_{qg}}{\partial y} \frac{\partial}{\partial x} \Big) \Big] \frac{\partial \mathcal{H}_{qg}}{\partial p} = 0 \,, \quad \text{sur} \quad p = 1 \,.
\end{aligned}
$$

La théorie des écoulements à $Ki \to 0$ a été analysée en détail, jusqu'à l'ordre Ki^2, par Guiraud et Zeytounian (1980). Pour une vue plus physique et des références historiques on peut consulter le petit livre (en tout point remarquable) de Monin (1972).

On notera, enfin, que la condition (9.41) peut être modifiée afin d'inclure les effets de couche d'Eckman qui apparaissent au voisinage du sol, lorsque $Ki \to 0$. Au sujet de la couche d'Eckman et du raccord avec la région quasi-géostrophique (non visqueuse) on pourra consulter le Chapitre VII de Zeytounian (1991 ; m4).

9.4. Analyse asymptotique et numérique du modèle isochore pour l'océan

Nos équations exactes de départ sont celles écrites en (1.39) au Chapitre I. On considère, ici, le cas de l'écoulement plan :

$$x, z; \frac{\partial}{\partial y} \equiv 0 ;\ u, w ;\ v \equiv 0,$$

et de plus, on ne tient pas compte de la force de Coriolis ($\Omega_0 \equiv 0$). Sous ces conditions, l'équation d'incompressibilité :

$$\frac{\partial u}{\partial x} + \frac{\partial w}{\partial z} = 0,$$

permet d'introduire la fonction de courant $\psi(t, x, z)$ telle que :

$$(9.42) \qquad u = -\frac{\partial \psi}{\partial z} ,\ w = +\frac{\partial \psi}{\partial x} .$$

Comme conséquence de (9.42), après élimination de la pression p au niveau de l'équation du mouvement (seconde des équations (1.39)), on trouve pour ψ et ρ le système de deux équations (avec des dimensions) suivant :

$$(9.43) \qquad \rho \frac{D}{Dt}(\Delta_2 \psi) + \frac{\partial \rho}{\partial x}\frac{D}{Dt}\left(\frac{\partial \psi}{\partial x}\right) + \frac{\partial \rho}{\partial z}\frac{D}{Dt}\left(\frac{\partial \psi}{\partial z}\right)$$
$$+ g\frac{\partial \rho}{\partial x} = \mu \Delta_2(\Delta_2 \psi) + \mathcal{H}(\psi; \mu) ;$$

$$(9.44) \qquad \frac{D\rho}{Dt} = 0,$$

$$\text{où}\quad \Delta_2 = \frac{\partial^2}{\partial x^2} + \frac{\partial^2}{\partial z^2} ,\quad \text{et}\quad \frac{D}{Dt} = \frac{\partial}{\partial t} + \frac{\partial \psi}{\partial x}\frac{\partial}{\partial z} - \frac{\partial \psi}{\partial z}\frac{\partial}{\partial x} .$$

La fonction $\mathcal{H}(\psi; \mu)(\equiv 0,$ lorsque $\mu \equiv$ constante) n'interviendra pas par la suite lors de l'obtention du système dynamique (SD) associé aux équations (9.43–44) ; c'est pour cela que nous ne l'expliciterons pas ici.

Dans l'écoulement de base, de vitesse constante :

$$(9.45a) \qquad u = U_\infty^0 = \text{ constante et } w = 0$$

la masse volumique est supposée être de la forme suivante :

$$(9.45b) \qquad \rho = \rho_\infty(z) = \rho_\infty(0) \exp(-\alpha z),$$

oú $\rho_\infty(0)$ et α sont des constantes positives. Dans ce cas, la fréquence de Brunt-Väisälä associée, N_∞, est constante :

$$(9.46) \qquad N_\infty = \left[-\frac{g}{\rho_\infty} \frac{d\rho_\infty}{dz} \right]^{1/2} = (\alpha g)^{1/2} \equiv N_\infty^0 = \text{ constante} .$$

Comme $\alpha > 0$, par l'hypothèse, la grandeur

$$(9.47) \qquad H_\infty = 1/\alpha$$

est une longueur caractéristique (verticale) liée à la stratification stable.

* L'étape suivante consiste à la mise sous forme sans dimension. On introduit les grandeurs adimensionnelles :

$$(9.48) \qquad \begin{aligned} &\overline{x} = x/L_0 , \quad \overline{z} = z/L_0 , \quad \overline{\psi} = \psi/U_\infty^0 L_0 , \quad \overline{\rho} = \frac{\rho}{\rho_0} \\ &\overline{t} = t/L_0/U_\infty^0 , \quad \overline{\rho}_\infty(\overline{z}) = \frac{\rho_\infty(L_0\overline{z})}{\rho_\infty(0)} , \quad \overline{\mu} = \frac{\mu}{\mu_0} , \end{aligned}$$

et on fait le choix suivant :

$$\rho_0 = Fr^2 \rho_\infty(0) \, ; \, \mu_0 = Fr^2 \mu_\infty(0) ,$$

avec :

$$(9.49) \qquad Fr = U_\infty^0 / \sqrt{gL_0} ,$$

le nombre de Froude (basé sur L_0). On notera la relation suivante :

$$(9.50) \qquad \alpha L_0 / Fr^2 = (L_0/H_\infty)/Fr^2 = \frac{(N_\infty^0)^2}{(U_\infty^0/L_0)^2} \equiv \left(\overline{N}_\infty^0 \right)^2 ,$$

qui fait apparaître le nombre sans dimension $\overline{N}_\infty^0$ lié à la fréquence de Brunt-Väisälä, d'après (9.46).

Le nombre de Reynolds, pour notre problème, est de la forme suivante :

$$(9.51) \qquad Re = \frac{U_\infty^0 L_0}{\mu_\infty(0)/\rho_\infty(0)} .$$

Dans ce qui suit, on représente ρ et μ sous la forme suivante :

$$(9.52) \qquad \begin{aligned} &\rho = \rho_\infty(0)\overline{\rho}_\infty(\overline{z}) \left[1 + Fr^2 \overline{\rho}/\overline{\rho}_\infty(\overline{z}) \right] ; \\ &\mu = \mu_\infty(0) \left[1 + Fr^2 \overline{\mu} \right] . \end{aligned}$$

De même on a, pour la fonction de courant ψ :

$$(9.53) \qquad \psi = U_\infty^0 L_0(-\overline{z} + \overline{\varphi}) ,$$

oú $\overline{\varphi}$ est la perturbation (sans dimension) liée à la fonction de courant $\overline{\psi}$.

** Maintenant, en accord avec la théorie des ondes faiblement non linéaires, on postule que :

$$(9.54) \qquad \overline{\rho}/\overline{\rho}_\infty(\overline{z}_\infty) = \varepsilon\widehat{\rho}, \quad \overline{\mu} = \varepsilon\widehat{\mu}, \quad \overline{\varphi} = \varepsilon\widehat{\varphi},$$

oú $\varepsilon \ll 1$ caractérise l'amplitude (faible) des ondes. Mais, pour que la théorie soit cohérente (en un sens asymptotique), il faut aussi admettre les deux relations de similitude :

$$(9.55) \qquad \varepsilon Re = \widehat{Re} \quad \text{et} \quad \frac{L_0}{H_\infty} = \varepsilon\widehat{\alpha},$$

oú $\widehat{Re}$ et $\widehat{\alpha}$ sont deux paramètres de similitude. Dans ce cas, en accord avec(9.50), on a aussi (*) :

$$(9.56) \qquad \widehat{\alpha} = \frac{Fr^2}{\varepsilon}\left(\overline{N}_\infty^0\right)^2.$$

On notera que, d'après (9.45) et (9.48),

$$(9.57) \qquad \frac{1}{\overline{\rho}_\infty(\overline{z})} = \exp(\varepsilon\widehat{\alpha}\,\overline{z}) \cong 1 + \varepsilon\widehat{\alpha}\,\overline{z} + O(\varepsilon^2).$$

Après substitution des grandeurs sans dimensions dans les équations (9.43) et (9.44), et en tenant compte des relations ci-dessus (de(9.49) à (9.57)), on arrive, après une série de calculs assez simples, aux équations suivantes adimentionnelles pour $\widehat{\rho}$ et $\widehat{\psi}$:

$$(9.58a) \qquad \begin{aligned} &\left(\frac{\partial}{\partial\overline{t}} + \frac{\partial}{\partial\overline{x}}\right)\left\{\overline{\Delta}_2\widehat{\varphi} - \varepsilon\widehat{\alpha}\frac{\partial\widehat{\varphi}}{\partial\overline{z}}\right\} + \frac{\partial\widehat{\rho}}{\partial\overline{z}} \\ &\quad + \mathcal{J}(\widehat{\varphi};\overline{\Delta}_2\widehat{\varphi}) - \frac{1}{\widehat{Re}}\overline{\Delta}_2(\overline{\Delta}_2\widehat{\varphi}) \\ &\quad + O(\varepsilon^2) = 0; \end{aligned}$$

$$(9.58b) \qquad \begin{aligned} &\left(\frac{\partial}{\partial\overline{t}} + \frac{\partial}{\partial\overline{x}}\right)\widehat{\rho} - \left(\overline{N}_\infty^0\right)^2\frac{\partial\widehat{\varphi}}{\partial\overline{x}} = \varepsilon\mathcal{J}(\widehat{\rho};\widehat{\varphi}) \\ &\qquad + O(\varepsilon^2), \end{aligned}$$

$$\text{oú} \quad \overline{\Delta}_2 = \frac{\partial^2}{\partial\overline{x}^2} + \frac{\partial^2}{\partial\overline{z}^2} \quad \text{et} \quad \mathcal{J}(a;b) = \frac{\partial a}{\partial\overline{x}}\frac{\partial b}{\partial\overline{z}} - \frac{\partial a}{\partial\overline{z}}\frac{\partial b}{\partial\overline{x}}.$$

Pour obtenir, à la place de (9.58), un système de deux équations, pour $\widehat{\rho}$ et $\widehat{\varphi}$ plus faci. à traiter par la MEM, nous dérivons (9.58a) par $(\partial/\partial\overline{t} + \partial/\partial\overline{x})$ et remplaçons le term

---

*) En fait, on suppose que Fr^2 est de l'ordre de ε et par suite $\left(\overline{N}_\infty^0\right)^2$ est de l'ordre de un.

$\partial\widehat{\rho}/\partial\overline{t} + \partial\widehat{\rho}/\partial\overline{x}$ par son expression déduite de (9.58b). Dans ce cas, en introduisant les opérateurs différentiels :

$$(9.59a) \qquad \mathcal{L}(\widehat{\varphi}) \equiv \left(\frac{\partial}{\partial\overline{t}} + \frac{\partial}{\partial\overline{x}}\right)^2 \overline{\Delta}_2\widehat{\varphi}, \quad \text{linéaire},$$

et

$$(9.59b) \qquad \mathcal{M}(\widehat{\varphi};\widehat{\varphi}) \equiv \frac{\partial}{\partial\overline{x}}\left(\mathcal{J}(\widehat{\varphi};\widehat{\varphi})\right) + \left(\frac{\partial}{\partial\overline{t}} + \frac{\partial}{\partial\overline{x}}\right)\mathcal{J}(\overline{\Delta}_2\widehat{\varphi};\widehat{\varphi}), \text{non linéaire} ,$$

on obtient le système d'équations suivant :

$$(9.60a) \qquad \begin{aligned} \mathcal{L}(\widehat{\varphi}) = \varepsilon\Big\{ &\mathcal{M}(\widehat{\varphi};\widehat{\rho}) \\ &+\widehat{\alpha}\left(\frac{\partial}{\partial\overline{t}} + \frac{\partial}{\partial\overline{x}}\right)^2 \frac{\partial\widehat{\varphi}}{\partial\overline{z}} + \frac{1}{\overline{Re}}\left(\frac{\partial}{\partial\overline{t}} + \frac{\partial}{\partial\overline{x}}\right)\overline{\Delta}_2(\overline{\Delta}_2\widehat{\varphi})\Big\} \\ &+ O(\varepsilon^2) ; \end{aligned}$$

$$(9.60b) \qquad \left(\frac{\partial}{\partial\overline{t}} + \frac{\partial}{\partial\overline{x}}\right)\widehat{\rho} - \left(\overline{N}^0_\infty\right)^2 \frac{\partial\widehat{\varphi}}{\partial\overline{x}} = \varepsilon\mathcal{J}(\widehat{\rho};\widehat{\varphi}) + O(\varepsilon^2).$$

*** Afin d'être en mesure d'extraire de (9.60) un SD pour l'évolution des ondes faiblement non-linéaires, pour les *grands temps*, il faut introduire selon la MEM un temps *lent* :

$$(9.61) \qquad T = \varepsilon\overline{t}; \; \frac{\partial}{\partial\overline{t}} = \frac{\partial}{\partial\overline{t}} + \varepsilon\frac{\partial}{\partial T} ;$$

et dans ce cas

$$(9.62) \qquad \begin{cases} \widehat{\varphi} = \widehat{\varphi}(\overline{x},\overline{z},\overline{t},T;\varepsilon), \\ \widehat{\rho} = \widehat{\rho}(\overline{x},\overline{z},\overline{t},T;\varepsilon). \end{cases}$$

On postule alors les développements asymptotiques, uniformément valables, en puissance de ε suivant :

$$(9.63) \qquad \widehat{\varphi} = \widehat{\varphi}_0 + \varepsilon\widehat{\varphi}_1 + \cdots, \; \widehat{\rho} = \widehat{\rho}_0 + \varepsilon\widehat{\rho}_1 + \cdots,$$

oú $\overline{x}$, $\overline{z}$, $\overline{t}$ et T sont fixés. Après substitution de (9.61–63), dans le système (9.60), on trouve la hiérarchie suivante de systèmes :

$$(9.64a) \qquad \begin{cases} \mathcal{L}_0(\widehat{\varphi}_0) = 0, \\ \left(\frac{\partial}{\partial\overline{t}} + \frac{\partial}{\partial\overline{x}}\right)\widehat{\rho}_0 = \left(\overline{N}^0_\infty\right)^2 \frac{\partial\widehat{\varphi}_0}{\partial\overline{x}} ; \quad \text{(à l'ordre} \quad \varepsilon^o) \end{cases}$$

(9.64b)
$$
\begin{cases}
\mathcal{L}_0(\widehat{\varphi}_1) = \mathcal{M}(\widehat{\varphi}_0; \widehat{\rho}_0) + \widehat{\alpha}\left(\frac{\partial}{\partial \overline{t}} + \frac{\partial}{\partial \overline{x}}\right)^2 \frac{\partial \widehat{\varphi}_0}{\partial \overline{x}} \\[2ex]
\quad - \frac{\partial \mathcal{L}_0}{\partial \overline{t}} \frac{\partial \widehat{\varphi}_0}{\partial T} + \frac{1}{\widehat{Re}}\left(\frac{\partial}{\partial \overline{t}} + \frac{\partial}{\partial \overline{x}}\right) \overline{\Delta}_2(\overline{\Delta}_2 \widehat{\varphi}_0)\,; \\[2ex]
\left(\frac{\partial}{\partial \overline{t}} + \frac{\partial}{\partial \overline{x}}\right) \overline{\rho}_1 - \left(\overline{N}_\infty^0\right)^2 \frac{\partial \widehat{\varphi}_1}{\partial \overline{x}} = \mathcal{J}(\widehat{\rho}_0; \widehat{\varphi}_0) - \frac{\partial \widehat{\rho}_0}{\partial T}\,, \\[2ex]
\text{(à l'ordre } \quad \varepsilon^1)
\end{cases}
$$
....

où $\mathcal{L}_0$ ne fait intervenir que la dérivation relativement à $\overline{t}$

La solution de l'équation linéaire $\mathcal{L}_0(\widehat{\varphi}_0) = 0$ est de la forme (*) :

(9.65)
$$
\begin{aligned}
\widehat{\varphi}_0 = {} & A_1(T)\exp(i\theta_1) \\
& + A_2(T)\exp(i\theta_2) \\
& + A_3(T)\exp(i\theta_3) + C.C
\end{aligned}
$$

avec $\theta_n = k_n \overline{x} + l_n \overline{z} - \sigma_n \overline{t}$, $n = 1, 2, 3$ où les amplitudes "lentes" $A_n(T)$ restent indéterminées. Avec (9.65) on trouve la solution suivante pour $\widehat{\rho}_0$, satisfaisant à la seconde des équations (9.64a),

(9.66)
$$
\begin{aligned}
\widehat{\rho}_0 = {} & -\left(\overline{N}_\infty^0\right)^2 \left\{ \frac{k_1}{\Omega_1} A_1(T)\exp(i\theta_1) \right. \\
& + \frac{k_2}{\Omega_2} A_2(T)\exp(i\theta_2) \\
& \left. + \frac{k_3}{\Omega_3} A_3(T)\exp(i\theta_3) \right\} + C.C.\,,
\end{aligned}
$$

où

(9.67)
$$
\Omega_n = k_n - \overline{N}_\infty^0 \frac{k_n}{|K_n|}\,, \quad n = 1, 2, 3\,,
$$

avec

(9.68)
$$
|K_n| = \left(k_n^2 + l_n^2\right)^{1/2}\,.
$$

Précisons que *l'équation de dispersion*, associée à la solution linéaire est :

(9.69)
$$
(\sigma_n - k_n)^2 \left(k_n^2 + l_n^2\right) = \left(\overline{N}_\infty^0\right)^2 k_n\,, \; n = 1, 2, 3\,.
$$

De plus, les conditions de résonance imposent :

(9.70)
$$
\begin{aligned}
& k_1 + k_2 + k_3 = 0\,; \; l_1 + l_2 + l_3 = 0\,, \\
& \sigma_1 + \sigma_2 + \sigma_3 = 0\,; \; \theta_1 + \theta_2 + \theta_3 = 0\,,
\end{aligned}
$$

(*) C.C veut dire : "complexe conjugué".

et de ce fait, on a aussi :

(9.71) $\Omega_1 + \Omega_2 + \Omega_3 = 0\,.$

Ainsi

(9.72) $|\Omega_1| = |\Omega_2| + |\Omega_3|$

et on adopte par la suite le choix suivant :

(9.73) $C_{g2} < 0,\ C_{g1} > 0,\ C_{g3} > 0\,,$

pour les *vitesses de groupe d'ondes verticales* de fréquence Ω_n :

(9.74) $C_{gn} = -\dfrac{\Omega_n l_n}{|K_n|^2}\,,\ n = 1, 2, 3\,.$

**** Pour déterminer les amplitudes $A_n(T)$, $n = 1, 2, 3$, il faut passer à l'ordre ε et éliminer les termes séculaires qui vont apparaître au niveau de (9.64b).

En supposant que les amplitudes $A_n(T)$ sont *réelles*, on déduit alors, après une série de calculs, les trois équations suivantes, écrites sous une forme canonique :

(9.75)
$$\begin{cases} \dfrac{dA_1}{\partial T} = -A_2 A_3 + \gamma A_1\,, \\[2mm] \dfrac{dA_2}{dT} = A_1 A_3 - \beta A_2\,, \\[2mm] \dfrac{dA_3}{dT} = A_1 A_2 - A_3\,, \end{cases}$$

oú γ et β sont des coefficients qui font intervenir les paramètres $\widehat{Re}$ et $\widehat{\alpha}$ (on a $\gamma > 0$ et $0 < \beta < 1$). Pour le détail des calculs qui conduisent de (9.64) à (9.75), on consultera la Thèse de Khiri (1992). Il s'avère que le système dynamique à trois équations (9.75) est dissipatif lorsque : $\gamma - \beta < 1$. Cette dernière condition implique une contrainte sur le paramètre de contrôle $\widehat{Re}$, qui doit varier entre des limites bien précises pour une valeur de $\widehat{\alpha}$ fixée. Les calculs numériques effectués par Khiri (1992), correspondent aux valeurs suivantes :

(9.76)
$$\begin{cases} \widehat{\alpha} = 0,25\,;\ \overline{N}_\infty^0 = 0,0316\,, \\[1mm] |K_1|^2 = 2,08,\ |K_2|^2 = 1,04,\ |K_3|^2 = 5,8\,, \\[1mm] C_{g1} = 5,15.10^{-1},\ C_{g2} = -4,58.10^{-3}\,, \\[1mm] C_{g3} = 1,08.10^{-3}\,. \end{cases}$$

Le paramètre de contrôle $\widehat{Re}$ variant entre 1700 et 2800. Précisons que le système dynamique (9.75) a fait l'objet d'une analyse systématique par Huges et Proctor (1990). Il s'avère que les points fixes, liés au flot (9.75), sont toujours *instables*.

Sur les figures ci-dessous, nous avons représenté, à partir des calculs numériques de Khiri (1992), dans le plan (A_1, A_2), la trace chaotique du flot (9.75) pour les valeurs de $\widehat{Re}$ suivantes :

$$1750, 2100, 2360, 2450 \text{ et } 2540.$$

On voit apparaître ainsi, cinq attracteurs étranges qui caractérisent l'état chaotique du flot (9.75) pour les diverses valeurs de $\widehat{Re}$. On trouvera dans la thèse de Khiri de nombreux résultats numériques . En particulier, Khiri a obtenu diverses sections de Poincaré et considéré l'application du premier retour. Il a aussi tracé le diagramme de bifurcation, les orbites dans les plans (A_1, A_2) et (A_1, A_3) et l'amplitude $A_1(T)$ en fonction du temps lent T, pour diverses valeurs de $\widehat{Re}$ et mis en évidence les cycles chaotiques. Pour $1750 \leq \widehat{Re} \leq 2540$, le comportement du flot (9.75) est chaotique avec des "fenêtres" de périodicité (attracteurs périodiques et multipériodiques).

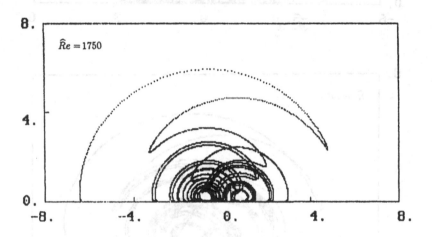

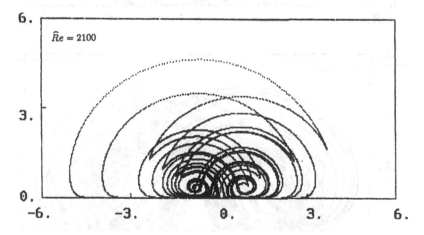

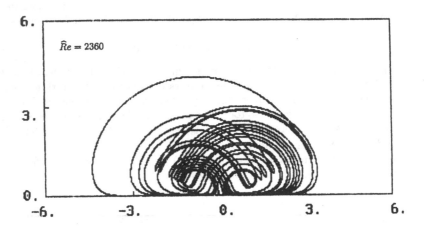

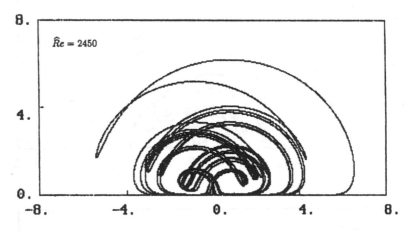

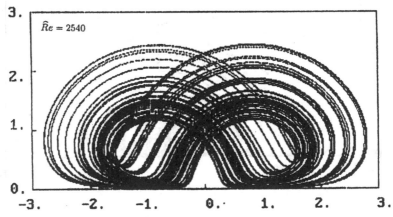

Chapitre X

QUELQUES MODÈLES LOCAUX POUR L'AÉRODYNAMIQUE.

Il s'agit, tout d'abord, de la modélisation asymptotique de l'écoulement stationnaire d'un fluide parfait incompressible à travers une roue de turbomachine axiale ayant un *grand nombre d'aubes*. Cette modélisation est exemplaire, car elle illustre bien l'efficacité de la technique d'homogénéisation dont il a été question au § 5.4. Le second modèle asymptotique local est lié à la structure de l'écoulement dans le coeur d'une nappe tourbillonnaire, là où *les spires sont fortement enroulées*. Le modèle asymptotique suivant est relatif à la modélisation des *ondes acoustiques qui naissent dans une enceinte* et à la révision du concept d'écoulement limite incompressible.

Enfin, nous présentons un modèle asymptotique permettant de décrire une *turbulence à deux échelles*, à partir d'une technique d'homogénéisation, due à Pironneau (1981).

Nous aurions pû, naturellement, allonger cette liste de modèles, mais malheureusement tout a une fin, et il fallait bien se restreindre à un volume de pages raisonnable.

10.1. Écoulement dans une roue de turbomachine axiale avec un grand nombre d'aubes

Nous présentons un cas très simple qui a été initialement mis en place par Veuillot (1973), en tirant profit des deux articles de Guiraud et Zeytounian publiés dans *La Recherche Aérospatiale* (O.N.E.R.A.) en 1971.

Il s'agit d'un écoulement tridimensionnel stationnaire d'un fluide parfait incompressible. La turbomachine axiale est schématisée par deux cylindres coaxiaux infiniment longs (moyeu et carter). La roue, qui est supposée fixe, est limitée par deux plans de section droite et constituée d'un aubage comprenant $N \gg 1$ aubes.

Enfin, l'alimentation de la turbomachine axiale, loin à l'infini amont de la roue, est supposée uniforme et constante.

Dans ce cas, nos équations de départ sont trés simples (incompréssibilité et irrotationalité)

(10.1) $$\nabla.\mathbf{u} = 0, \; \nabla \wedge \mathbf{u} = 2\omega = 0$$

où

$$\nabla = \frac{\partial}{\partial r}\mathbf{e}_r + \frac{1}{r}\frac{\partial}{\partial \theta}\mathbf{e}_\theta + \frac{\partial}{\partial z}\mathbf{e}_z,$$

une fois que l'on travaille dans un repère de coordonnées cylindriques (r, θ, z), tel que l'axe des z soit l'axe de la turbomachine axiale. Les cylindres circulaires : $r = R_0$ et $r = r_0$ réprésentant respectivement, le moyeu et le carter de la turbomachine axiale.

La modélisation asymptotique est basée sur le petit paramètre principal :

$$(10.2) \qquad\qquad \varepsilon = \frac{2\pi}{N} \ll 1 \,.$$

On intègre l'équation de continuité, $\nabla.\mathbf{u} = 0$, en posant (voir le § 4.1) :

$$(10.3) \qquad\qquad \mathbf{u} = \nabla(\varepsilon\chi) \wedge \nabla\psi,$$

oú χ et ψ satisfont aux équations :

$$(10.4) \qquad\qquad \mathbf{u}.\nabla\chi = 0 \quad \text{et} \quad \mathbf{u}.\nabla\psi = 0 \,.$$

La définition des fonctions de courant ψ et χ est telle que les surfaces $\chi = 1/2$ et $\chi = -1/2$ s'identifient dans l'aubage de la roue avec l'intrados de la $(k+1)$ème aube et l'extrados de la $k$ème aube, et hors de la roue avec les surfaces de courant qui aboutissent aux points d'arrêt des bords d'attaque (de fuite) des aubes de l'aubage de la roue (ou qui en partent). Ainsi, l'introduction du petit paramètre ε, au niveau de (10.3) se justifie par la nécéssité d'avoir dans le canal inter-aubes, formé par l'extrados de la $k$ème aube et l'intrados de la $(k+1)$ème aube, un débit d'ordre ε ; les fonctions ψ et χ étant alors d'ordre unité.

On désigne par

$$(10.5) \qquad\qquad \theta = \Xi(r, z) \,,$$

l'équation d'une surface moyenne qui, dans l'aubage de la roue, peut s'identifier, à une rotation près, au squelette d'une aube et à l'extérieur de cet aubage, à une surface de courant passant par les bords d'attaque et de fuite de cette même aube.

D'autre part, on note par $\Delta(r, z)$ le facteur de contraction du canal inter-aubes de telle façon que :

$$(10.6) \qquad\qquad \theta = \Xi(r, z) + \frac{\varepsilon}{2}\Delta(r, z) \,,$$

sur l'intrados de la $(k+1)$ème aube et

$$(10.6b) \qquad\qquad \theta = \Xi(r, z) - \frac{\varepsilon}{2}\Delta(r, z)$$

sur l'extrados de la $k$ème aube. En dehors de l'aubage de la roue on a :

$$\Delta(r, z) \equiv 1 \,.$$

Maintenant, comme $\varepsilon \ll 1$, avec une erreur qui est au plus $O(\varepsilon^2)$, on peut représenter les surfaces de courant $\chi = $ const., dans le canal inter-aubes sous la forme (implicitement) :

$$\theta \cong \Xi(r, z) + \varepsilon\Delta(r, z)\chi$$

ou encore

(10.7)
$$\varepsilon\chi \cong \frac{\theta - \Xi(r,z)}{\Delta(r,z)}.$$

Ainsi, on arrive à la représentation suivante de la vitesse $\mathbf{u}$:

(10.8)
$$\mathbf{u} \cong \nabla\left(\frac{\theta - \Xi(r,z)}{\Delta(r,z)}\right) \wedge \nabla\psi(r,\theta,z),$$

et l'équation de continuité est automatiquement satisfaite ainsi que la condition de glissement du fluide parfait sur les aubes (la normale aux aubes est un vecteur parallèle à $\nabla\chi$).

Il est clair qu'il est judicieux, maintenant, d'effectuer le changement de variables suivant :

(10.9)
$$(r,\theta,z) \Rightarrow (r, \Xi(r,z) + \varepsilon\Delta(r,z)\chi, \; z)$$

et dans ce cas :

(10.10)
$$\begin{cases} \mathbf{u}(r,\theta,z) \Rightarrow \mathbf{u}^*(r,\chi,z;\varepsilon)\,; \\ \psi(r,\theta,z) \Rightarrow \psi^*(r,\chi,z;\varepsilon)\,. \end{cases}$$

Il nous faut aussi écrire les dérivées dans le nouveau système (r,χ,z) :

(10.11)
$$\begin{cases} \dfrac{\partial\psi}{\partial r} = \dfrac{\partial\psi^*}{\partial r} - \dfrac{1}{\Delta}\dfrac{\partial\psi^*}{\partial\chi}\left(\dfrac{1}{\varepsilon}\dfrac{\partial\Xi}{\partial r} + \chi\dfrac{\partial\Delta}{\partial r}\right)\,; \\[2mm] \dfrac{\partial\psi}{\partial z} = \dfrac{\partial\psi^*}{\partial z} - \dfrac{1}{\Delta}\dfrac{\partial\psi^*}{\partial\chi}\left(\dfrac{1}{\varepsilon}\dfrac{\partial\Xi}{\partial z} + \chi\dfrac{\partial\Delta}{\partial z}\right)\,; \\[2mm] \dfrac{\partial\psi}{\partial\theta} = \dfrac{1}{\varepsilon\Delta}\dfrac{\partial\psi^*}{\partial\chi}\,. \end{cases}$$

Ainsi, on constate que, à la place de (10.8), on peut écrire :

(10.12)
$$u^* = \frac{1}{r\Delta}\frac{\partial\psi^*}{\partial z}, \; w^* = -\frac{1}{r\Delta}\frac{\partial\psi^*}{\partial r},$$
$$v^* = ru^*\left(\frac{\partial\Xi}{\partial r} + \varepsilon\chi\frac{\partial\Delta}{\partial r}\right) + rw^*\left(\frac{\partial\Xi}{\partial z} + \varepsilon\chi\frac{\partial\Delta}{\partial z}\right),$$

une fois que l'on admet que : $\mathbf{u}^* = u^*\mathbf{e}_r + w^*\mathbf{e}_z + v^*\mathbf{e}_\theta$. Enfin, l'équation $\nabla\wedge\mathbf{u} = 0$ fournit trois équations scalaires pour u^*, w^* et $\Gamma^* \equiv rv^*$ (qui est la circulation) :

(10.13)
$$\begin{cases} \dfrac{1}{r\Delta}\left(\dfrac{\partial w^*}{\partial\chi} + \dfrac{\partial\Xi}{\partial z}\dfrac{\partial\Gamma^*}{\partial\chi}\right) = \dfrac{\varepsilon}{r}\dfrac{\partial\Gamma^*}{\partial z} - \dfrac{\varepsilon}{r}\dfrac{\chi}{\Delta}\dfrac{\partial\Delta}{\partial z}\dfrac{\partial\Gamma^*}{\partial\chi}\,; \\[2mm] \dfrac{1}{\Delta}\left(\dfrac{\partial\Xi}{\partial z}\dfrac{\partial u^*}{\partial\chi} - \dfrac{\partial\Xi}{\partial r}\dfrac{\partial w^*}{\partial\chi}\right) = \varepsilon\left(\dfrac{\partial u^*}{\partial z} - \dfrac{\partial w^*}{\partial r}\right) \\[2mm] \qquad\qquad +\varepsilon\dfrac{\chi}{\Delta}\left(\dfrac{\partial\Delta}{\partial r}\dfrac{\partial w^*}{\partial\chi} - \dfrac{\partial\Delta}{\partial z}\dfrac{\partial u^*}{\partial\chi}\right)\,; \\[2mm] \dfrac{1}{r\Delta}\left(\dfrac{\partial u^*}{\partial\chi} + \dfrac{\partial\Xi}{\partial r}\dfrac{\partial\Gamma^*}{\partial\chi}\right) = \dfrac{\varepsilon}{r}\dfrac{\partial\Gamma^*}{\partial r} - \dfrac{\varepsilon}{r}\dfrac{\chi}{\Delta}\dfrac{\partial\Delta}{\partial r}\dfrac{\partial\Gamma^*}{\partial\chi}\,. \end{cases}$$

Tout est en place pour appliquer une modélisation asymptotique liée à $\varepsilon \to 0$.

On postule donc la représention asymptotique :

(10.14) $\mathbf{u}^* = \mathbf{u}_0^* + \varepsilon \mathbf{u}_1^* + \cdots , \psi^* = \psi_0^* + \varepsilon \psi_1^* + \cdots .$

A l'ordre ε^o, il vient de (10.12) et (10.13) les équations limites suivantes pour u_0^*, w_0^*, Γ_0^* et ψ_0^* :

(10.15a)
$$u_0^* = \frac{1}{r\Delta} \frac{\partial \psi_0^*}{\partial z} \; ; \; w_0^* = -\frac{1}{r\Delta} \frac{\partial \psi_0^*}{\partial r} \; ;$$
$$\Gamma_0^* = r^2 \left(u_0^* \frac{\partial \Xi}{\partial r} + w_0^* \frac{\partial \Xi}{\partial z} \right) ,$$

(10.15b)
$$\frac{\partial w_0^*}{\partial \chi} + \frac{\partial \Xi}{\partial z} \frac{\partial \Gamma_0^*}{\partial \chi} = 0 \, ; \; \frac{\partial u_0^*}{\partial \chi} + \frac{\partial \Xi}{\partial r} \frac{\partial \Gamma_0^*}{\partial \chi} = 0 \, ;$$
$$\frac{\partial \Xi}{\partial z} \frac{\partial u_0^*}{\partial \chi} - \frac{\partial \Xi}{\partial r} \frac{\partial w_0^*}{\partial \chi} = 0 \, .$$

Mais, les trois équations (10.15b) ne sont pas indépendantes, puisque :

$$\begin{vmatrix} 0 & 1 & \dfrac{\partial \Xi}{\partial z} \\[2mm] 1 & 0 & \dfrac{\partial \Xi}{\partial r} \\[2mm] \dfrac{\partial \Xi}{\partial z} & -\dfrac{\partial \Xi}{\partial r} & 1 \end{vmatrix} = 0 .$$

Il s'agit maintenant, de se convaincre que u_0^*, v_0^*, et Γ_0^* sont indépendants de χ. En effet, pour cela il suffit de dériver la troisième des relations (10.15a) par rapport à χ :

$$\frac{\partial \Gamma_0^*}{\partial \chi} = r^2 \left(\frac{\partial u_0^*}{\partial \chi} \frac{\partial \Xi}{\partial r} + \frac{\partial w_0^*}{\partial \chi} \frac{\partial \Xi}{\partial z} \right)$$

et après avoir remplacé $\partial u_0^*/\partial \chi$ et $\partial w_0^*/\partial \chi$ par :

(10.16) $\dfrac{\partial u_0^*}{\partial \chi} = -\dfrac{\partial \Xi}{\partial r} \dfrac{\partial \Gamma_0^*}{\partial \chi} \; ; \; \dfrac{\partial w_0^*}{\partial \chi} = -\dfrac{\partial \Xi}{\partial z} \dfrac{\partial \Gamma_0^*}{\partial \chi} ,$

d'après les deux premières équations de (10.15b), on trouve :

(10.17) $\dfrac{\partial \Gamma_0^*}{\partial \chi} \left[1 + \left(r \dfrac{\partial \Xi}{\partial r} \right)^2 + \left(r \dfrac{\partial \Xi}{\partial z} \right)^2 \right] = 0 ,$

et on a bien $\partial \Gamma_0^*/\partial \chi = 0$, puis ensuite, avec (10.16), on trouve aussi que $\partial u_0^*/\partial \chi = 0$ et $\partial w_0^*/\partial \chi = 0$.

Ce résultat remarquable, très important pour la suite, montre que : au niveau de (10.14) les termes indépendants de ε sont, en fait, des termes *moyens* (en accord avec la technique d'homogénéisation ; voir le § 5.5). Ce résultat est la conséquence de l'hypothèse concernant l'alimentation de la turbomachine axiale à l'infini amont loin de la roue, qui a été supposée constante.

Dans un cas plus général, cela n'est plus le cas et on pourra à ce sujet consulter l'article de Giraud et Zeytounian (1971a).

Ainsi, à l'ordre zéro, lorsque $\varepsilon \to 0$, il n'y a plus de traces de la "microstructure" induite par les aubes (variation en χ). Il faut donc pousser à l'ordre ε.

Dans ce cas, on trouve à partir de (10.13), le système suivant :

$$
(10.18) \quad
\begin{cases}
\dfrac{1}{r}\dfrac{\partial \Gamma_0^*}{\partial z} = \dfrac{1}{r\Delta}\left(\dfrac{\partial w_1^*}{\partial \chi} + \dfrac{\partial \Xi}{\partial z}\dfrac{\partial \Gamma_1^*}{\partial \chi}\right) ; \\[2ex]
\dfrac{1}{r}\dfrac{\partial \Gamma_0^*}{\partial r} = \dfrac{1}{r\Delta}\left(\dfrac{\partial u_1^*}{\partial \chi} + \dfrac{\partial \Xi}{\partial r}\dfrac{\partial \Gamma_1^*}{\partial \chi}\right) ; \\[2ex]
\dfrac{\partial u_0^*}{\partial z} - \dfrac{\partial w_0^*}{\partial r} = \dfrac{1}{r}\left(\dfrac{\partial \Xi}{\partial z}\dfrac{\partial u_1^*}{\partial \chi} - \dfrac{\partial \Xi}{\partial r}\dfrac{\partial w_1^*}{\partial \chi}\right) .
\end{cases}
$$

Du système (10.18), on tire une relation de compatibilité, qui ne fait pas intervenir les termes d'ordre un :

$$
(10.19) \quad \frac{\partial u_0^*}{\partial z} - \frac{\partial w_0^*}{\partial r} = \frac{\partial \Gamma_0^*}{\partial r}\frac{\partial \Xi}{\partial z} - \frac{\partial \Gamma_0^*}{\partial z}\frac{\partial \Xi}{\partial r} ,
$$

et de ce fait, d'après les deux premières relations de (10.15a), on obtient une équation "moyenne" pour $\psi_0^*(r,z)$:

$$
(10.20) \quad
\begin{aligned}
&\frac{\partial}{\partial r}\left(\frac{1}{r\Delta}\frac{\partial \psi_0^*}{\partial r}\right) + \frac{\partial}{\partial z}\left(\frac{1}{r\Delta}\frac{\partial \psi_0^*}{\partial z}\right) \\[1ex]
&= \frac{\partial \Gamma_0^*}{\partial r}\frac{\partial \Xi}{\partial z} - \frac{\partial \Gamma_0^*}{\partial z}\frac{\partial \Xi}{\partial r} .
\end{aligned}
$$

Ainsi, l'analyse à l'ordre ε^1, permet de préciser l'ordre ε^0 et d'obtenir l'équation (10.20).

Mais cela n'est pas tout, car l'alimentation à l'infini amont étant uniforme l'enthalpie totale reste constante : $H = (1/2)|\mathbf{u}|^2 + p/\rho_0 \equiv H_\infty = $ const., oú p est la pression et $\rho_0 = $ constante, la masse volumique.

De ce fait, le saut de pression inter-aubes,

$$
[p] = p|_{\chi=1/2} - p|_{\chi=-1/2}
$$

est égal à :

$$
\begin{aligned}
[p] = -\varepsilon\rho_0 \Big\{ u_0^*[u_1^*] + w_0^*[w_1^*] \\
+ \frac{\Gamma_0^*}{r^2}[\Gamma_1^*] \Big\} + 0(\varepsilon^2),
\end{aligned}
$$

et on constate que $[\![p]\!]$ est une grandeur d'ordre ε. Ainsi,

$$\lim_{\varepsilon \to 0} \left(-\frac{[\![p]\!]}{\varepsilon \rho_0} \right) = u_0^* \cdot \frac{\partial u_1^*}{\partial \chi} + w_0^* \cdot \frac{\partial w_1^*}{\partial \chi}$$

$$+ (\Gamma_0^*/r^2) \cdot \frac{\partial \Gamma_1^*}{\partial \chi} \equiv \Pi_0 \,,$$

puisque u_1^*, w_1^* et Γ_1^* sont linéaires en χ (en accord avec (10.18)). A partir de (10.18), en exprimant les dérivées en χ, on trouve en fait que :

$$(10.21) \qquad \Pi_0(r, z) = \Delta(r, z) \left[u_0^* \frac{\partial \Gamma_0^*}{\partial r} + w_0^* \frac{\partial \Gamma_0^*}{\partial z} \right].$$

La grandeur $\Pi_0(r, z)$ est une trace de la micro-structure azimuthale (en θ), liée aux aubes, au niveau de l'écoulement moyen caractérisé par $\psi_0^*(r, z)$ et oú intervient aussi

$$\Gamma_0^*(r, z) = \frac{r}{\Delta} \left(\frac{\partial \psi_0^*}{\partial z} \frac{\partial \Xi}{\partial r} - \frac{\partial \psi_0^*}{\partial r} \frac{\partial \Xi}{\partial z} \right),$$

d'après la troisième des relations (10.15a).

Mais hors de la roue p est continue, même en présence des sillages (dus aux effets de portance) donc, compte tenu de la périodicité de l'écoulement en θ, nous pouvons écrire que : $[\![p]\!] = 0$, soit encore :

$$(10.22) \qquad u_0^* \frac{\partial \Gamma_0^*}{\partial r} + w_0^* \frac{\partial \Gamma_0^*}{\partial z} = 0 \,.$$

Cette relation signifie que Γ_0^* se conserve le long de chaque ligne de courant de l'écoulement moyen ; en particulier, puisque $\Gamma_0^* \equiv 0$ à l'infini amont, Γ_0^* est identiquement *nul* dans la région amont.

En conclusion, le calcul de l'écoulement moyen, caractérisé par $\psi_0^*(r, z)$, est lié à la résolution de l'équation (10.20) et doit être effectué dans trois régions distinctes :

1) en amont de la roue : il faut tenir compte de : $\Gamma_0^* \equiv 0$;

2) dans la roue : il faut tenir compte de la relation :

$$\Gamma_0^* = \frac{r}{\Delta} \left(\frac{\partial \psi_0^*}{\partial z} \frac{\partial \Xi}{\partial r} - \frac{\partial \psi_0^*}{\partial r} \frac{\partial \Xi}{\partial z} \right) ;$$

3) en aval de la roue : il faut tenir compte de la relation :

$$\frac{\partial \psi_0^*}{\partial z} \frac{\partial \Gamma_0^*}{\partial r} - \frac{\partial \psi_0^*}{\partial r} \frac{\partial \Gamma_0^*}{\partial z} = 0 \Rightarrow \Gamma_0^* = \Gamma_0^*(\psi_0^*).$$

Précisons encore que, dans les théories classiques de l'écoulement dans une turbomachine axiale, avec un grand nombre d'aubes dans la roue, il est usuel d'introduire l'écoulement moyen (fonction de r et z uniquement) de façon heuristique comme étant dans la roue un écoulement à symétrie axiale induit par un champ de forces, de densité massique $\mathcal{F}_0$, simulant l'action des aubes sur l'écoulement réel (voir, à ce sujet, l'article de Wu(1952)). Sous cette hypothèse on considère les équations suivantes :

(10.23)
$$\begin{cases} \nabla.(\Delta \mathbf{u}_0^*) = 0\,; \\ (\nabla \wedge \mathbf{u}_0^*) \wedge \mathbf{u}_0^* = \mathcal{F}_0\,; \\ \mathcal{F}.(\nabla \wedge \mathcal{F}_0) = 0,\ \mathbf{u}_0^*.\mathbf{N} = 0, \end{cases}$$

oú $\mathbf{N}$ est le vecteur de composantes $(-\partial \Xi/\partial r\,,\,+1/r\,,\,-\partial \Xi/\partial z)$ normal à la surface d'équation $\theta = \Xi(r,z)$. La théorie asymptotique confirme le modèle (10.23) et précise que :

(10.24)
$$\mathcal{F}_0 \equiv \frac{\Pi_0}{\Delta} \nabla(\theta - \Xi) = \frac{\Pi_0}{\Delta} \mathbf{N}.$$

En accord avec la technique d'homogénéisation, le terme de force $\mathcal{F}_0$, d'après (10.24), qui apparaît au niveau de l'écoulement moyen (homogénéisé) est, en fait, un terme de *mémoire* qui est la trace laissée sur l'écoulement moyen par la micro-structure azimuthale liée aux aubes. Le calcul macroscopique (moyen) ne fait plus intervenir d'aubes (pas de dépendance en θ), mais l'action des aubes est présente, au niveau des équations moyennes, par l'intermédiaire de $\mathcal{F}_0$. On notera que toutes les grandeurs qui interviennent au niveau du modèle (10.23-24), $\mathbf{u}_0$, Δ, $\mathcal{F}_0$, $\mathbf{N}$, Π_0 sont uniquement des fonctions de r et de z.

Le calcul de l'écoulement moyen doit se faire de l'amont vers l'aval à travers trois régions ; dans chaque région on a une équation précise à résoudre (qui est l'équation (10.20) pour $\psi^*(r,z)$ oú Γ_0^* prend diverses formes en amont, dans la roue et en aval de cette dernière), et pour passer d'une région à une autre il nous faut des conditions de *transmission*, étant donné que dans un voisinage de l'ordre de ε, des plans d'entrée et de sortie de la roue, l'écoulement moyen tombe en défaut. Selon la MDAR il faut faire une étude locale de ces régions d'entrée et de sortie.

On a, tout d'abord la continuité de H :

(10.25)
$$[H]_e = [H]_s = 0$$

et aussi la continuité du débit massique $\rho_0 \Delta w$:

(10.26)
$$[\Delta w_0^*]_e = [\Delta w_0^*]_s = 0$$

puisque $\rho_0 = $ constante.

Mais il s'avère que ces conditions (10.25-26) *ne sont pas suffisantes* pour assurer l'existence d'une solution unique du problème régissant l'écoulement moyen de l'amont à l'aval, en passant par la roue.

Afin d'obtenir la condition manquante, il faut analyser l'écoulement à $\varepsilon \to 0$ dans les voisinages d'entrée et de sortie de la roue.

Pour décrire localement l'écoulement au voisinage du plan d'entrée $z = z_e$ il faut introduire des variables locales :

(10.27)
$$r \equiv r\,;\ \chi \equiv \chi,\ z = z_e + \varepsilon\zeta\,;$$
$$\Xi(r,z) = \Xi(r,z_e) + \varepsilon\zeta \frac{\partial \Xi}{\partial z}\,|_{z=z_e} + O(\varepsilon^2).$$

A partir de (10.13), avec (10.27), on obtient les relations :

(10.28)
$$\frac{\partial \Xi}{\partial z}\Big|_{z=z_e} \cdot \frac{\partial \widehat{\Gamma}_1}{\partial \chi} = \frac{\partial \widehat{\Gamma}_0}{\partial \zeta} \; ; \; \frac{\partial \Xi}{\partial z}\Big|_{z=z_e} \cdot \frac{\partial \widehat{u}_1}{\partial \chi} = \frac{\partial \widehat{u}_0}{\partial \zeta} \; ;$$
$$\frac{\partial \widehat{u}_1}{\partial \chi} + \frac{\partial \Xi}{\partial r}\Big|_{z=z_e} \cdot \frac{\partial \widehat{\Gamma}_1}{\partial \chi} = 0 \,,$$

une fois que l'on suppose que $f^* \equiv (u^*, w^*, \Gamma^*)$ devient :

$$\widehat{f}(r, \chi, \zeta; \varepsilon) = \widehat{f}_0(r, \zeta) + \varepsilon \widehat{f}_1(r, \chi, \zeta) + O(\varepsilon^2) .$$

Le résultat de l'élimination de $\partial \widehat{u}_1/\partial \chi$ et $\partial \widehat{\Gamma}_1/\partial \chi$ au niveau de (10.28), conduit à la relation :

(10.29)
$$\frac{\partial}{\partial \zeta} \left\{ \widehat{u}_0 + \frac{\partial \Xi}{\partial r}\Big|_{z=z_e} \cdot \widehat{\Gamma}_0 \right\} = 0 \,.$$

Ainsi, $\widehat{u}_0 + (\partial \Xi/\partial r)_{z=z_e} \cdot \widehat{\Gamma}_0$ se conserve à travers la région d'entrée (d'épaisseur $O(\varepsilon)$) ; naturellement, une relation analogue a lieu pour la sortie ($z = z_e + l_0 \equiv z_s$, où l_0 est l'épaisseur axiale de la roue).

Donc, à l'entrée et à la sortie de la roue les régions singulières peuvent être traitées comme des plans de discontinuités, à condition de satisfaire à la *condition de transmission* suivante :

(10.30)
$$\left[\frac{1}{\Delta} \frac{\partial \psi_0^*}{\partial z} + r \frac{\partial \Xi}{\partial r} \Gamma_0^* \right]_e = \left[\frac{1}{\Delta} \frac{\partial \psi_0^*}{\partial z} + r \frac{\partial \Xi}{\partial r} \Gamma_0^* \right]_s = 0 \,.$$

Une remarque s'impose (qui est valable d'une façon générale lorsqu'il y a une région singulière de raccord). Au voisinage du plan $z = z_e$ (ou $z = z_s$) d'entrée (ou de sortie) on doit utiliser deux développements moyens, extérieurs, réguliers (tayloriens) différents de part et d'autre de $z = z_e$ (ou $z = z_s$) au niveau des fonctions ψ_0^* et Γ_0^*, déterminant l'écoulement moyen. Nous les distinguons ci-dessous par l'indice $(\pm)$; les fonctions ψ_0^{*+} et ψ_0^{*-} ainsi que Γ_0^{*+} et Γ_0^{*-} n'étant évidemment pas les prolongements analytiques l'une de l'autre, puisque au niveau du développement asymptotique extérieur (moyen), les deux développements tayloriens réguliers sont découplés (l'un reste valable dans la roue, tandis que l'autre est valable hors de la roue).

D'après la règle de raccord (simplifiée, au premier ordre en ε), on doit écrire :

(10.31)
$$\psi_{0,e,s}^{*\pm} = \widehat{\psi}_0^{+\infty} \,, \; \Gamma_{0,e,s}^{*\pm} = \widehat{\Gamma}_0^{+\infty} \,,$$

où les indices supérieurs $\pm\infty$, pour les fonctions locales (avec des " $\widehat{}$ ") sont relatifs à l'infini aval ($\zeta \to +\infty$) et à l'infini amont ($\zeta \to -\infty$) du voisinage $O(\varepsilon)$ du plan $z = z_e$ d'entrée (ou $z = z_s$, de sortie). Les indices e, s, inférieurs pour les fonctions extérieures (avec "*") précisent que nous nous plaçons effectivement sur le plan $z = z_e$ (ou $z = z_s$)

qui devient un plan de discontinuité. En définitive, il faut comprendre (10.30) de telle façon que :

$$[A_0^*]_{e,s} \equiv A_{0,e,s}^{*+} - A_{0,e,s}^{*-}$$
$$= \widehat{A}_0^{+\infty} - \widehat{A}_0^{-\infty}$$

On trouvera dans Veuillot (1973) divers calculs numériques basés sur la modélisation asymptotique exposée ci-dessus.

10.2. Modélisation asymptotique de l'écoulement dans le coeur d'une nappe tourbillonnaire fortement enroulée

Cette modélisation a été effectuée par Guiraud et Zeytounian (*) et les résultats sont publiés dans trois articles au *Journal of Fluid Mechanics* (1977, 1979 et 1980). Nous renvoyons à ces articles les lecteurs qui voudraient rentrer dans les détails des calculs. Un article plus "physique" est publié dans *La Recherche Aérospatiale* (1977).

Ici, nous nous contenterons d'évoquer les grandes lignes de la théorie asymptotique permettant de décrire la structure du "coeur" de la nappe fortement enroulée. Dans un cas simple les équations de départ sont celles d'un écoulement instationnaire tridimensionnel *irrotationnel*, pour un fluide parfait incompressible avec la présence d'une nappe tourbillonnaire fortement enroulée.

Le fait que dans le coeur de la nappe les spires soient très proches l'une de l'autre, fait apparaître un petit paramètre

$$(10.32) \qquad \frac{d}{L} = c \ll 1,$$

dit paramètre d'écartement ; d est la distance (petite) entre deux spires consécutives de la nappe (dans le coeur) et L est l'épaisseur globale du coeur de la nappe.

La présence du petit paramètre c conduit à postuler que :

l'écoulement a une *double* structure dans le coeur de la nappe ; les variables lentes étant les variables habituelles spatiales et le temps $(\mathbf{x}, t)$, et la variable rapide étant désignée par $\chi(\mathbf{x}, t)$. Cette variable rapide $\mathcal{X}$ doit être une fonction uniforme de t et de $\mathbf{x}$.

On peut toujours supposer que :

$$(10.33) \qquad \chi(t, \mathbf{x}) = (2k+1)\pi, \; k = \cdots - 2, -1, 0, 1, 2, \cdots,$$

sur les spires de la nappe. Le fait que les spires soient serrées dans le coeur de la nappe, entraîne que :

$$(10.34) \qquad \left| \frac{\partial \chi}{\partial t} \right| \gg 1 \quad \text{et} \quad |\nabla \chi| \gg 1,$$

oú ∇ est l'opérateur gradient habituel (de composantes $\dfrac{\partial}{\partial x_i}$).

(*) Dans le cadre de recherches menées pour la Direction de l'Aérodynamique de l'O.N.E.R.A.

Le problème peut se formuler mathématiquement sous la forme suivante :

$$(10.35) \qquad \begin{cases} \nabla.\mathbf{u} = 0 \, ; \, \nabla \wedge \mathbf{u} = 0 \, , \\[2mm] \dfrac{\partial \mathbf{u}}{\partial t} + (\mathbf{u}.\nabla)\mathbf{u} + \nabla p = 0 \, , \end{cases}$$

$$(10.36\text{a}) \qquad \frac{\partial \chi}{\partial t} + \mathbf{u}.\nabla \chi = 0 \, , \quad \text{sur les deux côtés de la nappe} \, ;$$

$$(10.36\text{b}) \qquad [\![p]\!] = 0 \quad \text{et} \quad \nabla\chi.[\![\mathbf{u}]\!] = 0 \, , \quad \text{à travers la nappe,}$$

où $[\![f]\!]$ désigne la discontinuité de f à travers la nappe dans la direction des χ croissants ; la masse volumique, constante, a été prise égale à l'unité.

On suppose donc que

$$(10.37) \qquad \mathbf{u}(t,\mathbf{x}) = \mathbf{u}^* \left(t,\mathbf{x}; \chi(t,\mathbf{x})\right), p(t,\mathbf{x}) = p^* \left(t,\mathbf{x}; \chi(t,\mathbf{x})\right).$$

Par substitution on trouve alors, à la place de (10.35) et (10.36) :

$$(10.38) \qquad \nabla\chi.\frac{\partial \mathbf{u}^*}{\partial \chi} + \nabla.\mathbf{u}^* = 0 \, ;$$

$$(10.39) \qquad \begin{aligned} &\left(\frac{\partial \chi}{\partial t} + \mathbf{u}^*.\nabla\chi\right)\frac{\partial \mathbf{u}^*}{\partial \chi} + \frac{\partial p^*}{\partial \chi}\nabla\chi \\[2mm] &+ \frac{\partial \mathbf{u}^*}{\partial t} + (\mathbf{u}^*.\nabla)\mathbf{u}^* + \nabla p^* = 0 \, ; \end{aligned}$$

$$(10.40) \qquad \nabla\chi \wedge \frac{\partial \mathbf{u}^*}{\partial \chi} + \nabla \wedge \mathbf{u}^* = 0 \, ;$$

$$(10.41) \qquad \frac{\partial \chi}{\partial t} + \mathbf{u}^*.\nabla\chi = 0 \, , \quad \text{sur} \quad \chi = (2k+1)\pi \, ;$$

$$(10.42) \qquad [\![p^*]\!] = 0 \, , \nabla\chi.[\![\mathbf{u}^*]\!] = 0 \, , \quad \text{à travers} \quad \chi = (2k+1)\pi \, .$$

Maintenant, il faut effectuer un développement ; on va supposer que :

$$(10.43) \qquad \begin{aligned} \mathbf{u}^* &= \mathbf{u}_0^* + \mathbf{u}_1^* + \mathbf{u}_2^* + \cdots \, ; \\ p^* &= p_0^* + p_1^* + p_2^* + \cdots \, ; \\ \chi &= \chi_0 + \chi_1 + \chi_2 + \cdots \, . \end{aligned}$$

et il est clair que au niveau de (10.43) on a les relations d'ordres :

$$|\mathbf{u}_1^*| \ll |\mathbf{u}_0^*|, \cdots, |p_1^* \ll |p_0^*|, \cdots, |\chi_1| \ll |\chi_0|, \cdots.$$

Il s'avère que $\mathbf{u}_0^*$ et p_0^* sont indépendants de χ, et de ce fait, l'approximation d'ordre un, $\mathbf{u}_1^*$, correspondante est linéaire en χ dans chaque intervalle :

$$(2k - 1)\pi < \chi < (2k + 1)\pi.$$

Ainsi, $\mathbf{u}_0^*$ et p_0^* satisfont aux équations (moyennes) d'Euler :

(10.44) $$\nabla.\mathbf{u}_0^* = 0 \; ; \; \frac{\partial \mathbf{u}_0^*}{\partial t} + (\mathbf{u}_0^*.\nabla)\mathbf{u}_0^* + \nabla p_0^* = 0 \,,$$

et on constate que :

(10.45) $$\partial \chi_0 / \partial t + \mathbf{u}_0^*.\nabla \chi_0 = 0.$$

Lorsque l'on pousse à l'ordre un, on trouve :

(10.46) $$\nabla \chi_0 \wedge \frac{\partial \mathbf{u}_1^*}{\partial \chi} + \nabla \wedge \mathbf{u}_0^* = 0 \quad \text{et} \quad \nabla \chi_0.\frac{\partial \mathbf{u}_1^*}{\partial \chi} = 0 \,,$$

ce qui fait que l'on doit avoir la relation de compatibilité suivante :

(10.47) $$\nabla \chi_0.\omega_0^* = 0, \quad \text{avec} \quad \omega_0^* \equiv \nabla \wedge \mathbf{u}_0^*.$$

La première des relations (10.46) exprime, sous une forme analytique élégante, l'annulation du tourbillon entre les spires de la nappe, au niveau de la représentation de rang un.

Une analyse détaillée de l'ordre un permet alors d'obtenir les représentations de $\mathbf{u}^*$ et de p^* sous la forme approchée suivante :

(10.48) $$\begin{cases} \mathbf{u}^* = \mathbf{u}_0^* + \dfrac{\nabla \chi_0 \wedge \omega_0^*}{|\nabla \chi_0|^2} Y(\chi) + \overline{\mathbf{u}_1^*} + \cdots \,; \\ p^* = p_0^* + \cdots \,; \; \overline{p_1^*} = 0, \end{cases}$$

oú

$$\overline{\mathbf{u}_1^*} = \frac{1}{2\pi} \int_{-\pi}^{+\pi} \mathbf{u}_1^* d\chi$$

et $\overline{\mathbf{u}_1^*}$ doit satisfaire aux équations moyennes :

$$\nabla.\overline{\mathbf{u}_1^*} = 0 \,;$$

$$\partial \overline{\mathbf{u}_1^*} / \partial t + (\mathbf{u}_0^*.\nabla)\overline{\mathbf{u}_1^*} + \left(\overline{\mathbf{u}_1^*}.\nabla\right)\mathbf{u}_0^* = 0,$$

tandis que χ_1 satisfait à l'équation

$$\partial \chi_1 / \partial t + \mathbf{u}_0^*.\nabla \chi_1 + \overline{\mathbf{u}_1^*}.\nabla \chi_0 = 0.$$

En fait, on peut toujours supposer que $\overline{\mathbf{u}_1^*} \equiv 0$ et $\chi_1 \equiv 0$ (voir, à ce sujet, la discution qui se trouve à la fin de l'article du J.F.M. de 1977 de Guiraud et Zeytounian). Aux formules (10.48), il faut associer (10.45) et (10.47) et aussi les deux relations suivantes (*).

$$\nabla_T \Gamma_0 = -2\pi \frac{\nabla \chi_0 \wedge \omega_0^*}{|\nabla \chi_0|^2} \,;$$

(10.49)

$$\frac{\partial \Gamma_0}{\partial t} + \mathbf{u}_0^* . \Gamma_0 = 0 \,,$$

pour Γ_0 qui est la discontinuité du potentiel de vitesse (l'écoulement de départ est irrotationnel) à travers la nappe ; on a d'ailleurs la formule suivante :

(10.50) $$\mathbf{u}^* = \mathbf{u}_0^* - \nabla \Gamma_0 \, \frac{Y(\chi)}{2\pi} + \cdots$$

qui découle de la première des formules (10.48).

De (10.49) on voit que la dérivée particulaire de Γ_0, dans l'écoulement de vitesse $\mathbf{u}_0^*$ est nulle ce qui est en parfait accord avec la condition classique requise en dynamique des nappes tourbillonnaires.

Enfin, on constate que l'ordre de grandeur du paramètre d'écartement est donné par la relation

(10.51) $$c \sim \frac{|\omega_0^*|}{|\mathbf{u}_0^*||\nabla \chi_0|} \,.$$

Précisons que, au niveau de la première des formules (10.48), la fonction $Y(\chi)$ est une fonction "en dents de scie", telle que $dY/d\chi = 1$, en dehors des points de discontinuités ; $Y(\chi) \equiv \chi$ pour $|\chi| < \pi$ et $Y(\chi)$ est périodique de période 2π. Le résultat exprimé par les relations (10.45–47–48–49) est si simple qu'on s'étonne qu'il n'est pas été mis en évidence plus tôt :
on part d'une solution rotationnelle des équations d'Euler (10.44) pour un fluide incompressible, soit $\mathbf{u}_0^*$, p_0^* ; cette solution dans le cas général peut-être instationnaire et tridimensionnelle. Si ω_0^* est le tourbillon lié à cette solution, alors il faut que la fonction $\chi_0(t, \mathbf{x})$ satisfasse à trois conditions :

1) la dérivée particulaire de χ_0 dans l'écoulement de vitesse $\mathbf{u}_0^*$ est nulle,

2) le gradient de χ_0 est orthogonal au tourbillon ω_0^*,

3) le gradient de χ_0 doit être tel que le paramètre d'écartement c, dont l'ordre de grandeur est donné par la formule (10.51), soit effectivement petit devant l'unité.

Si l'on peut trouver une telle fonction $\chi_0(t, \mathbf{x})$ alors les formules (10.48) permettent d'obtenir, à partir d'un écoulement continu rotationnel connu, un autre écoulement irrotationnel avec la présence d'une nappe tourbillonnaire à enroulement serré dont l'équation est $\chi_0 = \pi$.

(*) ∇_T est l'opérateur gradient le long de la nappe (c'est à dire le gradient *tangentiel* à la nappe).

Il pourrait paraître qu'en l'absence d'un calcul explicite de Γ_0 pour un champ $\mathbf{u}_0^*$ donné, on ne puisse pas déterminer à priori si Γ_0 est ou non transporté sans changement par le champ $\mathbf{u}_0^*$. Mais une analyse détaillée montre que dès que l'on a pû trouver un scalaire Γ_0 satisfaisant à la première des relations (10.49), alors ce scalaire Γ_0 satisfait *automatiquement* aussi à la seconde de ces relations (10.49).

De toute façon, nous pouvons dire avec certitude que la classe des $(\mathbf{u}_0^*, p_0^*)$ satisfaisant à toutes les conditions (10.45), (10.47) et (10.49) n'est pas vide ; de fait on a vérifié, avec J.P Guiraud, qu'il en était bien ainsi dans le cas du noyau de la nappe en cornet de bord d'attaque (solution de Mangler et Weber (1967)) et de l'enroulement du bord d'un sillage d'aile (exemple analysé par Kaden (1931) et Moore (1975)).

Il faut d'ailleurs dire que c'est grâce à l'analyse détaillée du travail de Mangler et Weber (1967) (effectué initialement par J.P. Guiraud) que nous avons pû, avec J.P.Guiraud, mettre en oeuvre notre technique de double échelle, telle qu'elle a été esquissée ci-dessus.

Dans l'article de 1980 nous avons étendu, avec J.P.Guiraud, la théorie au cas compressible et dans l'article de 1979 (toujours publié en collaboration avec J.P. Guiraud) on trouvera une analyse de la diffusion visqueuse des nappes fortement enroulée, qui d'avère être décrite par une équation du type de celle de la chaleur (linéaire).

Enfin, il est bon de préciser que notre théorie asymptotique donne un algorithme analytique qui peut se substituer à l'algorithme numérique, lorsque celui-ci est défaillant, parce que les spires sont trop rapprochées, et on pourra à ce sujet consulter l'article de Huberson (1980).

10.3. Évolution d'ondes acoustiques dans une enceinte : le concept d'écoulement incompressible

Il est bien connu que, pour un gaz, le concept d'écoulement incompressible est étroitement associé au passage à la limite $M \to 0$ (comme cela a été déjà dit au Chapitre VIII). Toutefois, la compressibilité joue un rôle à grande distance et aussi au voisinage de $t = 0$ (instant initial de mise en mouvement).

Par ailleurs, on peut se demander ce qu'il advient des ondes sonores engendrées par le mouvement de la paroi d'une enceinte, lorsque le temps croît.

Enfin, même si le mouvement est réalisé à très faible nombre de Mach, la compressibilité joue un rôle capital, par exemple, dans l'écoulement afférent à la phase de compression d'un moteur à explosion.

Dans ce qui suit, on suppose que le gaz parfait à c_p et c_v constants assimilé à un fluide parfait est contenu dans une enceinte, $\mathcal{D}$, occupant un volume limité par une surface Σ. Le vecteur unitaire de la normale à Σ est noté par $\mathbf{n}$ et il est dirigé vers l'intérieur de $\mathcal{D}$. La paroi Σ est déformable et chacun de ses points est animé d'une vitesse $\mathbf{u}_\mathcal{P}$. De ce fait, on a sur Σ :

(10.52)
$$\mathbf{u}.\mathbf{n}|_\Sigma = \mathbf{u}_\mathcal{P}.\mathbf{n} \equiv W.$$

Les conditions initiales sont :

(10.53)   pour tout $t = 0 : \mathbf{u} = 0, s = 0, p = \rho = 1,$

et les équations régissant $\mathbf{u}$, p, ρ et s (l'entropie) sont celles d'Euler compressibles :

(10.54a)
$$\frac{D\rho}{Dt} + \rho\nabla.\mathbf{u} = 0 \, ;$$

(10.54b)
$$\rho\frac{D\mathbf{u}}{Dt} + (\gamma M^2)^{-1}\nabla p = 0 \, ;$$

(10.54c)
$$Ds/Dt = 0 \, ;$$

(10.54d)
$$p = \rho^\gamma \exp s \, ,$$

avec comme nombre de Strouhal $S \equiv 1$.

On recherche pour $M \ll 1$, à représenter la solution de (10.54), dans l'enceinte $\mathcal{D}$, sous la forme :

(10.55)
$$\mathcal{U} \equiv (p, \rho, s, \mathbf{u}) = \mathcal{U}_0 + M\mathcal{U}_1 + M^2\mathcal{U}_2 + \cdots$$

On trouve aisément que :

$$s_0 = s_1 = 0 \quad \text{et} \quad p_0 = p_0(t)\,,\; p_1 = p_1(t)$$

et de ce fait : $\rho_0 = \rho_0(t)$ et $\rho_1 = \rho_1(t)$. Dans ce cas, la conservation globale de la masse, contenue dans l'enceinte $\mathcal{D}$, donne

(10.56)
$$\rho_0(t)|\mathcal{D}| = \mathcal{M} \quad \text{et} \quad \rho_1 \equiv 0 \, ,$$

oú $|\mathcal{D}|$ désigne le volume de l'enceinte $\mathcal{D}$, fonction connue du temps, avec

(10.57)
$$\frac{d}{dt}|\mathcal{D}| = -\iint\limits_{\Sigma} W d\sigma$$

tandis que $\mathcal{M}$ désigne la masse totale, constante, contenue dans l'enceinte $\mathcal{D}$. On a ensuite

(10.58)
$$p_0(t) = [\rho_0(t)]^\gamma \quad \text{et} \quad p_1 \equiv 0 \, ,$$

et la compatibilité avec les conditions initiales impose :

(10.59)
$$\mathcal{M} \equiv |\mathcal{D}|\big\|_{t=0} \, .$$

Poursuivant le développement, on trouve ensuite que :

(10.60)
$$\nabla.\mathbf{u}_0 + \frac{d\operatorname{Log}\rho_0(t)}{dt} = 0 \, ; \quad \frac{\partial\mathbf{u}_0}{\partial t} + (\mathbf{u}_0.\nabla)\mathbf{u}_0 + \nabla\left(\frac{p_2}{\gamma\rho_0(t)}\right) = 0 \, ,$$

et de ce fait $\mathbf{u}_0$ et irrotationnel : $\mathbf{u}_0 = \nabla\varphi_0$ et l'on doit déterminer φ_0 à partir de la résolution du problème elliptique suivant :

$$(10.61) \qquad \Delta\varphi_0 + \frac{d\operatorname{Log}\rho_0(t)}{dt} = 0\,, \left.\frac{d\varphi_0}{dn}\right|_\Sigma = W.$$

Connaissant φ_0 on en déduit p_2 grâce à l'intégrale de Bernouilli :

$$(10.62) \qquad p_2 = -\gamma\rho_0(t)\left\{\frac{\partial\varphi_0}{\partial t} + \frac{1}{2}|\nabla\varphi_0|^2\right\}.$$

On obtient ainsi, en première approximation, un modèle d'écoulement de fluide parfait à potentiel des vitesses mais *avec* masse volumique fonction du temps t.

Mais il ne faut pas oublier (et "c'est là que le bât blesse" !) que le modèle ci-dessus, d'écoulement limite, ne peut être acceptable que si : $W|_{t=0} = 0$, en accord avec les conditions initiales.

Mais si la paroi de l'enceinte est mise impulsivement en mouvement ou même seulement "très rapidement", il y a manifestement incompatibilité du modèle ci-dessus avec les données initiales.

Il faut donc comprendre comment le modèle (10.61–62) *s'adapte* aux conditions initiales posées à priori. A cette fin, il faut introduire un temps fin

$$(10.63) \qquad \tau = t/M$$

qui est caractéristique au voisinage de $t = 0$ (région initiale).

Dans ce cas, avec (10.63), les équations de départ (10.54) deviennent :

$$(10.64a) \qquad \frac{\partial\widehat{\rho}}{\partial\tau} + M(\widehat{\mathbf{u}}.\nabla\widehat{\rho} + \widehat{\rho}\nabla.\widehat{\mathbf{u}}) = 0\,;$$

$$(10.64b) \qquad \nabla\left(\frac{\widehat{p}}{\gamma}\right) + M\widehat{\rho}\frac{\partial\widehat{\mathbf{u}}}{\partial\tau} + M^2\widehat{\rho}(\widehat{\mathbf{u}}.\nabla)\widehat{\mathbf{u}} = 0\,;$$

$$(10.64c) \qquad \frac{\partial\widehat{s}}{\partial\tau} + M\widehat{\mathbf{u}}.\nabla\widehat{s} = 0\,, \quad \widehat{p} = \widehat{\rho}^\gamma\exp\widehat{s}\,,$$

où les fonctions avec des "^", sont dépendantes de τ, $\mathbf{x}$ et M. Au système (10.64) il faut associer les conditions initiales et sur Σ :

$$(10.65a) \qquad \tau = 0 : \widehat{p} = \widehat{\rho} = 1\,, \widehat{s} = 0\,, \widehat{\mathbf{u}} = 0\,,$$

$$(10.65b) \qquad \widehat{\mathbf{u}}.\mathbf{n}|_\Sigma = \widehat{W}\,.$$

On précise que, pour simuler une mise en vitesse impulsive de la paroi, à l'échelle $\tau = O(1)$, nous supposons que $\widehat{W}$ est une fonction du temps fin τ et de la position sur le bord, Σ ; de plus on admet que :

$$(10.66) \qquad \lim_{\tau \to \infty} \widehat{W} = \lim_{t \to 0} W \equiv \widehat{W}^{\infty} ,$$

qui joue le rôle d'une condition de raccord.

Revenons à (10.64), avec (10.65) ; on cherche pour $M \ll 1$ la solution sous la forme :

$$(10.67) \qquad \widehat{\mathcal{U}} \equiv (\widehat{p}, \widehat{\rho}, \widehat{s}, \widehat{\mathbf{u}}) = \widehat{\mathcal{U}_0} + M\widehat{\mathcal{U}_1} + M^2 \widehat{\mathcal{U}_2} + \cdots .$$

on trouve tout d'abord que

$$(10.68) \qquad \frac{\partial \widehat{\rho}_0}{\partial \tau} = \frac{\partial \widehat{s}_0}{\partial \tau} = \nabla \widehat{p}_0 = 0 \Rightarrow \widehat{p}_0 = \widehat{\rho}_0 \equiv 1, \widehat{s}_0 \equiv 0 ,$$

du fait des conditions initiales en $\tau = 0$.

A l'ordre suivant il vient :

$$\frac{\partial \widehat{\rho}_1}{\partial \tau} + \nabla.\widehat{\mathbf{u}_0} = 0, \ \nabla\left(\frac{\widehat{p}_1}{\gamma}\right) + \frac{\partial \widehat{\mathbf{u}_0}}{\partial \tau} = 0, \frac{\partial \widehat{s}_1}{\partial \tau} = 0 ,$$

et de ce fait on constate que

$$(10.69) \qquad \widehat{s}_1 \equiv 0 \quad \text{et} \quad \widehat{p}_1 \equiv \gamma \widehat{\rho}_1 .$$

Ainsi, il vient pour $\widehat{\rho}_1$ et $\widehat{\mathbf{u}_0}$ le problème suivant :

$$(10.70) \qquad \begin{cases} \dfrac{\partial \widehat{\rho}_1}{\partial \tau} + \nabla.\widehat{\mathbf{u}_0} = 0, \nabla\widehat{\rho}_1 + \dfrac{\partial \widehat{\mathbf{u}_0}}{\partial \tau} = 0 ; \\ \widehat{\mathbf{u}_0} = 0, \widehat{\rho}_1 = 0 \quad \text{en} \quad \tau = 0 ; \\ \widehat{\mathbf{u}_0}.\mathbf{n}|_{\Sigma_0} = \widehat{W} , \end{cases}$$

en notant que pour $\tau = O(1)$ le déplacement de Σ est de l'ordre de M et peut donc être négligé dans l'écriture de la condition à la limite (écrite sur la position de Σ en $\tau = 0$ et notée Σ_0).

Une analyse classique montre que l'on peut écrire la solution du problème (10.70) sous la forme suivante :

$$(10.71) \qquad \begin{cases} \widehat{\mathbf{u}_0} = \nabla\varphi^{\infty} + \displaystyle\sum_{n \geq 1} \text{Reel}\ \{\alpha_n exp(i\omega_n\tau)\mathbf{U}_n\} ; \\ \widehat{\rho}_1 = \displaystyle\sum_{n \geq 1} \text{Reel}\ \{\alpha_n exp(i\omega_n\tau)R_n\} , \end{cases}$$

oú le potentiel des vitesses φ^{∞} satisfait au problème elliptique :

$$(10.72) \qquad \Delta\varphi^{\infty} = \iint\limits_{\Sigma_0} \widehat{W}^{\infty} d\sigma , \ \frac{d\varphi^{\infty}}{dn}\bigg|_{\Sigma_0} = \widehat{W}^{\infty} .$$

De plus on a la relation suivante :

$$(10.73) \qquad \alpha_n \iiint\limits_{\mathcal{D}_0} \left\{ |R_n|^2 + |\mathbf{U}_n|^2 \right\} dv = \iint\limits_{\Sigma_0} R_n^* \widetilde{W} d\sigma$$

oú R_n^* désigne le conjugué complexe de R_n et $\widetilde{W} = \widehat{W}^\infty / q$, du moins lorsque la mise en mouvement de la paroi de l'enceinte est impulsive :

$$\widetilde{W} = \widehat{W}^\infty 1(\tau).$$

Il est bon de préciser que pour résoudre le problème (10.70) on utilise une transformation de Laplace : à toute fonction $\widehat{f}(\tau, \mathbf{x})$ nous associons

$$\widetilde{f}(q, \mathbf{x}) = \int_0^\infty \widehat{f}(\tau, \mathbf{x}) exp(-q\tau) \, d\tau.$$

Maintenant, en posant :

$$\text{Reel } \alpha_n - \text{Imag } \alpha_n \equiv \mathcal{A}_n \, , \, \text{Reel } \alpha_n + \text{Imag } \alpha_n \equiv \mathcal{B}_n \, ,$$
$$C_n = \cos \omega_n \tau \, , \, S_n = \sin \omega_n \tau \, ,$$

oú les ω_n sont les fréquences propres de vibrations acoustiques de la cavité $\mathcal{D}_0$ qui correspond aux solutions de :

$$(10.74) \qquad \begin{cases} i\omega_n R_n + \nabla.\mathbf{U}_n = 0; \ i\omega_n \mathbf{U}_n + \nabla R_n = 0, \\ \mathbf{U}_n.\mathbf{n}|_{\Sigma_0} = 0 \, , \end{cases}$$

on trouve que

$$(10.75) \qquad \begin{cases} \widehat{\mathbf{u}_0} = \nabla \varphi^\infty + \sum_{n \geq 1} (\mathcal{A}_n C_n - \mathcal{B}_n S_n) \mathbf{U}_{n,i} \, ; \\ \widehat{\rho}_1 = \sum_{n \geq 1} (\mathcal{A}_n S_n + \mathcal{B}_n C_n) R_{n,r} \, , \end{cases}$$

oú $\mathbf{U}_{n,i}$ est la partie imaginaire de $\mathbf{U}_n$, et $R_{n,r}$ est la partie réelle de R_n. On note alors que, pour tout $\omega_n \neq 0$, on a (d'après (10.74)) :

$$\iiint\limits_{\mathcal{D}_0} \left[|\mathbf{U}_{n,i}|^2 - |R_{n,r}|^2 \right] dv = 0.$$

Finallement, grâce à (10.73), on obtient les relations :

$$(10.76) \qquad \begin{array}{l} 2\mathcal{A}_n \iiint\limits_{\mathcal{D}_0} |\mathbf{U}_{n,i}|^2 \, dv = -\text{Imag} \iint\limits_{\Sigma_0} R_{n,r} \widetilde{W} d\sigma \, ; \\[2em] 2\mathcal{B}_n \iiint\limits_{\mathcal{D}_0} |\mathbf{U}_{n,i}|^2 \, dv = \text{Reel} \iint\limits_{\Sigma_0} R_{n,r} \widetilde{W} d\sigma \, . \end{array}$$

En particulier, pour une mise en mouvement *impulsive* de la paroi de l'enceinte on trouve
à la limite $\tau \to +\infty$,

$$(10.77) \qquad \mathcal{A}_n^\infty = \frac{\iint\limits_{\Sigma_0} R_{n,r}\widehat{W}^\infty d\sigma}{2\iiint\limits_{\mathcal{D}_0} |\mathbf{U}_{n,i}|^2 \, dv} \, ; \, \mathcal{B}_n^\infty \equiv 0 \, .$$

En conclusion, puisque $\mathcal{A}_n^\infty \neq o$, lorsque $\tau \to \infty$, la solution (10.75) de notre problème
instationnaire "d'adaptation" ne tend vers aucune limite définie (il ne faut pas oublier
que $C_n \equiv \cos\omega_n\tau$ et $S_n = \sin\omega_n\tau$). Bien sûr elle ne tend pas vers la valeur initiale de
la solution du modèle incompressible à potentiel des vitesses (10.61–62). Cette dernière
s'identifiant avec $\nabla\varphi^\infty$. Ainsi, pour qu'il y ait adaptation il faut que tous les $\mathcal{A}_n$ et $\mathcal{B}_n$
soient nuls — ce qui est bien le cas lorsque la mise en mouvement de la paroi de l'enceinte
est *progressive* à l'échelle de temps $t = O(1)$.

Donc il faut revoir toute la modélisation, à faible nombre de Mach, $M \ll 1$, lorsque l'on
considère l'écoulement dans une enceinte, avec une mise en mouvement de la paroi de
l'enceinte *impulsive*.

On constate, qu'à la fin de la période instationnaire, $t \sim M$, les oscillations acoustiques
restent présentes, elles ne s'évanouissent pas, et de ce fait elles vont persister au cours de
la période de temps $t \sim 1$. On est donc en présence d'un problème de perturbations singulières, liées à $M \ll 1$, qui doit être résolu à l'aide de la MEM. Mais comme les fréquences
propres acoustiques de l'enceinte, ω_n, sont en nombre infini (mais dénombrable), il s'avère
qu'il faut introduire une *infinité de temps rapides* :

$$(10.78) \qquad \frac{\varphi_n(t)}{M} \quad \text{avec} \quad \frac{d\varphi_n}{dt} = \omega_n \quad \text{et} \quad \varphi_n(0) = 0 \, .$$

Formellement, à toute fonction inconnue $\mathcal{U} = (p, \rho, s, \mathbf{u})$ nous associons une nouvelle
fonction $\mathcal{U}^m$ telle que :

$$\mathcal{U}(t, \mathbf{x}) \Rightarrow \mathcal{U}^m(\tau, t, \mathbf{x}; M)$$

et il faut comprendre, ici, que τ exprime une dépendance fonctionnelle (implicite) par
rapport à t ; précisément on va écrire :

$$(10.79a) \qquad \mathcal{U}^m = \sum_{n \geq 1} \left(\mathcal{A}_n \cos\frac{\varphi_n(t)}{M} + \mathcal{B}_n \sin\frac{\varphi_n(t)}{M} \right) \mathcal{U}_n(t, \mathbf{x})$$

et dans ce cas

$$(10.79b) \qquad \begin{aligned} \frac{d\mathcal{U}^m}{dt} &= \frac{1}{M}\sum_{n \geq 1}\frac{d\varphi_n}{dt}[\mathcal{B}_n C_n - \mathcal{A}_n S_n]\mathcal{U}_n(t, \mathbf{x}) \\ &\quad + \sum_{n \geq 1}[\mathcal{A}_n C_n - \mathcal{B}_n S n]\frac{\partial\mathcal{U}_n}{\partial t} \, , \end{aligned}$$

où $C_n = \cos(\omega_n \tau)$ et $S_n = \sin(\omega_n \tau)$, les ω_n étant liés aux $\varphi_n(t)$ en accord avec (10.78). Pour traduire analytiquement un phénomène de ce genre nous pouvons écrire implicitement la règle de dérivation suivante :

$$(10.80) \qquad \frac{d\mathcal{U}^m}{dt} = \frac{1}{M} D\mathcal{U}^m + \frac{\partial \mathcal{U}^m}{\partial t},$$

où D désigne un opérateur différentiel (de dérivation) qui peut-être explicité si on connaît $\mathcal{U}^m$; cet opérateur D caractérise la dérivation relativement aux temps rapides (en nombre infini, mais dénombrable).

Maintenant, nous posons

$$(10.81) \qquad \mathcal{U}^m = \mathcal{U}_0^m + M\mathcal{U}_1^m + \cdots,$$

et substituons dans les équations de départ (10.54), qui, en accord avec (10.80), s'écrivent sous la forme suivante :

$$(10.82a) \qquad D\rho^m + M\left(\frac{\partial \rho^m}{\partial t} + \mathbf{u}^m.\nabla\rho^m + \rho^m\nabla.\mathbf{u}^m\right) = 0$$

$$(10.82b) \qquad \frac{1}{\gamma}Dp^m + M\rho^m D\mathbf{u}^m + M^2\left(\rho^m \frac{\partial \mathbf{u}^m}{\partial t} \right.$$
$$\left. + \ \rho^m \mathbf{u}^m.\nabla\mathbf{u}^m\right) = 0;$$

$$(10.82c) \qquad Ds^m + M\left(\frac{\partial s^m}{\partial t} + \mathbf{u}^m.\nabla s^m\right) = 0$$

$$(10.82d) \qquad p^m = (\rho^m)^\gamma \exp s^m.$$

En supposant que W ne dépend que du temps lent t, on pourra écrire la condition de glissement :

$$(10.83) \qquad \mathbf{u}^m.\mathbf{n}|_\Sigma = W.$$

Nous n'écrivons pas de conditions initiales car celles-ci doivent être remplacées par des conditions de raccord avec la représentation initiale analysée précédemment ; on verra que la solution en échelles multiples construite ci-dessous se raccorde effectivement très bien avec la solution (10.75).

A l'ordre zéro, on obtient de (10.82), avec (10.81),

$$\nabla p_0^m = 0, \, D\rho_0^m = Ds_0^m = 0,$$

ce qui implique que ρ_0^m et s_0^m ne dépendent pas des variables de temps rapides et, par l'équation d'état (10.82d), que p_0^m n'en dépend pas non plus. Ainsi

(10.84) $$p_0^m = p_0^m(t) \quad \text{et} \quad \rho_0^m = \rho_0^m(t, \mathbf{x}), s_0^m = s_0^m(t, \mathbf{x}).$$

A l'ordre un, de (10.82c), on trouve

(10.85) $$Ds_1^m + \frac{\partial s_0^m}{\partial t} + \mathbf{u}_0^m.\nabla s_0^m = 0.$$

Comme on veut faire le raccord avec (10.75), on doit suppposer que s_1^m et $\mathbf{u}_0^m$ contiennent des termes oscillants aux échelles de temps rapides et éventuellement des termes indépendant de ces échelles. Ces derniers disparaissent automatiquement dans Ds_1^m en raison de l'action de l'opérateur D qui est précisément une dérivée sur les échelles rapides.

De ce fait on est conduit à introduire la décomposition suivante :

(10.86) $$\mathcal{U}_n^m = \overline{\mathcal{U}_n^m} + \widetilde{\mathcal{U}_n^m},$$

où $\overline{\mathcal{U}_n^m}$ ne dépend que du temps lent t, tandis que $\widetilde{\mathcal{U}_n^m}$ dépend des temps rapides liés à la dérivation D. En fait, une fois de plus, nous admettons que l'opération

$$\mathcal{U}_n^m \Rightarrow \overline{\mathcal{U}_n^m}$$

efface toutes les oscillations associées aux temps rapides et, à ce titre, qu'elle est parfaitement bien définie ; par exemple, au niveau de (10.85), nous obtiendrons :

(10.87) $$\frac{\partial s_0^m}{\partial t} + \overline{\mathbf{u}_0^m}.\nabla s_0^m = 0.$$

Mais comme $s = 0$ en $t = 0$ on voit que du fait du transport de s_0^m on aura que : $s_0^m \equiv 0$, et de ce fait :

(10.88) $$p_0^m(t) = [\rho_0^m(t)]^\gamma, \quad \text{puisque} \quad s_0^m \equiv 0,$$

où $\rho_0^m(t)$ est déterminé par la condition : $\rho_0^m(t)|\mathcal{D}| = \mathcal{M}$, (voir (10.56)).

Maintenant, avec les résultats ci-dessus, on aura de (10.82a-b), avec (10.81), à l'ordre un, les équations suivantes :

(10.89) $$\begin{cases} D\rho_1^m + \rho_0^m \nabla.\mathbf{u}_0^m + \dfrac{d\rho_0^m}{dt} = 0; \\[2mm] \dfrac{1}{\gamma}\nabla p_1^m + \rho_0^m D\mathbf{u}_0^m = 0. \end{cases}$$

Tandis que la condition(10.83) donne

(10.90) $$\mathbf{u}_0^m.\mathbf{n}|_\Sigma = W.$$

En effaçant les temps rapides on obtient, à la place de la première des équations (10.89) :

(10.91) $$\frac{1}{\rho_0^m}\frac{d\rho_0^m}{dt} + \nabla.\mathbf{u}_0^m = 0\,,$$

et de (10.90)on a aussi :

(10.92) $$\overline{\mathbf{u}_0^m}.\mathbf{n}|_\Sigma = W\,.$$

On remarque, tout de suite, que l'équation (10.91) peut s'identifier avec la première des équations (10.60). Il nous reste à voir si l'on peut aussi retrouver la seconde des équations (10.60) et par suite (10.61) et (10.62). Nous verrons que la réponse est "presque" affirmative, car il y a un "détail" qui apparaît et qui est lié justement à la technique (du type homogénéisation) mise en place ici. Relativement aux fluctuations (acoustiques ; termes avec des "~") le système (10.89), avec (10.90), donne les équations "fluctuantes" suivantes :

(10.93) $$\begin{cases} D\rho_1^m + \rho_0^m \nabla.\widetilde{\mathbf{u}_0^m} = 0\,; \\ \dfrac{1}{\gamma}\nabla\widetilde{p_1^m} + \rho_0^m D\widetilde{\mathbf{u}_0^m} = 0\,, \\ \widetilde{\mathbf{u}_0^m}.\mathbf{n}|_\Sigma = 0\,. \end{cases}$$

Par ailleurs de (10.85), avec (10.87), on obtient

(10.94) $$D\widetilde{s_1^m} = 0 \Rightarrow \widetilde{s_1^m} = 0 \Rightarrow \widetilde{p_1^m} = \gamma\widetilde{\rho_1^m}\frac{p_0^m}{\rho_0^m}\,.$$

Introduisons : $\overline{C}_n \cos\left(\dfrac{\varphi_n(t)}{M}\right)$ et $\overline{S}_n = \sin\left(\dfrac{\varphi_n(t)}{M}\right)$, ainsi que les modes propres de vibrations acoustiques de l'enceinte $\mathcal{D}$, mais relativement à $\mathcal{D}$ et Σ (et non plus $\mathcal{D}_0$ et Σ_0). On construit alors une solution de (10.93) sous la forme suivante :

(10.95) $$\begin{cases} \widetilde{\mathbf{u}_0^m} = \displaystyle\sum_{n\geq 1}[\mathcal{A}_n(t)\overline{C}_n - \mathcal{B}_n(t)\overline{S}_n]\mathbf{U}_{n,i}(t,\mathbf{x})\,; \\ \widetilde{\rho_1^m} = \rho_0^m[\rho_0^m/p_0^m]^{1/2}\displaystyle\sum_{n\geq 1}[A_n(t)\overline{S}_n \\ \quad + \mathcal{B}_n(t)\overline{C}_n]R_{r,n}(t,\mathbf{x})\,, \end{cases}$$

en utilisant le fait que

$$D\overline{C}_n = -\frac{d\varphi_n/dt}{M}\overline{S}_n\,, \; D\overline{S}_n = \frac{d\varphi_n/dt}{M}\overline{C}_n.$$

Naturellement, il faut que (*)

(10.96) $$d\varphi_n/dt = [p_0^m/\rho_0^m]\omega_n\,,$$

---

*) On notera que $p_0^m(0) = 1$ et $\rho_0^m(0) = 1$.

ce qui définit les échelles de temps rapides (en relation avec la célérité du son dans l'enceinte à l'instant t) au moyen des fréquences propres de l'enceinte à l'instant t.

Précisons que :

$$D\left(\widetilde{\rho_1^m}/\rho_0^m\right) + \nabla.\widetilde{\mathbf{u}_0^m} = \sum_{n\geq 1}[\mathcal{A}_n\overline{C}_n$$

$$- \mathcal{B}_n\overline{S}_n]\left\{\nabla.\mathbf{U}_{n,i} + [\rho_0^m/p_0^m]^{1/2}\frac{d\varphi_n}{dt}R_{n,r}\right\} ;$$

$$\frac{p_0^m}{\rho_0^m}\nabla\left(\frac{\widetilde{\rho_1^m}}{\rho_0^m}\right) + D\widetilde{\mathbf{u}_0^m} = \sum_{n\geq 1}[\mathcal{A}_n\overline{S}_n.$$

$$+ \mathcal{B}_n\overline{C}_n]\left\{-\frac{d\varphi_n}{dt}\mathbf{U}_{n,i} + [p_0^m/\rho_0^m]^{1/2}\nabla R_{n,r}\right\} ,$$

et les deux termes entre {}, égalisés à zéro, nous donne le système auquel le couple $(\mathbf{U}_{n,i}, R_{n,r})$ de modes propres, de vibrations acoustiques de l'enceinte $\mathcal{D}$, doit satisfaire.

Il faut maintenant aller à l'ordre $O(M^2)$. De (10.82c) on trouve, avec (10.81),

$$Ds_2^m + \frac{\partial\overline{s_1^m}}{\partial t} + \overline{\mathbf{u}_0^m}.\nabla\overline{s_1^m} = 0,$$

ou encore

$$\frac{\partial\overline{s_1^m}}{\partial t} + \mathbf{u}_0^m.\nabla\overline{s_1^m} = 0 \Rightarrow \overline{s_1^m} = 0 \,;\, s_1^m \equiv 0,$$

puisque l'on avait déjà que : $\widetilde{s_1^m} = 0$. De ce fait $\widetilde{s_2^m} = 0$; mais de la même façon on a :

$$Ds_3^m + \frac{\partial\overline{s_2^m}}{\partial t} + \overline{\mathbf{u}_0^m}.\nabla\overline{s_2^m} = 0 \Rightarrow \overline{s_2^m} = 0$$

et finalement : $s_2^m \equiv 0$.

Comme conséquence, d'après la loi d'état, on trouve

(10.97)
$$p_2^m = \gamma p_0^m/\rho_0^m\left\{\rho_2^m + \frac{\gamma - 1}{2}\frac{(\rho_1^m)^2}{\rho_0^m}\right\} .$$

Les équations (10.82a) et (10.82b) conduisent à l'ordre deux, aux équations :

(10.98a)
$$D\rho_2^m + \rho_0^m\nabla.\mathbf{u}_1^m + \frac{\partial\rho_1^m}{\partial t} + \mathbf{u}_0^m.\nabla\rho_1^m$$
$$+ \rho_1^m\nabla.\mathbf{u}_0^m = 0 ;$$

(10.98b)
$$\nabla\left(\frac{p_2^m}{\gamma\rho_0^m}\right) + D\mathbf{u}_1^m + \frac{\rho_1^m}{\rho_0^m}D\mathbf{u}_0^m + \frac{\partial\mathbf{u}_0^m}{\partial t}$$
$$+ \mathbf{u}_0^m.\nabla\mathbf{u}_0^m = 0 .$$

Tirons profit de l'expression (10.97) pour p_2^m ainsi que du système (10.89) ; dans ce cas on obtient pour $\mathbf{u}_1^m$ et ρ_2^m/ρ_0^m les équations non homogènes suivantes :

(10.99)
$$D(\rho_2^m/\rho_0^m) + \nabla.\mathbf{u}_1^m = \mathcal{G}^m ;$$
$$(p_0^m/\rho_0^m)\nabla(\rho_2^m/\rho_0^m) + D\mathbf{u}_1^m = \mathcal{F}^m,$$

auxquelles il faut associer la condition :

(10.100)
$$\mathbf{u}_1^m.\mathbf{n} = 0, \quad \text{sur } \Sigma.$$

on trouve aisément que

(10.101a)
$$\mathcal{G}^m = \frac{\partial}{\partial t}(\rho_1^m/\rho_0^m) + \nabla.[(\rho_1^m/\rho_0^m)\,\mathbf{u}_0^m]$$
$$+ (1/\rho_0^m)\frac{d\rho_0^m}{dt}(\rho_1^m/\rho_0^m) ;$$

(10.101b)
$$\mathcal{F}^m = \frac{\partial \mathbf{u}_0^m}{\partial t} + \mathbf{u}_0^m.\nabla \mathbf{u}_0^m$$
$$+ (\gamma - 2)\frac{p_0^m}{\rho_0^m}(\rho_1^m/\rho_0^m)\nabla(\rho_1^m/\rho_0^m).$$

En tirant profit des expressions (10.95) on peut écrire les relations (10.101) sous la forme :

(10.102)
$$\mathcal{G}^m = \overline{\mathcal{G}^m} + \sum_{n \geq 1}\left[\frac{p_0^m}{\rho_0^m}\right]^{1/2}\{\mathcal{G}_n'\overline{C}_n - \mathcal{G}_n''\overline{S}_n\} + \widetilde{\mathcal{G}_Q^m} ;$$
$$\mathcal{F}^m = \overline{\mathcal{F}^m} + \sum_{n \geq 1}\frac{p_0^m}{\rho_0^m}\{\mathcal{F}_n'\overline{S}_n + \mathcal{F}''\overline{C}_n\} + \widetilde{\mathcal{F}_Q^m}.$$

Dans ces formules (10.102), $\overline{\mathcal{G}^m}$ et $\overline{\mathcal{F}^m}$ désignent des termes "moyens", indépendants des échelles de temps rapides, tandis que les termes sous les $\sum_{n \geq 1}$ comprennent tous les termes oscillants ; enfin les termes $\widetilde{\mathcal{G}_Q^m}$ et $\widetilde{\mathcal{F}_Q^m}$ regroupent tous les termes qui contiennent des facteurs $\cos[(\varphi_p \pm \varphi_q)/M]$ ou $\sin[(\varphi_p \pm \varphi_q)/M]$. Ainsi, dans les équations (10.99), régissant des oscillations forcées on trouve des termes qui oscillent, pour certains d'entre eux, à la fréquence des modes propres. Cela va conduire à des termes séculaires dans les solutions pour $\mathbf{u}_1^m$ et ρ_2^m/ρ_0^m, termes qu'il faut naturellement annuler si l'on veut suivre l'évolution globale. Cela donne un système d'équations pour les coefficients $\mathcal{A}_n(t)$ et $\mathcal{B}_n(t)$ qui interviennent au niveau de la solution (10.95). Si l'on suppose qu'il n'y a pas de triade résonnante du type

$$|\varphi_p \pm \varphi_q| = \varphi_r,$$

ce qui signifie qu'aucun des termes $\widetilde{\mathcal{G}_Q^m}$ et $\widetilde{\mathcal{F}_Q^m}$ n'interfère avec ceux des sommes $\sum_{n \geq 1}$, alors on tire pour les $\mathcal{A}_n(t)$ l'équation d'évolution :

(10.103)
$$\frac{d\mathcal{A}_n}{dt} + \mathcal{A}_n\left\{\frac{1}{2}\frac{d\text{Log}\,\rho_0^m}{dt} + \iiint_{\mathcal{D}}\mathbf{U}_{n,i}.(\nabla\overline{\mathbf{u}_0^m}).\mathbf{U}_{n,i}dv\right\} = 0$$

avec la même équation pour les $\mathcal{B}_n(t)$. On notera que les modes propres sont normalisés par

(10.104)
$$\iiint\limits_{\mathcal{D}} \left[R_{n,r}^2 + |\mathbf{U}_{n,i}|^2 \right] dv = 1 .$$

Pour obtenir l'équation pour les amplitudes $\mathcal{A}_n(t)$ on a tiré profit de la relation de compatibilité suivante :

(10.105)
$$\iiint\limits_{\mathcal{D}} \left\{ \mathcal{G}_n' R_{n,r} - \mathcal{F}_n'.\mathbf{U}_{n,i} \right\} dv = 0 .$$

Mais cela n'est pas tout car, dans les solutions pour $\mathbf{u}_1^m$ et ρ_2^m/ρ_0^m il y a également des termes non oscillants, c'est à dire indépendants des échelles de temps rapides. Ces termes n'étant pas compensés doivent, globalement, s'annuler sinon ils donneraient des termes séculaires dans les solutions pour $\mathbf{u}_2^m$ et ρ_3^m/ρ_0^m. Ainsi, on trouve que :

(10.106)
$$\begin{cases} \left(\dfrac{\partial}{\partial t} + \mathbf{u}_0^m.\nabla \right) \overline{\mathbf{u}_0^m} + \nabla \Pi_0^m = 0 \\[2mm] \nabla.\overline{\mathbf{u}_0^m} + \dfrac{d \operatorname{Log} \rho_0^m(t)}{dt} = 0 \, ; \end{cases}$$

avec

(10.107)
$$\Pi_0^m = \frac{1}{\rho_0^m(t)} \frac{\overline{p_2^m}}{\gamma} + \frac{1}{4} \sum_{n \geq 1} \left(\mathcal{A}_n^2 + \mathcal{B}_n^2 \right) \left[|\mathbf{U}_{n,i}|^2 - R_{n,r}^2 \right] .$$

Par ailleur on a :

(10.108)
$$\overline{\mathbf{u}_0^m} + \sum_{n \geq 1} \mathcal{A}_n(0) \mathbf{U}_{n,i}(0,\mathbf{x}) = 0 , \quad \text{en} \quad t = 0 ,$$
$$\text{et} \quad \overline{\mathbf{u}_0^m}.\mathbf{n} = W , \quad \text{sur} \quad \Sigma .$$

Comme chacun des $\mathbf{U}_{n,i}(t,\mathbf{x})$ est irrotationnel (car on a $-\omega_n \mathbf{U}_{n,i} + \nabla R_{n,r} = 0$), on trouve par une argumentation classique que la vitesse $\overline{\mathbf{u}_0^m}$ dérive d'un potentiel φ_0.

Soit $\overline{\mathbf{u}_0^m} = \nabla \varphi_0$, et l'on a :

(10.109)
$$\begin{cases} \Delta \varphi_0 + \dfrac{d \operatorname{Log} \rho_0^m(t)}{dt} = 0, \quad \dfrac{d\varphi_0}{dn}\Big|_\Sigma = W \, ; \\[2mm] \Pi_0 + \dfrac{\partial \varphi_0}{\partial t} + \dfrac{1}{2} |\nabla \varphi_0|^2 = 0 . \end{cases}$$

On a donc partiellement justifié le modèle (10.61), mais (10.62) doit être remplacé par (ce résultat a été pour la première fois obtenu par Zeytounian et Guiraud (1980)) :

(10.110)
$$\overline{p_2^m} = -\gamma \rho_0^m \left\{ \frac{\partial \varphi_0}{\partial t} + \frac{1}{2} |\nabla \varphi_0|^2 \right.$$
$$\left. + \frac{1}{4} \sum_{n \geq 1} \left(\mathcal{A}_n^2 + \mathcal{B}_n^2 \right) \left[|\mathbf{U}_{n,i}|^2 - R_{n,r}^2 \right] \right\} ,$$

et le "détail" que nous avons évoqué, après la formule (10.92), concerne justement le terme : $\frac{1}{4} \sum_{n \geq 1} \left(\mathcal{A}_n^2 + \mathcal{B}_n^2 \right) \left[|\mathbf{U}_{n,i}|^2 - R_{n,r}^2 \right]$. Ainsi, l'effet des oscillations acoustiques se réduit, au niveau de l'écoulement moyen à l'introduction d'un terme supplémentaire (terme de mémoire), dans la formule de Bernouilli, qui s'exprime à l'aide des carrés des amplitudes des oscillations acoustiques.

Si l'on tient compte d'une faible viscosité, une analyse détaillée indique, que le temps d'amortissement des ondes acoustiques est de l'ordre de $(MRe)^{1/2}$, où Re désigne le nombre de Reynolds calculé avec une dimension caractéristique du domaine $\mathcal{D}$ et une valeur caractéristique de la célérité du son. Le frottement visqueux étant significatif dans les couches (dites de Stokes) d'épaisseur de l'ordre de $(M/Re)^{1/2} \ll 1$ et on pourra, à ce sujet, consulter le § 56 de la Leçon X, de Zeytounian (1987).

10.4. Modélisation de la turbulence par homogénéisation de la microstructure

Maintenant, le travail éffectué au § 5.4, va nous permettre d'appliquer directement la technique d'homogénéisation aux équations d'Euler, qui peuvent s'interpréter comme étant obtenues, à la limite, pour des écoulements "à grand nombre de Reynolds", lorsque l'on se place en dehors des parois.

La technique d'homogénéisation exposée ci-dessous est directement inspirée de celle du Rapport INRIA (DRET, Contrat 81/683) et on pourra, à ce sujet, consulter le travail de Mc Laughlin, Papanicolaou et Pironneau (1985).

On a donc les équations suivantes, pour les composantes de la vitesse $u_i(t, x_k)$ et la pression $p(t, x_k)$:

$$(10.111) \qquad \begin{cases} \dfrac{\partial u_i}{\partial t} + u_j \dfrac{\partial u_i}{\partial x_j} + \dfrac{\partial p}{\partial x_i} = 0, \quad \dfrac{\partial u_k}{\partial x_k} = 0, \\ \rho \equiv 1, \quad i, j, k = 1, 2, 3. \end{cases}$$

On postule comme conditions initiales (en $t = 0$) :

$$(10.112) \qquad u_i(0, x_k) = U_i^0(x_k) + W_i^0 \left(x_k, \frac{x_j}{\varepsilon} \right)$$

avec $\varepsilon \ll 1$.

Une échelle d'espace *microscopique* s'introduit ainsi dans l'écoulement eulérien qui prend place sous l'influence de la donnée initiale (10.112) ; il n'y a pas de conditions aux frontières.

L'introduction de l'echelle fine, au niveau de (10.112), doit permettre à partir d'une technique d'homogénéisation de simuler un phénomène de régime turbulent.

Soit :

$$\mathcal{U} = \begin{pmatrix} u_i \\ p \end{pmatrix},$$

lorsque $\varepsilon \to 0$, le formalisme asymptotique est celui de *double* échelle :

$$(10.113) \qquad \mathcal{U}(t, x_j) \Rightarrow \mathcal{U}^*(t, x_j; y_k; \varepsilon)$$

avec

$$(10.114) \qquad y_k = \frac{\Theta_k(t, x_j)}{\varepsilon} \quad \text{et} \quad \Theta_k(0, x_j) \equiv x_k.$$

Pour simplifier les choses on suppose que $\mathcal{U}^*$ est y_k — *périodique*. L'écoulement "turbulent" qui émerge à la limite $\varepsilon \to 0$, est aussi périodique ce qui, avec la formulation habituelle de l'homogénéisation, signifie que chaque "cellule" est l'homothétique, dans un rapport $\varepsilon \ll 1$, d'une période de base Y_k, de l'espace des variables fines y_k.

La donnée (10.112) suggère le développement asymptotique (régulier), en double échelle, suivant :

$$(10.115a) \qquad \begin{aligned} u_i^* &= u_i^0(t, x_j) + w_i(t, x_j, y_k) \\ &\quad + \varepsilon u_i^1(t, x_j, y_k) + \cdots; \end{aligned}$$

$$(10.115b) \qquad \begin{aligned} p^* &= p^0(t, x_j) + \pi(t, x_j, y_k) \\ &\quad + \varepsilon p^1(t, x_j, y_k) + \cdots. \end{aligned}$$

En accord avec la condition initiale (10.112),

$$(10.116) \qquad w_i(0, x_j, y_k^0) \equiv W_i^0\left(x_j, \frac{x_k}{\varepsilon}\right),$$

puisque $\Theta_k(0, x_j) \equiv x_k \equiv \varepsilon y_k^0$.

D'après (10.113) et (10.114), il faut écrire pour les dérivations les relations suivantes :

$$(10.117) \qquad \frac{\partial \mathcal{U}}{\partial x_\alpha} = \frac{\partial \mathcal{U}^*}{\partial x_\alpha} + \frac{1}{\varepsilon} \frac{\partial \Theta_k}{\partial x_\alpha} \frac{\partial \mathcal{U}^*}{\partial y_k}, \alpha = 0, 1, 2, 3; x_0 \equiv t.$$

Maintenant, en tirant profit de (10.115) et (10.117) on obtient, du système de départ (10.111), successivement, les deux systèmes limites suivants,
à l'ordre ε^{-1} :

$$(10.118) \qquad \left\{ \begin{aligned} &\left(\frac{\partial \Theta}{\partial t} + u_j^0 \frac{\partial \Theta_k}{\partial x_j}\right) \frac{\partial w_i}{\partial y_k} + w_j \frac{\partial \Theta_k}{\partial x_j} \frac{\partial w_i}{\partial y_k} + \frac{\partial \Theta_k}{\partial x_i} \frac{\partial \pi}{\partial y_k} = 0; \\ &\frac{\partial \Theta_k}{\partial x_j} \frac{\partial w_j}{\partial y_k} = 0, \end{aligned} \right.$$

à l'ordre ε^0 :

$$(10.119) \qquad \left\{ \begin{aligned} &\left(\frac{\partial \Theta_k}{\partial t} + u_j^0 \frac{\partial \Theta_k}{\partial x_j}\right) \frac{\partial u_i^1}{\partial y_k} + u_j^1 \frac{\partial w_i}{\partial y_k} \frac{\partial \Theta_k}{\partial x_j} + w_j \frac{\partial \Theta_k}{\partial x_j} \frac{\partial u_i^1}{\partial y_k} \\ &+ \frac{\partial \Theta_k}{\partial x_i} \frac{\partial p^1}{\partial y_k} + \frac{\partial u_i^0}{\partial t} + \frac{\partial w_i}{\partial t} + (u_j^0 + w_j) \frac{\partial}{\partial x_j}[u_i^0 + w_i] \\ &\qquad\qquad + \frac{\partial p^0}{\partial x_i} + \frac{\partial \pi}{\partial x_i} = 0; \\ &\frac{\partial \Theta_k}{\partial x_j} \frac{\partial u_j^1}{\partial y_k} + \frac{\partial u_j^0}{\partial x_j} + \frac{\partial w_j}{\partial x_j} = 0. \end{aligned} \right.$$

On constate qu'il y a un choix judicieux qui est d'imposer à $\Theta_k(t, x_j)$ de satisfaire à l'équation :

(10.120) $$\frac{\partial \Theta_k}{\partial t} + u_j^0 \frac{\partial \Theta_k}{\partial x_j} = 0, \quad \text{avec} \quad \Theta_k(0, x_j) \equiv x_k.$$

Pour simplifier l'écriture, dans ce qui suit, il est commode d'introduire les grandeurs suivantes :

(10.121) $$\omega_k \equiv w_j \frac{\partial \Theta_k}{\partial x_j}, \; V_k^1 = u_j^1 \frac{\partial \Theta_k}{\partial x_j}, \; j = 1, 2, 3,$$

puis

(10.122) $$M_i^0 \equiv \frac{\partial u_i^0}{\partial t} + u_j^0 \frac{\partial u_i^0}{\partial x_j} + \frac{\partial p^0}{\partial x_i}.$$

Dans ce cas on peut mettre la première des équations de (10.118) sous la forme suivante :

$$\omega_k \frac{\partial w_i}{\partial y_k} + \frac{\partial \Theta_k}{\partial x_i} \frac{\partial \pi}{\partial y_k} = 0,$$

ou encore, après multiplication par $\partial \Theta_e / \partial x_i$,

(10.123) $$\omega_k \frac{\partial \omega_e}{\partial y_k} + A_{ek} \frac{\partial \pi}{\partial y_k} = 0,$$

avec $A_{ke} \equiv \dfrac{\partial \Theta_e}{\partial x_i} \cdot \dfrac{\partial \Theta_k}{\partial x_i}$. A cette équation (10.123) il faut associer l'équation

(10.124) $$\frac{\partial \omega_k}{\partial y_k} = 0.$$

Ainsi, on constate que le calcul de la microstructure, à l'ordre zéro en ε (d'après (10.115), liée aux variations en y_k, doit être fait à partir des équations (10.123–124) en associant la condition initiale :

(10.125) $$\omega_e(0, x_j, y_k^0) \equiv w_e(0, x_j, y_k^0)$$
$$= W_e^0 \left(x_j, \frac{x_k}{\varepsilon} \right).$$

On notera que les $A_{ke} = A_{ek}(t, x_j)$ ne sont pas des fonctions de y_k et peuvent être supposés connus, du fait de (10.120).

Considérons maintenant le système d'ordre ε^0, (10.119). On peut réécrire ce dernier (après quelques transformations simples) sous la forme suivante :

(10.126) $$\begin{cases} V_k^1 \dfrac{\partial \omega_e}{\partial y_k} + \omega_k \dfrac{\partial V_e^1}{\partial y_k} + A_{ek} \dfrac{\partial p^1}{\partial y_k} = \mathcal{F}_e^0 \, ; \\[2mm] \dfrac{\partial V_k^1}{\partial y_k} = \mathcal{G}^0, \end{cases}$$

avec

$$(10.127) \quad \begin{cases} \mathcal{F}_e^0 \equiv -\dfrac{\partial \Theta_e}{\partial x_i} M_i^0 - \left\{ \dfrac{\partial w_i}{\partial t} + w_j \dfrac{\partial w_i}{\partial x_j} + u_j^0 \dfrac{\partial w_i}{\partial x_j} \right. \\ \qquad \left. + w_j \dfrac{\partial u_i^0}{\partial x_j} + \dfrac{\partial \pi}{\partial x_i} \right\} \dfrac{\partial \Theta_e}{\partial x_i} \, ; \\[2mm] \mathcal{G}^0 \equiv -\left(\dfrac{\partial u_j^0}{\partial x_j} + \dfrac{\partial w_j}{\partial x_j} \right) . \end{cases}$$

Comme d'après (10.124) on a : $\partial \omega_k / \partial y_k = 0$, et d'après la seconde des équations (10.126) : $\partial V_k^1 / \partial y_k = \mathcal{G}^0$ on peut mettre la première des équations (10.126) sous la forme "divergente" suivante :

$$(10.128) \quad \frac{\partial}{\partial y_k} \left\{ V_k^1 \omega_e + \omega_k V_e^1 + A_{ek} p^1 \right\} = \omega_e \mathcal{G}^0 + \mathcal{F}_e^0 \, .$$

Par hypothèse V_s^1, ω_m et p^1 sont des fonctions périodiques en y_k et de ce fait en "moyennant" l'équation (10.128), on obtient une *première* condition de compatibilité :

$$(10.129) \quad < \omega_e \mathcal{G}^0 + \mathcal{F}_e^0 > \equiv \int_{Y_k} (\omega_e \mathcal{G}^0 + \mathcal{F}_e^0) dy_k = 0.$$

Cette condition (10.129), en détaillant le calcul, donne :

$$-\frac{\partial u_j^0}{\partial x_i} < \omega_e > - < \widetilde{\omega}_e \frac{\partial w_j}{\partial x_j} > - \frac{\partial \Theta_e}{\partial x_i} M_i^0$$
$$-\frac{\partial \Theta_e}{\partial x_i} \left\{ \frac{\partial}{\partial t} < w_i > + < w_j \frac{\partial w_i}{\partial x_j} > \right.$$
$$+ u_j^0 \frac{\partial}{\partial x_j} < w_i > + \frac{\partial u_i^0}{\partial x_j} < w_j >$$
$$\left. + \frac{\partial}{\partial x_i} < \pi > \right\} = 0 \, .$$

Mais on sait que $< \omega_e > = 0$, $< w_s > = 0$ et $< \pi > = 0$, puisque l'opération de moyenne efface la dépendance en y_k .

Ainsi, on obtient, comme conséquence de (10.129), l'équation *homogénéisée* (macroscopique) suivante :

$$(10.130) \quad \frac{\partial u_i^0}{\partial t} + u_j^0 \frac{\partial u_i^0}{\partial x_j} + \frac{\partial p^0}{\partial x_i} + < \frac{\partial}{\partial x_j} (w_i w_j) > = 0 \, ,$$

à laquelle il faut associer l'équation de continuité

$$(10.131) \quad \partial u_j^0 / \partial x_j = 0 \, ,$$

qui, elle, découle de

$$\frac{\partial V_k^1}{\partial y_k} = \mathcal{G}^0 \Rightarrow <\mathcal{G}^0> = 0,$$

ou encore $-\partial u_j^0/\partial x_j - \dfrac{\partial}{\partial x_j} < w_j > = 0$ et comme $< w_j > = 0$, on retrouve bien (10.131).

Ainsi, on constate que la technique d'homogénéisation conduit pour u_i^0 et p^0, qui sont uniquement des fonctions de t et x_j, à un système macroscopique (10.130–31), oú s'introduit un terme de mémoire : $< \partial/\partial x_j(w_i w_j) >$, trace de la structure microscopique (liée, elle, aux $\omega_e \equiv w_s \dfrac{\partial \Theta_e}{\partial x_s}$).

Donc, pour avoir accès à la structure macroscopique (bien souvent la seule intéressante pour les applications) il faut être en mesure de calculer les grandeurs microscopiques ω_e et π, d'après le problème local (micro) (10.123–124). Ensuite, on peut expliciter le terme trace $< \partial/\partial x_j(w_i w_j) >$ et résoudre le problème macro (10.130–131) avec la condition initiale :

$$(10.132) \qquad t = 0 : u_i^0(0, x_j) = U_i^0(x_j).$$

Mais de l'équation (10.128) on peut tirer une *seconde* condition de compatibilité. En effet, on peut former une équation d'énergie, et, à cette fin, il suffit de multiplier l'équation (10.128) par le terme : ω_s/A_{se}, oú $A_{se} \equiv \partial\Theta_s/\partial x_i . \partial\Theta_e/\partial x_i$ et $\omega_s \equiv w_i \partial\Theta_s/\partial x_i$. On notera que le facteur A_{se}^{-1} est choisi de telle façon que l'on puisse annuler le terme moyenné avec p^1, en tirant profit de $\partial\omega_k/\partial y_k = 0$, d'après (10.124). On arrive ainsi après toute une série de transformations, relativement simples, à la seconde condition de comptabilité suivante :

$$(10.133) \qquad < \left(\pi + \frac{w_i^2}{2}\right) \mathcal{G}^0 > + A_{se}^{-1} < \omega_s \mathcal{F}_e^0 > = 0.$$

Sous forme détaillée, on tire de (10.133) l'équation suivante :

$$(10.134) \qquad \begin{aligned} &\frac{\partial K}{\partial t} + u_j^0 \frac{\partial K}{\partial x_j} + K \frac{\partial u_i^0}{\partial x_j} < w_i' w_j' > \\ &+ \frac{\partial}{\partial x_j} \left\{ K^{3/2} < \left(\pi' + \frac{w_i'^2}{2}\right) w_j' > \right\} = 0, \end{aligned}$$

une fois que l'on introduit les grandeurs :

$$K \equiv < \frac{w_i^2}{2} >, \, w_s' = \frac{w_s}{K^{1/2}} \quad \text{et} \quad \pi' = \frac{\pi}{K}.$$

En conclusion, d'après (10.123–125), w_i' et π' satisfont au problème local suivant :

$$(10.136) \qquad \begin{cases} \dfrac{\partial\Theta_k}{\partial x_j} w_j' \dfrac{\partial w_i'}{\partial y_k} + \dfrac{\partial\Theta_k}{\partial x_i} \dfrac{\partial \pi'}{\partial y_k} = 0; \\[2mm] \dfrac{\partial\Theta_k}{\partial x_j} \dfrac{\partial w_j'}{\partial y_k} = 0, \\[2mm] < \dfrac{w_i'^2}{2} > \equiv 1, \, < w_i' > \equiv 0, \\[2mm] w_i'(o, x_j, y_k^0) = K^{-1/2} W_i^0 \left(x_j, \dfrac{x_k}{\varepsilon}\right). \end{cases}$$

Ensuite, $\Theta_k(t, x_j)$ est une variable *lagrangienne* :

$$(10.137) \qquad \frac{\partial \Theta_k}{\partial t} + u_j^0 \frac{\partial \Theta_k}{\partial x_j} = 0 \,,\, \Theta_k(0, x_j) \equiv x_k \,,$$

relativement au champ de vitesse u_j^0, et, enfin, u_j^0 et p^0 satisfont au problème homogénéisé suivant :

$$(10.138) \qquad \begin{cases} \dfrac{\partial u_i^0}{\partial t} + u_j^0 \dfrac{\partial u_i^0}{\partial x_j} + \dfrac{\partial p^0}{\partial x_i} + \dfrac{\partial}{\partial x_j} \left[K < w_i' w_j' > \right] = 0 \,; \\ \partial u_j^0 / \partial x_j = 0 \,,\, u_i^0(0, x_j) = U_i^0(x_j) \,; \end{cases}$$

L'équation (10.134) ressemble beaucoup à l'équation pour K utilisée dans les modèles heuristiques du type, dit "$K - \varepsilon$" ; de turbulence (*).

Ainsi, on constate qu'au niveau de la présente modélisation, il faut, tout d'abord, savoir traiter, par un code numérique, le problème local (10.136), qui gouverne la microstructure. Ce n'est qu'ensuite que l'on peut avoir accès à la description macroscopique homogénéisée, avec le terme mémoire, trace de la microstructure (problème (10.138)). Enfin, le présent modèle asymptotique permet de manière rationnelle et cohérente d'insérer, dans une hiérarchie d'équations approchées, le modèle local de la turbulence, dite "homogène". On pourra à ce sujet consulter aussi la Note aux CRAS de Guiraud et Zeytounian (1986).

(*) La grandeur ε est directement liée à la prise en compte de la viscosité cinématique ($\varepsilon = \nu < \partial w_i / \partial x_j . \partial w_i / \partial x_j >$) — qui est absente au niveau du modèle d'Euler (10.111) de départ. On trouvera une obtention asymptotique cohérente de ce système $K - \varepsilon$ dans notre Note de (1986), avec J.P.Guiraud.

Chapitre XI

ÉQUATIONS MODÈLES POUR LES ONDES IRROTATIONNELLES À LA SURFACE DE L'EAU

On considère le mouvement des ondes à la surface libre de l'eau dans un canal de profondeur finie. On s'intéresse au cas du problème bidimensionnel instationnaire, sous l'hypothèse *d'onde longues* et de profondeur *petite* (théorie de l'eau dite *"peu profonde"*).

Le problème de départ est fortement non-linéaire, et de ce fait, on veut, en tirant profit de la présence de deux petits paramètres (avec une relation de similitude) obtenir asymptotiquement des équations modèles plus simples.

Il s'agira, tout d'abord, des équations dites de "Boussinesq" pour l'eau peu profonde. Ensuite, nous obtiendrons l'équation classique de Korteweg et de Vries (1895). Enfin, de cette dernière nous verrons que l'on peut aussi obtenir l'équation non linéaire de Schrödinger. Pour ce qui concerne le problème tridimentionnel, pour les ondes bidimensionnelles à la surface libre de l'eau, on pourra consulter le travail de Zeytounian (1992).

Pour une première lecture, concernant ces ondes à la surface de l'eau, nous conseillons le Chapitre XIII du livre de Whitham (1974).

11.1. Formulation mathématique du problème

Le mouvement étant irrotationnel, la vitesse (u, w) dérive d'un potentiel des vitesses $\phi(t, x, z)$ de tel façon que

$$(11.1) \qquad u = \frac{\partial \phi}{\partial x} \quad \text{et} \quad w = \frac{\partial \phi}{\partial z}$$

et ϕ satisfait à l'équation de Laplace

$$(11.2) \qquad \Delta_2 \phi = \frac{\partial^2 \phi}{\partial x^2} + \frac{\partial^2 \phi}{\partial z^2} = 0$$

qui est linéaire et elliptique. Dans ce cas la pression $p(t, x, z)$ est déduite à partir de l'intégrale de Bernoulli

$$(11.3) \qquad p = p_0 - \rho_0 \left\{ \frac{\partial \phi}{\partial t} + \frac{1}{2} \left[\left(\frac{\partial \phi}{\partial x} \right)^2 + \left(\frac{\partial \phi}{\partial z} \right)^2 \right] \right\} + \rho_0 g z \,,$$

oú p_0 est une constante et ρ_0 la masse volumique (constante) de l'eau.

A l'équation (11.2) il faut (au moins) associer deux conditions (sur la surface libre et sur le fond du canal).

Soit : $z = \zeta(x,t)$ l'équation de la surface libre, l'axe des $x (z = 0)$ étant celui qui correspond à une surface libre au repos. Le fond est donc donné par l'équation :

$$z = -h_0\,, \quad \text{avec} \quad h_0 = \text{constante}.$$

Tout d'abord, la surface libre est une surface matérielle et le fluide (l'eau) glisse sur cette surface. Ainsi, on doit écrire la *condition cinématique* suivante :

$$(11.5) \qquad \frac{D}{Dt}(z - \zeta)\Big|_{z=\zeta} = 0 \Rightarrow \frac{\partial \phi}{\partial z} = \frac{\partial \zeta}{\partial t} + \frac{\partial \phi}{\partial x}\frac{\partial \zeta}{\partial x}\,, \text{ sur } \quad z = \zeta(x,t)\,.$$

Mais l'élévation de la surface libre $\zeta(t,x)$ est aussi une fonction inconnue, au même titre que le potentiel des vitesses $\phi(t,x,z)$. De ce fait, il nous faut une seconde condition sur $z = \zeta(t,x)$ qui est la *condition dynamique*; elle découle de (11.3), en écrivant la *continuité de la pression* à travers la surface libre, lorsque l'on suppose que $p_0 \equiv p_{at}$, est la pression (atmosphérique constante) sur la surface libre, lorsque l'on se place au-dessus de cette dernière. Ainsi, on obtient sur $z = \zeta(t,x)$ la seconde condition suivante :

$$(11.6) \qquad \frac{\partial \phi}{\partial t} + \frac{1}{2}\left[\left(\frac{\partial \phi}{\partial x}\right)^2 + \left(\frac{\partial \phi}{\partial z}\right)^2\right] + g\zeta = 0\,, \quad \text{sur} \quad z = \zeta(t,x)\,.$$

En vérité, la condition (11.6) est vraie uniquement lorsque l'on suppose que la *tension de surface est négligeable* — ce que nous supposerons tout au long de ce Chapitre XI.

Comme nous supposons que le fond du canal est plat, la condition de glissement sur ce fond plat conduit à écrire :

$$(11.7) \qquad \frac{\partial \phi}{\partial z} = 0\,, \quad \text{sur} \quad z = -h_0\,.$$

L'équation de Laplace (11.2) avec les trois conditions (en z) (11.5–7), forment le *problème mathématique* pour les ondes à la surface de l'eau. Pour ce qui concerne les conditions en x, on admettra que l'on a des conditions de comportement adéquates à l'infini; mais, en fait, il est suffisant de supposer que le mouvement d'ondes est périodique en x. Il faut aussi écrire des conditions initiales (en $t = 0$), aussi bien pour ϕ que pour ζ. On considère, en général, deux types de problèmes :

$$(1) \qquad \phi(0,x,z) = \zeta(0,x) = 0 \quad \text{pour} \quad x > 0 \quad \text{et} \quad t = 0$$

$$(11.8) \qquad \text{et} \quad \frac{\partial \phi}{\partial x}(t,0,z) = W_0 U(t/t_0)\,, \quad \text{lorsque } t > 0\,;$$

(2)

(11.9) $\qquad \phi(0, x, z) = 0 \quad$ mais $\quad \zeta(0, x) = a_0 \zeta^0 \left(\dfrac{x}{\lambda_0} \right), \quad$ en $\quad t = 0.$

Au niveau de (11.8) on a que : W_0 et t_0 sont une vitesse et un temps caractéristiques et la fonction $U(t/t_0)$ est une donnée du problème ; au niveau de (11.9) on a que : a_0 est une amplitude caractèristique pour l'élévation initiale de la surface libre ζ^0 et λ_0 une longueur d'onde caractéristique associée à cette évélation initiale (pour $t = 0$). Afin de déduire, asymptotiquement, du problème mathématique ci-dessus, des équations modèles plus simples il faut passer au problème réduit, écrit avec des grandeurs sans dimensions, oú vont intervenir nos deux petits paramètres.

11.2. Forme réduite du problème

On désignera par des primes les grandeurs réduites, sans dimensions, quitte à les supprimer (les primes !) ensuite au niveau du problème réduit (sans dimensions). Ainsi, on a :

(11.10) $\qquad x' = \dfrac{x}{\lambda_0}, \; z' = \dfrac{z}{h_0}, \; t' = \dfrac{t}{t_0},$

avec $t_0 = \lambda_0/C_0$ et $C_0 = \sqrt{gh_0}$ et de ce fait le nombre de Strouhal

$$S = \frac{\lambda_0}{C_0 t_0} \equiv 1.$$

Maintenant, il est judicieux d'introduire

(11.11) $\qquad \phi' = \phi/\varepsilon C_0 \lambda \quad$ et $\quad \zeta' = \zeta/a_0,$

oú intervient le paramètre sans dimensions :

(11.12) $\qquad \varepsilon = \dfrac{a_0}{h_0},$

qui est le petit paramètre lié à une *théorie non linéaire* pour les ondes *"de faibles amplitudes"* , mais non infinitésimales (en théorie linéaire $\varepsilon \equiv 0$).

En supprimant les primes sur les quantité adimensionnelles, on arrive au *problème réduit* suivant :

(11.13a) $\qquad \dfrac{\partial^2 \phi}{\partial z^2} + \delta^2 \dfrac{\partial^2 \phi}{\partial x^2} = 0,$

$$-1 \le z \le \varepsilon \zeta(x, t);$$

(11.13b)
$$\frac{\partial \phi}{\partial z} = 0, \quad \text{sur} \quad z = -1\,;$$

(11.13c)
$$\frac{\partial \phi}{\partial z} = \delta^2 \left[\frac{\partial \zeta}{\partial t} + \varepsilon \frac{\partial \phi}{\partial x} \frac{\partial \zeta}{\partial x} \right], \quad \text{sur} \quad z = \varepsilon \zeta(x,t)\,;$$

(11.13d)
$$\frac{\partial \phi}{\partial t} + \zeta + \frac{\varepsilon}{2} \left[\left(\frac{\partial \phi}{\partial x} \right)^2 + \frac{1}{\delta^2} \left(\frac{\partial \phi}{\partial z} \right)^2 \right] = 0, \quad \text{sur} \quad z = \varepsilon \zeta(x,t)\,;$$

oú apparaît un second paramètre sans dimensions :

(11.14)
$$\delta = \frac{h_0}{\lambda_0}\,,$$

qui est celui des *ondes longues* (eau peu profonde).

Par la suite nous allons nous intéresser au problème réduit (11.13), lorsque

$$\varepsilon \to 0 \quad et \quad \delta \to 0, \quad \text{à} \quad t, x, z \quad \text{fixés}$$

de telle façon que :

(11.15)
$$\delta^2 = \kappa_0 \varepsilon\,.$$

Le paramètre de similitude $\kappa_0 = 0(1)$ est celui d'Ursell (1953) et il permet de tenir compte simultanément des effets *non linéaire* et de *dispersion*.

Enfin, à la place de (11.8) nous pouvons écrire, sous une forme adimensionnelle (une fois les primes supprimées) :

(11.16)
$$\frac{\partial \phi}{\partial x}(t, 0, z) = \omega U(t)\,, \, t > 0$$

avec $\omega = \dfrac{W_0}{\varepsilon C_0}$, et à la place de (11.9), on aura, tout simplement,

(11.17)
$$\zeta(0, x) = \zeta^0(x)\,.$$

11.3. Les équations de Boussinesq

On suppose donc que $\delta \ll 1$ (ondes longues) et dans ce cas, en admettant l'analyticité de ϕ (c'est une fonction harmonique de x et de z), nous pouvons effectuer un développement en puissances entières de $(z + 1)$, lorsque $z \in (-1, \varepsilon \zeta(x, t))$:

(11.18)
$$\phi(t, x, z) = \sum_{n=0}^{\infty} (z + 1)^n \phi_n(t, x)\,.$$

En utilisant, le fait que $\delta^2 \ll 1$ et la condition en $z = -1$ (11.13b), nous obtenons successivement de l'équation de Laplace (11.13a) avec (11.13b) les divers termes de (11.18) :

(11.19)
$$\begin{cases} \phi_0(t,x) = F_0(t,x)\,; \; \phi_1 \equiv 0\,, \\[2mm] \phi_2(t,x) = -\dfrac{\delta^2}{2}\dfrac{\partial^2 F_0}{\partial x^2}\,, \; \phi_3 \equiv 0\,, \\[2mm] \phi_4(t,x) = +\dfrac{\delta^4}{24}\dfrac{\partial^4 F_0}{\partial x^4}\,,\cdots, \end{cases}$$

oú $F_0(t,x)$ est, par hypothèse, la valeur du potentiel des vitesses ϕ sur $z = -1$. Pour l'instant, au niveau du développement :

(11.20)
$$\begin{aligned} \phi(t,x,z) = F_0(t,x) &- \frac{\delta^2}{2}(z+1)^2\frac{\partial^2 F_0}{\partial x^2} \\ &+ \frac{\delta^4}{24}(z+1)^4\frac{\partial^4 F_0}{\partial x^4} + O(\delta^6)\,, \end{aligned}$$

la fonction $F_0(t,x)$ reste indéterminée.

Pour pouvoir la déterminer il faut faire appel aux deux conditions de surface libre (11.13c,d). A cette fin, on insère (11.20) dans (11.13c) et on obtient (avec une erreur qui est $O(\delta^4, \varepsilon^2)$) :

(11.21)
$$\begin{aligned} \frac{\partial \zeta}{\partial t} + \frac{\partial^2 F_0}{\partial x^2} + \varepsilon\left[\zeta\frac{\partial^2 F_0}{\partial x^2} + \frac{\partial \zeta}{\partial x}\frac{\partial F_0}{\partial x}\right] \\ = (\delta^2/6)\frac{\partial^4 F_0}{\partial x^4}\,. \end{aligned}$$

Si on insère (11.20) dans (11.13d) il vient (toujours avec une erreur qui est $O(\delta^4, \varepsilon^2)$) :

(11.22)
$$\frac{\partial F_0}{\partial t} + \zeta + \frac{\varepsilon}{2}\left(\frac{\partial F_0}{\partial x}\right)^2 = \frac{\delta^2}{2}\frac{\partial^3 F_0}{\partial x^2 \partial t}\,.$$

A la place de $\partial F_0/\partial x$ on peut introduire la composante de vitesse horizontale : $u_0 = \dfrac{\partial F_0}{\partial x}$. Dans ce cas on obtient de (11.21) et (11.22) les *deux équations de Boussinesq* suivantes, pour les deux fonctions inconnues $u_0(t,x)$ et $\zeta(t,x)$:

(11.23)
$$\begin{cases} \dfrac{\partial \zeta}{\partial t} + \dfrac{\partial}{\partial x}\left[(1 + \varepsilon\zeta)u_0\right] = \dfrac{\delta^2}{6}\dfrac{\partial^3 u_0}{\partial x^3}\,; \\[3mm] \dfrac{\partial u_0}{\partial t} + \dfrac{\partial \zeta}{\partial x} + \varepsilon u_0\dfrac{\partial u_0}{\partial x} = \dfrac{\delta^2}{2}\dfrac{\partial^3 u_0}{\partial x^2 \partial t}\,. \end{cases}$$

Des équations (11.21) et (11.22), on peut extraire (toujours avec une erreur de l'ordre de $O(\delta^4, \varepsilon^2)$) une seule équation pour $F_0(x,t)$ qui est aussi dite *"équation de Boussinesq"*. En effet, de l'équation (11.22) on peut former la relation suivante (on utilise (11.22) pour calculer $\dfrac{\partial \zeta}{\partial t}$ et aussi $\dfrac{\partial}{\partial x}\left(\zeta\dfrac{\partial F_0}{\partial x}\right)$) :

(11.24)
$$\frac{\partial \zeta}{\partial t} + \varepsilon \frac{\partial}{\partial x}\left[\zeta \frac{\partial F_0}{\partial x}\right] = -\frac{\partial^2 F_0}{\partial t^2} - \frac{\varepsilon}{2}\frac{\partial}{\partial t}\left[\left(\frac{\partial F_0}{\partial x}\right)^2\right]$$
$$+ \frac{\delta^2}{2}\frac{\partial^4 F_0}{\partial x^2 \partial t^2} - \varepsilon\frac{\partial}{\partial x}\left[\frac{\partial F_0}{\partial t}\frac{\partial F_0}{\partial x}\right] + O(\varepsilon^2, \delta^2\varepsilon, \delta^4).$$

Mais on a aussi que :

$$\frac{\partial \zeta}{\partial t} = -\frac{\partial^2 F_0}{\partial t^2} + O(\varepsilon, \delta^2) \quad \text{et} \quad \frac{\partial F_0}{\partial t} = -\zeta + O(\varepsilon, \delta^2)$$

et de ce fait

$$\frac{\partial}{\partial t}\left(\frac{\partial F_0}{\partial t}\right) = \frac{\partial}{\partial x}\left(\frac{\partial F_0}{\partial x}\right) + O(\varepsilon, \delta^2)$$

Ainsi, le terme : $-\varepsilon\dfrac{\partial}{\partial x}\left[\dfrac{\partial F_0}{\partial t}\dfrac{\partial F_0}{\partial x}\right]$ peut s'écrire sous la forme suivante :

(11.25)
$$-\frac{\varepsilon}{2}\frac{\partial}{\partial t}\left[\left(\frac{\partial F_0}{\partial t}\right)^2 + \left(\frac{\partial F_0}{\partial x}\right)^2\right] + O(\varepsilon^2, \varepsilon\delta^2).$$

Ainsi, grâce à (11.24) et (11.25), de l'équation (11.21) on obtient l'équation de Boussinesq suivante pour $F_0(x,t)$, *en ne retenant que les termes d'ordre ε^0, ε et δ^2* :

(11.26)
$$\frac{\partial^2 F_0}{\partial x^2} - \frac{\partial^2 F_0}{\partial t^2} + \varepsilon\frac{\partial}{\partial t}\left[\left(\frac{\partial F_0}{\partial x}\right)^2 + \frac{1}{2}\left(\frac{\partial F_0}{\partial t}\right)^2\right]$$
$$- \frac{\delta^2}{3}\frac{\partial^4 F_0}{\partial x^4} = 0.$$

Des équations (11.21–22) on peut encore obtenir de façon plus formelle une autre forme de l'équation de Boussinesq. A cette fin, on développe ζ et F_0 en puissances de ε, une fois que l'on suppose que : $\delta^2 = \kappa_0\varepsilon$,

(11.27)
$$\zeta = \zeta^0 + \varepsilon\zeta^1 + \cdots, \ F_0 = F_0^0 + \varepsilon F_0^1 + \cdots.$$

A l'ordre ε^0, il vient pour ζ^0 et $u_0^0 = \dfrac{\partial F_0^0}{\partial x}$ les deux équations suivantes :

(11.28a)
$$\frac{\partial u_0^0}{\partial x} = -\frac{\partial \zeta^0}{\partial t} \quad \text{et} \quad \frac{\partial u_0^0}{\partial t} = -\frac{\partial \zeta^0}{\partial x}$$

et de ce fait

(11.28b)
$$\frac{\partial^2 \zeta^0}{\partial x^2} - \frac{\partial^2 \zeta_0}{\partial t^2} = 0.$$

A l'ordre ε^1, on obtient pour ζ^1 et $u_0^1 = \dfrac{\partial F_0^1}{\partial x}$ les deux équations suivantes :

$$\frac{\partial \zeta^1}{\partial t} + \frac{\partial u_0^1}{\partial x} - \zeta^0\frac{\partial \zeta^0}{\partial t} + u_0^0\frac{\partial \zeta^0}{\partial x} + \frac{\kappa_0}{6}\frac{\partial^3 \zeta^0}{\partial x^2 \partial t} = 0 ;$$
$$\frac{\partial u_0^1}{\partial t} + \frac{\partial \zeta^1}{\partial x} - u_0^0\frac{\partial \zeta^0}{\partial t} + \frac{\kappa_0}{2}\frac{\partial^3 \zeta^0}{\partial x^3} = 0.$$

Des deux équations ci-dessus pour ζ^1 et u_0^1 on obtient l'équation suivante pour $\zeta^1(t, x)$:

$$
\begin{aligned}
(11.29) \quad & \frac{\partial^2 \zeta^1}{\partial x^2} - \frac{\partial^2 \zeta^1}{\partial t^2} + 2 \left(\frac{\partial \zeta^0}{\partial t} \right)^2 + \left(\frac{\partial \zeta^0}{\partial x} \right)^2 + \zeta^0 \frac{\partial^2 \zeta^0}{\partial x^2} \\
& - 2u_0^0 \frac{\partial^2 \zeta_0}{\partial x \partial t} + \frac{\kappa_0}{3} \frac{\partial^4 \zeta_0}{\partial x^4} = 0 \,.
\end{aligned}
$$

Maintenant, on peut combiner cette dernière équation (11.29) avec (11.28b) pour obtenir une équation pour la fonction :

$$
(11.30) \qquad \zeta^* \equiv \zeta^0 + \varepsilon \zeta^1 \,.
$$

Le résultat est le suivant :

$$
\begin{aligned}
(11.31) \quad & \frac{\partial^2 \zeta^*}{\partial x^2} - \frac{\partial^2 \zeta^*}{\partial t^2} + \varepsilon \frac{\partial^2}{\partial x^2} \left[\frac{1}{2} (\zeta^*)^2 + \frac{\kappa_0}{3} \frac{\partial^2 \zeta^*}{\partial x^2} \right. \\
& \left. + \left\{ \int_{-\infty}^{x} \frac{\partial \zeta^*}{\partial t} dx \right\}^2 \right] = 0 \,,
\end{aligned}
$$

avec une erreur de l'ordre de $O(\varepsilon^2)$.

Précisons que pour obtenir l'équation de Boussinesq (11.31) nous avons supposé que :

$$
(11.32) \qquad \frac{\partial \zeta^*}{\partial t} \to 0 \quad \text{avec} \quad x \to -\infty \,,
$$

et compte tenu aussi de la relation : $\dfrac{\partial u_0^0}{\partial x} = -\dfrac{\partial \zeta^0}{\partial t}$.

Si avec Johnson (1983) on introduit la nouvelle fonction

$$
(11.33) \qquad \psi(\xi, t) = \zeta^*(\xi, t) - \varepsilon \left[\zeta^*(\xi, t) \right]^2 \,,
$$

avec

$$
(11.34) \qquad \xi = x + \varepsilon \int_{-\infty}^{x} \zeta(x', t) dx' \,,
$$

alors, à la place de (11.31), on obtient l'équation de Boussinesq suivante :

$$
(11.35) \qquad \frac{\partial^2 \psi}{\partial \xi^2} - \frac{\partial^2 \psi}{\partial t^2} + \varepsilon \left[\frac{3}{2} \frac{\partial^2}{\partial \xi^2} (\psi)^2 + \frac{\kappa_0}{3} \frac{\partial^4 \psi}{\partial \xi^4} \right] = 0 \,,
$$

toujours avec une erreur de l'ordre de $O(\varepsilon^2)$.

11.4. L'onde solitaire de Boussinesq et les ondes cnoidales

On recherche une solution de l'équation de Boussinesq (11.26) sous la forme suivante (on fait $\delta^2 = \kappa_0 \varepsilon$) :

(11.36) $$F_0 = \phi(\xi)\,,\, \xi = x - ct\,,$$

dans ce cas : $\partial/\partial x = d/d\xi$, $\partial/\partial t = -cd/d\xi$.

De (11.26), il vient l'équation différentielle ordinaire suivante pour $\phi(\xi)$:

(11.37) $$(c^2 - 1)\frac{d^2\phi}{d\xi^2} - c^2\varepsilon\frac{\kappa_0}{3}\frac{d^4\phi}{d\xi^4} = \varepsilon c\left[1 + \frac{c^2}{2}\right]\frac{d}{d\xi}\left[\frac{d\phi}{d\xi}\right]^2\,,$$

et, pour que l'équation (11.37) ne dégénère pas il faut que

(11.38) $$c^2 = 1 + O(\varepsilon)\,.$$

De ce fait, avec une erreur de l'ordre de $O(\varepsilon^2)$, on peut remplacer l'équation (11.37), par l'équation suivante, après l'avoir intégré une fois relativement à ξ :

(11.39) $$(c^2 - 1)\frac{d\phi}{d\xi} + A_1 = \varepsilon\frac{\kappa_0}{3}\frac{d^3\phi}{d\xi^3} + \frac{3}{2}\varepsilon\left(\frac{d\phi}{d\xi}\right)^2\,.$$

Mais on a aussi que :

$$\frac{\partial F_0}{\partial t} = -\zeta + O(\varepsilon) = -\frac{d\phi}{d\xi} + O(\varepsilon)\,,$$

et on trouve pour ζ, toujours avec une erreur de l'ordre de $O(\varepsilon^2)$, l'équation suivante :

(11.40) $$(c^2 - 1)\zeta + A_1 = \frac{\varepsilon\kappa_0}{3}\frac{d^2\zeta}{d\xi^2} + \varepsilon\frac{3}{2}\zeta^2\,.$$

Finallement, multiplions cette dernière équation (11.40) par $d\zeta/d\xi$ et intégrons encore une fois en ξ. Le résultat final est :

(11.41)
$$-\frac{\varepsilon}{2}\zeta^3 + \frac{c^2 - 1}{2}\zeta^2 + A_1\zeta + A_2$$
$$= \frac{\kappa_0}{6}\varepsilon\left(\frac{d\zeta}{d\xi}\right)^2\,,$$

oú les constantes d'intégration A_1 et A_2 sont toutes les deux de l'ordre de $O(\varepsilon)$ et $c^2 - 1 = O(\varepsilon)$.

Il faut maintenant considérer deux cas :

* *Onde solitaire de Boussinesq* (1877)

Le phénomène de l'onde dite "solitaire" a été observée pour la première fois en 1834 par J.Scott Russel (1844), à Edinburgh à la surface de l'eau dans le canal de Glasgow. Cette onde solitaire est telle que sa hauteur décroît rapidement vers zéro avec $|\xi| \to \infty$. On peut donc faire l'hypothèse que :

$$\zeta, \frac{d\zeta}{d\xi} \quad \text{et} \quad \frac{d^2\zeta}{d\xi^2}, \quad \text{décroissent vers zéro à l'infini, pour} \quad |\xi| \to \infty.$$

Dans ce cas, on aura que $A_1 = 0$ et $A_2 = 0$ et le choix de $c^2 = 1 + \varepsilon$, conduit à

(11.42)
$$\frac{d\zeta}{d\xi} = \sqrt{\frac{3}{\kappa_0}}\zeta[1 - \zeta]^{1/2},$$

à la place de (11.41), du moins pour les ondes solitaires dites supercritiques ($c > 1$).

On intègre une fois en ξ l'équation (11.42) :

$$\sqrt{3/\kappa_0}(\xi - \xi_0) = -2Arcth[(1 - \zeta)^{1/2}]$$

ou encore

(11.43)
$$\zeta(\xi) = \operatorname{sech}^2 \left[\frac{1}{2}\sqrt{\frac{3}{\kappa_0}}(\xi - \xi_0)\right].$$

La formule (11.43) nous donne l'équation analytique de l'onde solitaire de hauteur maximum en $\xi = \xi_0$; on peut toujours supposer que $\xi_0 = 0$. En variables physiques, on obtient l'équation suivante, pour l'onde solitaire :

(11.44)
$$\zeta(x, t) = a_0 \operatorname{sech}^2 [b_0(x - ct)],$$

avec $c^2 = g(a_0 + h_0)$ et $b_0 = \sqrt{\frac{3a_0}{4h_0^3}}$.

**Les ondes croidales*

Revenons à l'équation (11.41) pour ζ et écrivons la sous la forme suivante, en supposant que $A_1 \neq 0$ mais $A_2 \equiv 0$:

(11.45)
$$\frac{\kappa_0}{3}\left(\frac{d\zeta}{d\xi}\right)^2 = \zeta(1 - \zeta)(\zeta - 1 + \beta)$$

avec $c^2 = 1 + 2\varepsilon\left[1 - \frac{\beta}{2}\right]$ et $\frac{A_1}{\varepsilon} = \frac{1}{2}(\beta - 1)$.

La solution de (11.45) peut d'exprimer au moyen de la fonction elliptique de Jacobi Cn dit *onde croidales*

(11.46)
$$\zeta = Cn^2\left[\frac{1}{2}\sqrt{\frac{3\beta}{\kappa_0}}(\xi - \xi_0)\,|\,m\right], m = \sqrt{\frac{1}{\beta}},$$

où m est le module de la fonction elliptique . La longueur d'onde est alors :

$$(11.47) \qquad \lambda_0 = \left\{ \frac{4h_0^3}{\sqrt{3\beta}} \right\} K(m) \, ,$$

où $K(m)$ est l'intégrale elliptique complète du premier genre. On notera que $Cn(v/m)$ est périodique et donc dans ce cas on obtient un train d'ondes périodiques dans l'eau peu profonde (*)

11.5. L'équation modèle KdV

* Revenons à l'équation de Boussinesq (11.26), où l'on suppose que : $\delta^2 = \kappa_0 \varepsilon$:

$$\frac{\partial^2 F_0}{\partial x^2} - \frac{\partial^2 F_0}{\partial t^2} + \varepsilon \frac{\partial}{\partial t} \left[\left(\frac{\partial F_0}{\partial x} \right)^2 + \frac{1}{2} \left(\frac{dF_0}{\partial t} \right)^2 \right]$$

$$- \varepsilon \frac{\kappa_0}{3} \frac{\partial^4 F_0}{\partial x^4} = 0 \, .$$

Introduisons, au niveau de cette équation de Boussinesq, la variable caractéristique

$$(11.52) \qquad \sigma = x - t$$

(*) Il faut tout d'abord définir l'intégrale

$$(11.48) \qquad v = \int_0^\phi [1 - m \sin^2 \Theta]^{-1/2} d\Theta, \ 0 \leq m \leq 1 \, .$$

On peut alors introduire (Jacobi et Abel) une paire de fonctions inverses :

$$(11.49) \qquad Sn(v/m) = \sin \phi \quad \text{et} \quad Cn(v/m) = \cos \phi \, ,$$

qui sont *les fonctions elliptiques de Jacobi.*

Si $m = 0$ alors : $v = \phi$ et $Cn(v/0) = \cos \phi = \cos v$, et si $m = 1$ on peut calculer l'intégrale donnant v ; on a :

$$(11.50) \qquad v = \text{arcsech}(\cos \phi) \quad \text{et} \quad Cn(v/1) = \text{sech} v \, .$$

La période de Cn correspond à la période 2π du cosinus et on note la période de Cn par $4 K(m)$ où :

$$(11.51) \qquad K(m) = \int_0^{\pi/2} (1 - m \sin^2 \Theta)^{-1/2} d\Theta \, .$$

Comme $K(m) \to \infty$, pour $m \to 1$, on retrouve la période infinie de $Cn(v/1)$ =sech v qui correspond à l'onde solitaire.

et le temps lent

(11.53) $$\tau = \varepsilon t.$$

Dans ce cas on peut écrire les formules de dérivation suivantes :

(11.54) $$\frac{\partial}{\partial x} = \frac{\partial}{\partial \sigma} \quad \text{et} \quad \frac{\partial}{\partial t} = -\frac{\partial}{\partial \sigma} + \varepsilon \frac{\partial}{\partial \tau}.$$

Avec (11.52–54), l'équation de Boussinesq devient, pour la fonction $f(\tau, \sigma) \equiv F\left(\dfrac{\tau}{\varepsilon}, \sigma + \dfrac{\tau}{\varepsilon}\right)$,

(11.55) $$\frac{\partial^2 f}{\partial \sigma \partial \tau} + \frac{3}{4} \frac{\partial}{\partial \sigma} \left(\frac{\partial f}{\partial \sigma}\right)^2 + \frac{\kappa_0}{6} \frac{\partial^4 f}{\partial \sigma^4} = 0,$$

avec une erreur qui est $O(\varepsilon)$. Mais avec une erreur de $O(\varepsilon)$ on a aussi que :

$$\frac{\partial F_0}{\partial t} = -\zeta \quad \text{ou encore} \quad \frac{\partial f}{\partial \sigma} = \zeta.$$

Ainsi, on obtient pour la fonction $\zeta = \zeta(\tau, \sigma)$ *l'équation KdV* suivante :

(11.56) $$\frac{\partial \zeta}{\partial t} + \frac{3}{2} \zeta \frac{\partial \zeta}{\partial \sigma} + \frac{\kappa_0}{6} \frac{\partial^3 \zeta}{\partial \sigma^3} = 0.$$

** Mais ce qui est plus intéressant, c'est que l'équation modèle *KdV* émèrge tout naturellement du problème réduit initial (sans passer par l'équation de Boussinesq) avec la condition (11.16) et les conditions initiales

(11.57) $$\phi(0, x, z) = 0 \quad \text{et} \quad \zeta(0, x) = 0$$

Dans la condition (11.16) il faut alors supposer que $W_0/C_0 = \varepsilon$; c'est à dire $\omega \equiv 1$. On recherche la solution de (11.13a), satisfaisant aux conditions (11.13b) à (11.13d) sous la forme des développements asymptotiques en ε suivants, avec la condition de similitude $\delta^2 = \kappa_0 \varepsilon$,

(11.58) $$\begin{cases} \phi = F_0(x, t) + \varepsilon \kappa_0 \left[F_1(x, t) - \dfrac{(z+1)^2}{2} \dfrac{\partial^2 F_0}{\partial x^2} \right] + \cdots, \\ \zeta = \zeta_0(x, t) + \varepsilon \zeta_1(x, t) + \cdots, \end{cases}$$

oú $F_0(x, t)$ *n'est pas* la valeur de ϕ en $z = -1$! Dans ce cas, il vient pour F_0, F_1, ζ_0 et ζ_1 le système d'équations suivant, à partir de (11.13c) et (11.13d) :

(11.59a) $$\frac{\partial F_0}{\partial t} = -\zeta_0, \quad \frac{\partial^2 F_0}{\partial x^2} = \frac{\partial \zeta_0}{\partial t};$$

(11.59b) $$\kappa_0 \frac{\partial F_1}{\partial t} + \zeta_1 = \frac{\kappa_0}{2} \frac{\partial^3 F_0}{\partial t \partial x^2} - \frac{1}{2} \left[\frac{\partial F_0}{\partial x}\right]^2;$$

$$(11.59c) \qquad -\kappa_0 \frac{\partial^2 F_1}{\partial x^2} - \frac{\partial \zeta_1}{\partial t} = \frac{\partial \zeta_0}{\partial x} \frac{\partial F_0}{\partial x} - \frac{\kappa_0}{6} \frac{\partial^4 F_0}{\partial x^4} + \zeta_0 \frac{\partial^2 F_0}{\partial x^2} \,.$$

Du système (11.59) on peut, tout d'abord, éliminer ζ_0 et ζ_1 et obtenir pour F_0 et F_1 les deux équations suivantes :

$$(11.60a) \qquad \frac{\partial^2 F_0}{\partial t^2} - \frac{\partial^2 F_0}{\partial x^2} = 0 \,;$$

$$(11.60b) \qquad \begin{aligned} \frac{\partial^2 F_1}{\partial t^2} - \frac{\partial^2 F_1}{\partial x^2} &= \frac{1}{3} \frac{\partial^4 F_0}{\partial t^2 \partial x^2} - \frac{2}{\kappa_0} \frac{\partial F_0}{\partial x} \frac{\partial^2 F_0}{\partial x \partial t} \\ &\quad - \frac{1}{\kappa_0} \frac{\partial F_0}{\partial t} \frac{\partial^2 F_0}{\partial t^2} \,. \end{aligned}$$

Nos conditions sont :

$$(11.61a) \qquad \frac{\partial F_0}{\partial x} = U(t) \quad \text{et} \quad \frac{\partial F_1}{\partial x} = 0, \quad \text{pour} \quad x = 0 \quad \text{et} \quad t > 0,$$

$$(11.61b) \qquad \text{et} \quad F_0 = F_1 = 0 \quad pour \quad t = 0 \quad \text{et quelque soit} \quad x$$

La solution de (11.60a) pour $F_0(t, x)$ est tout simplement :

$$(11.62) \qquad F_0(x, t) = -\mathcal{F}(\sigma) \,, \sigma = x - t > 0,$$

mais $F_0(x, t) = 0$ si $\sigma < 0$, oú $d\mathcal{F}(t)/dt = U(t)$.

Dans ce cas pour $F_1(\sigma, \rho)$, avec $\rho = x + t$ on doit résoudre l'équation hyperbolique suivante :

$$(11.63) \qquad 4 \frac{\partial^2 F_1}{\partial \sigma \partial \rho} = \Gamma(\sigma)$$

avec

$$(11.64) \qquad \Gamma(\sigma) \equiv \Gamma(t - x) = -\frac{1}{3} \frac{d^4 \mathcal{F}}{dt^4} - \frac{3}{\kappa_0} \left(\frac{d\mathcal{F}}{dt} \right) \frac{d^2 \mathcal{F}}{dt^2} \,,$$

oú $\mathcal{F} = \mathcal{F}(t - x)$. Comme conséquence de (11.63) et (11.64) la solution pour F_1 contiendra des termes proportionnels à ρ ! De ce fait, le long de toute ligne caractéristique $\sigma =$ constant on aura, $\rho \sim x$, lorsque $x \to +\infty$. Ainsi, on constate que le développement (11.58)), pour ϕ, *ne sera pas uniformément valable pour les $x = O(1/\varepsilon)$* ! Les effets cumulatifs non linéaires nécessitent donc un développement distal pour les "grands temps". En accord avec Kevorkian et Cole (1981, p.508) on va donc introduire le temps long

$$\tau = \varepsilon t \,.$$

Dans les variables $\sigma = t - x, \tau = \varepsilon t$ le développement en "ondes longues" (11.58) reste valable puisque (x, t) sont arbitraires au niveau de (11.58). On peut donc postuler l'existence d'un développement asymptotic distal de la forme suivante pour ϕ :

(11.65)
$$\phi = F_0^*(\sigma, \tau) + \varepsilon \kappa_0 \left[F_1^*(\sigma, \tau) - \frac{(z+1)^2}{2} \frac{\partial^2 F_0^*}{\partial \sigma^2} \right]$$
$$+ \varepsilon^2 (\kappa_0)^2 \left[F_2^*(\sigma, \tau) - \frac{(z+1)^2}{2} \frac{\partial^2 F_1^*}{\partial \sigma^2} \right.$$
$$\left. + \frac{1}{24} (z+1)^4 \frac{\partial^4 F_0^*}{\partial \sigma^4} \right] + \cdots,$$

et aussi pour

(11.66)
$$\zeta = \zeta_0^*(\sigma, \tau) + \varepsilon \zeta_1^*(\sigma, \tau) + \cdots.$$

on a pour les dérivations

$$\frac{\partial}{\partial x} = -\frac{\partial}{\partial \sigma} \quad \text{et} \quad \frac{\partial}{\partial t} = \frac{\partial}{\partial \sigma} + \varepsilon \frac{\partial}{\partial \tau}.$$

Une fois de plus, des conditions de surface libre (11.13c,d) on trouve :

(11.67)
$$\frac{\partial F_0^*}{\partial \sigma} + \zeta_0^* = 0 \quad \text{et} \quad \frac{\partial^2 F_0^*}{\partial \sigma^2} + \frac{\partial \zeta_0^*}{\partial \sigma} = 0,$$

et pour déterminer ζ_0^* et F_0^* il faut pousser à l'ordre suivant (en accord avec la MEM). Pour F_1^* et ζ_1^* on obtient les équations suivantes

(11.68a)
$$\kappa_0 \frac{\partial F_1^*}{\partial \sigma} + \zeta_1^* = -\frac{\partial F_0^*}{\partial \tau} + \frac{\kappa_0}{2} \frac{\partial^3 F_0^*}{\partial \sigma^3} - \frac{1}{2} \left(\frac{\partial F_0^*}{\partial \sigma} \right)^2,$$

(11.68b)
$$\kappa_0 \frac{\partial F_1^*}{\partial \sigma} + \zeta_1^* = \frac{\partial F_0^*}{\partial \tau} + \frac{\kappa_0}{6} \frac{\partial^3 F_0^*}{\partial \sigma^3} - \zeta_0^* \frac{\partial F_0^*}{\partial \sigma}.$$

De (11.68a) et (11.68b) on tire immédiatement l'équation suivante pour $F_0^*(\sigma, \tau)$ (condition de compatibilité) :

(11.69)
$$2 \frac{\partial F_0^*}{\partial \tau} + \frac{3}{2} \left(\frac{\partial F_0^*}{\partial \sigma} \right)^2 - \frac{\kappa_0}{3} \frac{\partial^3 F_0^*}{\partial \sigma^3} = 0,$$

puisque $\zeta_0^* = -\dfrac{\partial F_0^*}{\partial \sigma}$. Si on change σ en $-\sigma = x - t \equiv \xi$ on retrouve l'équation KdV classique pour $F_0^*(\xi, \tau)$:

(11.70)
$$\frac{\partial F_0^*}{\partial \tau} + \frac{3}{4} \left(\frac{\partial F_0^*}{\partial \xi} \right)^2 + \frac{\kappa_0}{6} \frac{\partial^3 F_0^*}{\partial \xi^3} = 0.$$

Maintenant, afin d'effectuer le raccord avec la région initiale (proche de $t = 0$), on constate
que

(11.71) $$\tau = \varepsilon t = \varepsilon(t - x) + \varepsilon x = \varepsilon\sigma + \widetilde{x}\,,$$

avec $\widetilde{x} = \varepsilon x$. De ce fait la solution de l'équation (11.69), pour $F_0^*(\sigma, \varepsilon\sigma + \widetilde{x})$ peut aussi
être mise sous la forme

(11.72) $$F_0^* = G_0^*(\sigma, \widetilde{x}) + O(\varepsilon).$$

Introduisons une variable intermédiaire

(11.73) $$X = \frac{\widetilde{x}}{\mu(\varepsilon)} \quad \text{avec} \quad \varepsilon \ll \mu(\varepsilon) \ll 1$$

et écrivons les solutions pour les champs lointain et proche avec la variable intermédiaire
X. On aura pour le champ proche (au voisinage de $t = 0$) :

(11.74)
$$\phi \sim F_0(x, t) = F_0\left(\frac{\mu(\varepsilon)}{\varepsilon} X\,, \sigma + \frac{\mu(\varepsilon)}{\varepsilon} X\right)$$
$$= F_0(0, \sigma) + O\left(\frac{\mu(\varepsilon)}{\varepsilon}\right)\,, \quad \frac{\mu(\varepsilon)}{\varepsilon} \ll 1\,,$$

et de ce fait, d'après (11.62),

(11.75)
$$\begin{cases} F_0(0, t) = -\mathcal{F}(\sigma)\,, \ \sigma > 0\,; \\ F_0(0, t) = 0\,, \quad \text{si} \quad \sigma < 0\,, \end{cases}$$

avec $U(t) = \dfrac{d\mathcal{F}(t)}{dt}$. Mais dans le champ lointain (distal en temps) on a

(11.76) $$\phi \sim G(\sigma, \mu(\varepsilon)X) + O(\varepsilon) = G(\sigma, 0) + O(\mu(\varepsilon))$$

et le raccord impose que

(11.77) $$G(\sigma, o) = -\mathcal{F}(\sigma) \quad \text{pour} \quad \sigma > 0\,,$$

mais $G(\sigma, 0) = 0$, si $\sigma < 0$.

En définitive, nous voyons que l'équation KdV (11.70) doit-être résolue avec la condition
initiale suivante :

(11.78)
$$\begin{cases} F_0^*(\xi, 0) = G(\xi, 0) = -\mathcal{F}(\xi)\,, \quad \text{pour} \quad \xi < 0\,, \\ F_0^*(\xi, 0) = 0\,, \quad \text{pour} \quad \xi > 0. \end{cases}$$

Avec (11.78) le problème avec condition initiale pour l'équation KdV (11.70) est *bien
posé*. Dans cet exemple, nous avons deux développements asymptotiques, pour les temps
petits et grands, mais pour les grands temps le développement asymptotique est en double

échelle relativement au temps — le raccord se faisant via une variable intermédiaire . Du fait de (11.71) ce raccord s'effectue en vérité relativement à la variable d'espace horizontal.

11.6. L'équation non linéaire de Schrödinger pour les ondes longues en eau peu profonde

Nous allons dans ce qui suit obtenir l'équation non linéaire de Schrödinger (NLS), à partir d'une équation KdV généralisée en s'inspirant d'un travail de Freeman et Davey (1975). Cependant, il faut noter que l'on peut obtenir, à partir de la MEM, une équation non linéaire de Schrödinger, plus complète, lorsque $\delta = O(1)$, à partir du problème réduit initial (11.13) sous l'hypothèse que $\varepsilon \ll 1$ — on pourra à ce sujet consulter le Chapitre XII du livre de Mei (1983).

* *Equation KdV généralisée*

Introduisons le paramètre $\alpha = 1/\kappa_0$ et réécrivons l'équation KdV sous la forme :

$$(11.79) \qquad 2\alpha \frac{\partial \zeta}{\partial \tau} + 3\alpha \zeta \frac{\partial \zeta}{\partial \sigma} + \frac{1}{3} \frac{\partial^3 \zeta}{\partial \sigma^3} = 0.$$

On suppose, dans ce qui suit, que $\alpha \ll 1$ et on introduit de nouvelles variables :

$$(11.80) \qquad \begin{aligned} &\text{à la place de} \quad \sigma \to \sigma_0 \equiv \sigma \,,\, \sigma_1 = \alpha \sigma \,, \\ &\text{à la place de} \quad \tau \to \tau_0 = \frac{\tau}{2} \,,\, \tau_1 = \frac{1}{6\alpha} \tau \,,\, T = \alpha \tau \,, \end{aligned}$$

et on a les formules de dérivation suivantes :

$$(11.81) \qquad \frac{\partial}{\partial \sigma} = \frac{\partial}{\partial \sigma_0} + \alpha \frac{\partial}{\partial \sigma_1} \,,\, \frac{\partial}{\partial \tau} = \frac{1}{2} \frac{\partial}{\partial \tau_0} + \frac{1}{6\alpha} \frac{\partial}{\partial \tau_1} + \alpha \frac{\partial}{\partial T} \,.$$

Il faut ensuite introduire les deux variables caractéristiques

$$(11.82) \qquad p = \sigma_0 + \tau_1 \quad \text{et} \quad q = \sigma_1 + \tau_0 \,.$$

Finallement, pour la fonction $\zeta(p, q, T; \alpha)$ il vient l'équation KdV généralisée suivante :

$$(11.83) \qquad \begin{aligned} &2\alpha^2 \frac{\partial \zeta}{\partial T} + \frac{1}{3} \frac{\partial \zeta}{\partial p} + \alpha \frac{\partial \zeta}{\partial q} + 3\alpha \zeta \frac{\partial \zeta}{\partial p} \\ &+ 3\alpha^2 \zeta \frac{\partial \zeta}{\partial q} + \frac{1}{3} \left\{ \frac{\partial^3 \zeta}{\partial p^3} + 3\alpha \frac{\partial^3 \zeta}{\partial p^2 \partial q} + 3\alpha^2 \frac{\partial^3 \zeta}{\partial p \partial q^2} + \alpha^3 \frac{\partial^3 \zeta}{\partial q^3} \right\} = 0. \end{aligned}$$

Lorsque $\alpha \ll 1$, on recherche la solution de l'équation (11.83) pour $\zeta(T, p, q, \alpha)$ sous la forme du développement asymptotique uniformément valable suivant (*) :

$$(11.84) \qquad \zeta = \zeta_0 + \alpha \zeta_1 + \alpha^2 \zeta_2 + \cdots .$$

---

*) On a que $\varepsilon/\alpha = \delta^2$ et on a obtenu l'équation KdV lorsque $\delta \to 0$. Cela veut dire que au niveau du problème réduit (11.13a–d) on se place dans la situation asyptotique : α fixé, $\delta \to 0$, puis $\alpha \to 0$. Il s'avère que la situation asymptotique : δ fixé, $\alpha \to 0$, puis $\delta \to 0$, conduit au même résultat — ce qui implique que le double passage à la limite δ et $\alpha \to 0$ est *valable uniformément*, indépendemment de l'ordre dans lequel on fait tendre δ ou α vers zéro. De plus, Hasimoto et Ono (1972), ont obtenu une équation de Schrödinger pour le problème réduit (11.13) lorsque δ^2 reste fixé et $\varepsilon \to 0$. Il s'avère que si l'on fait $\delta \to 0$ dans cette dernière NLS équation, on obtient l'équation déduite plus loin à ce § 11.6 (équation (11.103)).

Il vient alors, pour ζ_0, ζ_1 et ζ_2 les équations suivantes :

(11.85)
$$\frac{\partial^2 \zeta_0}{\partial p^2} + \zeta_0 = 0 \Rightarrow L(\zeta_0) = 0 \, ;$$

(11.86)
$$L\left(\frac{\partial \zeta_1}{\partial p}\right) = -3\left\{\frac{\partial \zeta_0}{\partial q} + 3\zeta_0\frac{\partial \zeta_0}{\partial p} + \frac{\partial^3 \zeta_0}{\partial p^2 \partial q}\right\} \, ;$$

(11.87)
$$L\left(\frac{\partial \zeta_2}{\partial p}\right) = -3\left\{2\frac{\partial \zeta_0}{\partial T} + 3\zeta_0\frac{\partial \zeta_0}{\partial q} + 3\frac{\partial}{\partial p}(\zeta_0\zeta_1)\right.$$
$$\left. + \frac{\partial \zeta_1}{\partial q} + \frac{\partial^2}{\partial p \partial q}\left[\frac{\partial \zeta_1}{\partial p} + \frac{\partial \zeta_0}{\partial q}\right]\right\}.$$

La solution de (11.88) pour $\zeta_0(T, p, q)$ est de la forme suivante :

(11.88)
$$\zeta_0 = A_{01}(T, q)E + A_{01}^* E^{-1} \, ,$$

où $E^{\pm 1} = \exp(\pm ip)$ et "*" désigne le complexe conjugué. Le coefficient $A_{01}(T, q)$ reste indéterminé à ce stade et nous verrons qu'il devra justement être solution d'une équation NLS. Pour la suite, il est judicieux de représenter ζ_0 sous la forme :

(11.89)
$$\zeta_0 = \frac{\partial f_0}{\partial p}$$

et dans ce cas on trouve que

(11.90)
$$f_0 = B_{00}(T, q) - iA_{01}E + iA_{01}^* E^{-1}.$$

Si maintenant on suppose que :

(11.91)
$$\zeta_1 = \frac{\partial f_0}{\partial q} + \frac{\partial f_1}{\partial p} = \frac{\partial B_{00}}{\partial q} - i\frac{\partial A_{01}}{\partial q}E$$
$$+ i\frac{\partial A_{01}^*}{\partial q}E^{-1} + \frac{\partial f_1}{\partial p} \, ,$$

on devra résoudre l'équation suivante, déduite de (11.86),

(11.92)
$$L\left(\frac{\partial^2 f_1}{\partial p^2}\right) = -\frac{9}{2}\left[A_{01}^2 E^2 + (A_{01}^*)^2 E^{-2}\right].$$

Ainsi, on trouve pour f_1 l'expression suivante :

(11.93)
$$f_1 = B_{10} - \frac{3}{4}iA_{01}^2 E^2 + \frac{3}{4}i(A_{01}^*)^2 E^{-2}.$$

On obtient donc pour $\zeta_1(T, p, q)$ l'expression suivante :

(11.94)
$$\zeta_1 = \frac{\partial B_{00}}{\partial q} - i\frac{\partial A_{01}}{\partial q}E + i\frac{\partial A_{01}^*}{\partial q}E^{-1}$$
$$+ \frac{3}{2}A_{01}^2 E^2 + \frac{3}{2}(A_{01}^*)^2 E^{-2},$$

oú $B_{00}(T, q)$ est un second coefficient indéterminé.

Considérons maintenant l'équation (11.87) pour ζ_2. D'après les résultats ci-dessus on obtient, à la place de (11.87) :

(11.95)
$$L\left(\frac{\partial \zeta_2}{\partial p}\right) = -3\{N_0 + N_1 E + N_1^* E^{-1}$$
$$+ N_2 E^2 + N_2^* E^{-2} + N_3 E^3 + N_3^* E^{-3}\},$$

oú

(11.96)
$$\begin{cases} N_0 = \frac{\partial^2 B_{00}}{\partial q^2} + 3\left[A_{01}\frac{\partial A_{01}^*}{\partial q} + A_{01}^*\frac{\partial A_{01}}{\partial q}\right] ; \\ N_1 = 2\frac{\partial A_{01}}{\partial T} + i\frac{\partial^2 A_{01}}{\partial q^2} + 3i\left[A_{01}\frac{\partial B_{00}}{\partial q} + \frac{3}{2}A_{01}^* A_{01}^2\right] ; \\ N_2 \equiv 0 \quad \text{et} \quad N_3 = \frac{27}{2}iA_{01}^3 . \end{cases}$$

Mais l'équation (11.95) implique néccessairement que

$$N_0 = 0 \quad \text{et} \quad N_1 = 0$$

ce sont les *deux* conditions de comptabilité qui vont nous permettre d'obtenir deux équations pour A_{01} et B_{00}.

De la première condition de compastibilité : $N_0 = 0$, on tire l'équation suivante :

(11.97)
$$\frac{\partial^2 B_0}{\partial q^2} + 3\frac{\partial}{\partial q}|A_{01}|^2 = 0,$$

puisque $A_{01}^* A_{01} \equiv |A_{01}|^2$. De la seconde des conditions de compatibilité : $N_1 = 0$ on tire l'équation suivante :

(11.98)
$$2i\frac{\partial A_{01}}{\partial T} - \frac{\partial^2 A_{01}}{\partial q^2} - 3A_{01}\frac{\partial B_{00}}{\partial q}$$
$$- \frac{9}{2}A_{01}|A_{01}|^2 = 0.$$

Dans ce cas, de (11.95), on tire pour ζ_2 l'expression suivante :

(11.99)
$$\zeta_2 = \frac{\partial B_{10}}{\partial q} + \frac{27}{16}A_{01}^3 E^3 + \frac{27}{16}(A_{01}^*)^3 E^{-1},$$

où $B_{10}(T, q)$ reste un coefficient indéterminé. De ce fait, on peut écrire, en relation avec les deux équations (11.97) et (11.98) pour B_{00} et A_{01} (qui sont des fonctions de T et q), la représentation asymptotique suivante, valable jusqu'à l'ordre α inclus :

$$
\begin{aligned}
(11.100) \qquad \zeta &= A_{01}E + A_{01}^* E^{-1} \\
&+ \alpha\left[\frac{\partial B_{00}}{\partial q} - i\frac{\partial A_{01}}{\partial q}E + i\frac{\partial A_{01}^*}{\partial q}E^{-1}\right. \\
&\left.+ \frac{3}{2}A_{01}^2 E^2 + \frac{3}{2}(A_{01}^*)^2 E^{-2}\right] + O(\alpha^2).
\end{aligned}
$$

On constate que l'équation (11.97) s'intègre une fois relativement à q :

$$
(11.101) \qquad \frac{\partial B_{00}}{\partial q} = \mathcal{X}(T) - 3|A_{01}|^2,
$$

où $\mathcal{X}(T)$ est une fonction arbitraire du temps lent $T = \alpha\tau$. En substituant (11.101) dans l'équation (11.98) on obtient pour $A_{01}(T, q)$ l'équation NLS suivante :

$$
\begin{aligned}
(11.102) \qquad &-i\frac{\partial A_{01}}{\partial T} + \frac{1}{2}\frac{\partial^2 A_{01}}{\partial q^2} - \frac{9}{4}|A_{01}|^2 A_{01} \\
&+ \frac{3}{2}\mathcal{X}(T)A_{01} = 0.
\end{aligned}
$$

Pour un train d'ondes partant du repos, où A et $\dfrac{\partial B_{00}}{\partial q} \to 0$, avec $q \to \infty$, on aura que $\mathcal{X}(T) \equiv 0$. De toute façon, le terme $(3/2)\mathcal{X}(T)A_{01}$ peut-être éliminé en introduisant la nouvelle fonction

$$
\mathcal{B} = \exp\left[\frac{3i}{2}\int \mathcal{X}(T)dT\right]A_{01}.
$$

Dans ce cas, on obtient pour $\mathcal{B}(T, q)$ *l'équation cubique non linéaire de Schrödinger* :

$$
(11.103) \qquad -i\frac{\partial \mathcal{B}}{\partial T} + \frac{1}{2}\frac{\partial^2 \mathcal{B}}{\partial q^2} - \frac{9}{4}|\mathcal{B}|^2\mathcal{B} = 0.
$$

Une équation semblable avait été obtenue en 1968 par Zakharov pour le cas d'un canal de profondeur infinie (dans ce cas, à la place de la condition (11.13b), on doit écrire une condition de comportement : $\partial\phi/\partial z \to 0$, pour $z \to -\infty$ et on poura, à ce sujet, consulter l'article de revue de Yuen et Lake (1982)).

Pour ce qui concerne l'existence et l'unicité de la solution des équations de Boussinesq, KdV et NLS, on consultera l'article récent de Craig et C. Sulem et P.L. Sulem (1992), où l'on trouvera aussi diverses références concernant les résultats mathématiques sur les solutions de ces équations modèles pour les ondes longues à la surface d'une eau peu profonde.

EN GUISE DE CONCLUSION

Nous espérons avoir présenté, dans les onze chapitres précédents, une vue d'ensemble suffisamment riche sur la modélisation asymptotique en mécanique des fluides. On ne manquera (sans doute) pas de nous reprocher d'avoir insisté (lourdement) sur les résultats de nos propres recherches et de n'avoir rien dit sur les problèmes posés par la stabilité hydrodynamique des écoulements laminaires. Si nous sommes, de toute façon, bien conscient des diverses imperfections de ce Cours — il ne faut cependant pas oublier que c'est l'un des premiers à présenter un panorama assez vaste sur la modélisation asymptotique des écoulements de fluides newtoniens. On aura compris que notre but n'était pas de présenter uniquement des techniques asymptotiques (même si ces dernières sont indispensables), mais surtout la mise en oeuvre effective de la modélisation asymptotique à des problèmes concrets de la mécanique des fluides.

Il est important de comprendre que toute modélisation asymptotique, en mécanique du continu, passe avant tout par une réflexion et une analyse approfondie de la physique même du problème à analyser ; sans cet investissement préalable il ne faut pas espérer obtenir de résultats "vraiment" intéressants — c'est là l'une des difficultés réelles, incontournables et fondamentales, de la recherche dans le domaine de la modélisation asymptotique des écoulements de fluides newtoniens . C'est là aussi un point important, qui, bien souvent, marque la différence entre la recherche (en vue des applications) en mécanique, et celle effectuée en mathématique.

Une autre caractéristique qui se dégage de ce Cours concerne le lien entre la modélisation asymptotique et les simulations et calculs numériques. Nous espérons que le lecteur aura compris, que, sans une bonne modélisation asymptotique, un problème de mécanique des fluides complexe, raide et difficile à résoudre numériquement, ne pourra être vraiment abordé de façon satisfaisante par des codes numériques. Tant il est évident que pour faire un bon calcul il faut de bonnes équations modèles (c'est-à-dire des équations modèles issues d'un formalisme asymptotique).

Enfin, à la lumière de ce Cours on comprend (du moins je l'espère) que la mécanique des fluides (théorique) peut-être (et doit-être) enseignée de façon rationnelle, cohérente, déductive, et formalisée, en prenant la modélisation asymptotique comme fil conducteur et les équations de N-S comme point de départ.

RÉFÉRENCES POUR LES CHAPITRES I À XI

CHAPITRE I.

S. N. ANTONSEV, A. V. KAZHIKOV et V. N. MUNAKHOV (1990), *Boundary value Problems in mechanics of inhomogeneous fluid.* North Holland, Amsterdam. (Traduit du russe).

YU. YA. BELOV et N. N. YANENKO (1971), *Math. Notes*, 10, p. 480–483.

P. CONSTANTIN et C. FOIAS (1988), *Navier-Stokes equations.* University of Chicago Press, Chicago, USA.

G. DUVAUT (1990), *Mecanique des milieux continus.* Masson, Paris.

P. GERMAIN et P. MULLER (1980), *Introduction à la mécanique des milieux continus.* Masson, Paris.

B. GUSTAFSSON et A. SUNDSTRÖM (1978), *Incompletely parabolic problems in fluid dynamics*, SIAM J. Appl. Math, 35, 343 – 357.

E. GUYON, J. P. HULIN, et Luc PETIT (1991),*Hydrodynamique Physique.* Inter Edition / Editions du C.N.R.S., Paris.

O. A. LADHYZHENSKAYA (1969), *The mathematical theory of viscous incompressible flow*, Gordon and Breach. New-York. (Deuxième édition, traduit du russe).

A. MAJDA (1984), *Compressible fluid flow and systems of conservation laws in several space variables.* Springer-Verlag, New-York.

A. MAJDA (1985), *Mathematical foundation of incompressible fluid flow.* Princeton University, Department of Mathematics, (Lecture Note).

J. PADET (1991),*Fluides en écoulement (méthodes et modèles).* Masson, Paris.

B. L. ROZDESTVENSKII et N.N. YANENKO (1983), *Systems of quasilinear equations and their applications to gas dynamics.* American Math.Soc., Providence, USA.

M. SHINBROT (1973), *Lectures on fluid Mechanics.* Gordon and Breach, New-York.

T.C. SIDERIS (1985), *Comm. Math. Phys.* 101, 1985 ; p. 475–485.

V. A. SOLONNIKOV et A. V. KOZHIKHOV (1981), *Existence theorems for the equations of motion of a compressible viscous fluid.* Ann. Rev. Fluid. Mech. 13 ; 79–75.

J. C. STRIKWERDA (1977), *Commm. Pure Appl. Math.*; 30.797–822.

C. SULEM et PL. SULEM (1983), *Journal de MécaniqueThéorique et Appliquée*. Numero spécial de 1983 ; p. 217–242.

R. TEMAM (1984), *Navier-Stokes Equations. Theory and numerical analysis*. North-Holland, Amsterdam, (3rd édition).

A. VALLI (1992), *Mathematical Results for Compressible flows*. Mathematica UTM 365 Gennaio, 1992, (Dipartimento di Matematica Università degli studi di Trento, I–38050 Povo (Trento) Italia)

R. Kh. ZEYTOUNIAN (1991a), *Mécanique des Fluides Fondamentale*. Lecture Notes in Physis, m. 4. Spriger-Verlag, Heidelberg.

R. Kh. ZEYTOUNIAN (1991b), *Meterological Fluid Dynamics*. Lecture Notes in Physis, m. 5.Springer-Verlag, Heidelberg.

Notons que l'on trouvera des résultats mathématiquement rigoureux, récents, dans les Lecture Notes in Mathematics, vol. 1431 de 1990 dont le titre est :

The Navier-Stokes equations, Theory and Numerical Method (Eds. J. G. HEYWOOD, K. MASUDA, R. RAUTMANN et V. A. SOLONNIKOV).

CHAPITRE II.

A. S. MONIN (1972), *Weather Forecasting as a Problem in Physics*. MIT Press, Cambridge, Mass, USA , (traduction du Russe)

R. K. ZEYTOUNIAN (1990), *Asymptotic Modeling of Atmospheric Flows*. Springer-Verlag, Heidelberg.

on pourra, pour ce qui concerne le processus d'adimensionnalisation, consulter avec profit le livre de :

G. BIRKHOFF (1960), *Hydrodynamics. A study in logic, fact and similitude*. Priceton Univ. Press, Princeton, New-Jersey.

et aussi celui de :

L. I. SEDOV (1959), *Similitary and Dimensional Analysis in Mechanics*. Academic Press, New-York.

Enfin, l'article de Zeytounian de 1974 est publié dans : *Arch.Mech.Stosow.* (Varsovie, Pologne), 26 (3) . 1974 ; pp. 499–509.

Pour ce qui concerne une étude plus approfondie des écoulements géophysiques on consultera le livre de :

J. PEDLOSKY (1979), *Geophysical Fluid Dynamics*. Springer, New-York.

On trouvera dans le livre de :

P. H. LEBLOND et L. A. MYSAK (1978), *Waves in the Ocean*. Elsevier, Amsterdam,
une exellente revue des divers problèmes posés par les mouvements océaniques.

Un livre plus "physique" sur l'atmosphère est celui de :

J. T. HOUGHTON (1977), *The Physics of Atmospheres*. Cambridge Univ.Press, Cambridge.

Enfin, il y a aussi le livre classique de :

C. ECKART (1960), *Hydrodynamics of Oceans and Atmospheres*. Pergamon Press, Oxford.

Terminons en citant le livre de :

G. I. BARENBLATT (1982), *Similarity, Self-similarity, and Intermediate Asymptotics*. Seconde édition, Guidrometeo Izdat, Leningrad, (en langue russe).

CHAPITRE III.

P. GERMAIN (1977)," Méthodes Asymptotiques en Mécanique des Fluides.", dans *Fluid Dynamics*, Gordon and Breach Sci. Publ., London ; pp 1 à 147.

J. P. GUIRAUD et R.K.ZEYTOUNIAN (1977), *J.F.M.*, vol. 79, pt. 1 ; 93–112.

J. P. GUIRAUD et R.K.ZEYTOUNIAN (1979), *J.F.M.*, vol. 90, pt. 1 ; 197–201.

J. P. GUIRAUD et R.K.ZEYTOUNIAN (1980), *J.F.M.*, vol. 101, pt. 2 ; 393–401.

J. P. GUIRAUD et R. K. ZEYTOUNIAN (Eds. 1986), " Modélisation Asymptotique d'écoulement de fluides.", N⁰ spécial 1986 du *Journal de Mécanique Théorique et Appliquée* ; 313 pages.

S. HUBERSON (1980) *La Recherche Aérospatiale*, n⁰ 1980–3 ; pp. 197–204.

S. KAPLUN (1954), *Z.Angew.Math.Phys.*, 5. 111–135.

P. A. LAGERSTROM (1988), *Matched Asymptotic Expansions (Ideas and Techniques)*. Applied Maths. Sciences, vol. 76. Springer-Verlag, New-York.

P. A. LAGERSTROM et J.D. COLE (1955), *J.Rational Mech. Anal.*, 4 ; 817–882.

J. L. LIONS (1973), *Perturbations singulières dans les problèmes aux limites et en contrôle optimal*. Lecture Notes in Mathematics. Vol. 323, Springer-Verlag.

V. YA. NEILAND (1969), *Mekh. Zhidkosti i Gaza*, n⁰ 4 ; 53–57.

K. STEWARTSON et P.G. WILLIAMS (1969), *Proc. Roy. Soc.* , série A, 312 ; 181–206.

R. TEMAM (1983), *Navier-Stokes Equations and Nonlinear Functional Analysis*. SIAM, Philadelphia, U.S.A.

M. D. Van DYKE (1975), *Perturbation Methods in Fluid Mechanics*, (annotated Edition). The Parabolic Press. Standford. California, U.S.A.

R. K. ZEYTOUNIAN (1986 et 1987), *Les Modèles Asymptotiques de la Mécanique des Fluides . I et II.*, Lecture Notes in Physics, Vol. 245 et Vol. 276, Springer-Verlag, Heidelberg.

R. K. ZEYTOUNIAN (1991), *Mécanique des Fluides Fondamentale*. Lecture Notes in Physics. New Series m : Monographes, m 4 . XV +615 pp. Springer-Verlag, Heidelberg.

CHAPITRE IV.

K. NIKEL (1973), Dans *Annual Review of Fluid Mechanics*, vol.5 ; pp. 405–422.

R. TEMAN (1979), *Navier-Stockes Equations (Theory and Numerical Analysis)*. North-Holland Publ. Compagny. Amsterdam.

C. S. YIH (1980), *Stratified Flows*. Academic Press, New-York.

R. Kh. ZEYTOUNIAN (1966), *Izv. Atmospheric and Oceanic Physics*. vol.2, n⁰ 2 ; pp. 61–64 (Traduction anglaise du russe)

R. K. ZETOUNIAN (1974), *Notes sur les Ecoulements Rotationnels de Fluides Parfaits*. Lecture Notes in Physics, vol. 27, Springer-Verlag.

R. K. ZEYTOUNIAN (1991), *Mécanique des Fluides Fondamentale*. Lecture Notes in Physics, m 4. Springer-Verlag.

R. K. ZEYTOUNIAN (1991), *Meteorological Fluid Dynamics*. Lecture Notes in Physics, m 5. Springer-Verlag.

CHAPITRE V.

A. BENSOUSSAN, J. L. LIONS et G. PAPANICOLAOU (1978), *Asymptotic Analysis for Periodic structures*. North-Holland. Publ. Co. Amsterdam.

W. ECKHAUS (1973), *Matched Asymptotic Expansions and Singular Perturbations*. North-Holland, Amsterdam.

L. E. FRAENKEL (1969), *Proc. Camb. Phil. Soc.* , Part I, II et III, 65 ; pp.209–283.

P. GERMAIN (1971), *Progressive Waves*, L. Prandtl Memorial Lecture in Jahrbuch 1971 der D.G.L.R. ; pp. 11–30.

P. GERMAIN (1977), in *"Fluid Dynamics"* . Gordon and Breach, London ; pp. 1–147

V. M. KAMENKOVICH, M. N. KOSHLYAKOV et A. S. MONIN (1982), *Synoptic Eddies in the Ocean* . Leningrad. Gidrometeo. Izdat (en russe).

J. KEVORKIAN et J. D. COLE (1981), *Perturbation Methods in Applied Mathematics*. Springer-Verlag, New-York.

E. SANCHEZ-PALENCIA (1971) C.R.A.S., 272 ; pp. 1410–1413.

E. SANCHEZ-PALENCIA (1980), *Non homogeneous media and vibration theory*. Lecture Notes in Physics, vol. 127. Springer-Verlag.

E. SANCHEZ-PALENCIA (1983), *Méthode d'homogénéisation en théorie des suspensions et milieux composites*. Conférence générale au 6e Congrès Français de Mécanique. Lyon, Septembre 1983

M. VAN DYKE (1975), *Perturbation methods in fluid mechanics* . Annotated Ed. The Parabolic Press, Stanford, California, U.S.A.

R. K. ZEYTOUNIAN (1986), *Les Modèles Asymptotiques de la Mécanique des Fluides I*. Lecture Notes in Physics, vol. 245. Springer-Verlag, Heidelberg.

CHAPITRE VI.

W. ECKHAUS (1973), *Matched Asymptotic Expansions and Singular Perturbations.* North-Holland, Amsterdam and London . American Elsevier, New-York.

Cl. FRANCOIS (1981), *Les méthodes de perturbation en mécanique.* E.N.S.T.A. Paris.

P. GERMAIN (1977), "Méthodes Asymptotiques en Mécanique des Fluides", dans *Fluid Dynamics.* Gordon and Breach, London ; pp. 1-147.

S. GOLDTEIN (1930), *Proc. Camb. Phil. Soc.* 26 ; 1-30.

S. GOLDSTEIN (1960), *Lectures on Fluid Mechanics.* Wiley (Interscience), New-York.

J. MAUSS (1971), *Problèmes de perturbation singulière liés à une équation aux dérivées partielles linéaire de type elliptique.* Thèse de Doctorat d'Etat . Université de Paris VI ; 1971.

A. I. Van de VOOREN and D. DIJKSTRA (1970), *J.Eng. Math.*, 4 ; 9-27.

A. E. P. VELDMAM and A.I. Van de VOOREN (1974), in Lecture Notes in Physics, vol. 35 ; pp. 423-430. Springer-Verlag, New York.

CHAPITRE VII.

M. BENTWICH et T. MILOH (1978), *J.F.M.* 88 ; 17-32.

H. BLASIUS (1908), *Zeitschr. für Math. u. Phys.*, 56 ; 1-37.

S. KAPLUN (1957), *J. Math. and Mech*, 6, nº 5 ; 595-603.

M. J. LIGHTHILL (1953), *Proc. Roy. Soc.A 217*; 478-507.

R. E. MEYER (1971), *Introduction to Mathematical Fluid Dynamics.* Wiley-Interscience, New-York.

K. NICKEL (1973),*Annual Review of Fluid Mechanics*, vol. 5 ; 405-422.

I. A. PROUDMAN et J. R. A. PEARSON (1957), *J.F.M.*, 2 ; 237-262.

T. SANO (1981), *J.F.M.*, 112 ; 433-441.

F. T. SMITH (1973), *J.F.M.*, 57, nº 4 ; 803-824.

M. Van DYKE (1952), *ZAMP*, 3, nº 5 ; 343-353.

M. Van DYKE (1975), *Perturbation methods in fluid mechanics.* The Parabolic Press, Stanford U.S.A. (1964, annotated edition).

H. WEYL (1942), *Annals of Maths.*, 43 ; 381-407.

A. N. WHITEHEAD (1889), *Quart.J.Math.*, 23 ; 143.

R. K. ZEYTOUNIAN (1970), *Quelques aspects de la théorie des couches limites laminaires compressibles instationnaires.* Note Technique O.N.E.R.A., Nº 162 (1970) ; 116 pages.

R. K. ZEYTOUNIAN (1987), *Les Modèles Asymptotiques de la Mécanique des Fluides II.* Lecture Notes in Physics, vol. 276 . Springer-Verlag, Heidelberg.

CHAPITRE VIII.

J. D. COLE (1975), *SIAM Journal on Applied Mathematics.* 29 ; 763–787.

J. D. COLE and L.P. COOK (1986), *Transonic Aerodynamics.* North-Holland, Elsevier Sciences Publ. B.V., Amsterdam.

S. GODTS et R.K. ZEYTOUNIAN (1990), *A Note on the Blasius problem for a slightly compressible flow.*, ZAMM, 70, 1 ; pp.67–69.

W. D. HAYES (1947), *Quart. of Applied Mathematics,* 5 ; 105–106.

W. D. HAYES and R.F. PROBSTEIN (1959), *Hypersonic Flow Theory.* Academic Press, New-York.

H. VIVIAND (1970), *Journal de Mécanique,* 9, n$^{\underline{o}}$ 4 ; 573.

R. K. ZEYTOUNIAN (1986), *Les Modèles Asymptotiques de la Mécanique des Fluides I .* Lecture Notes in Physics, vol.245, Springer-verlag, Heidelberg.

R. K. ZEYTOUNIAN (1990), *Asymptotic Modeling of Atmospheric Flows.* Springer-Verlag, Heidelberg.

CHAPITRE IX.

A. ELIASSEN (1949), *Geofys. Publ.* 17 ; 3.

J. P. GUIRAUD et R. K. ZEYTOUNIAN (1980), *Geophys. Astr. Fluid. Dyn.* 15. 3/4 ; 283–295.

J. P.GUIRAUD et R. K. ZEYTOUNIAN (1982), *Tellus,* 34, 1 ; 50–54.

D. W. HUGHES and M. R. E. PROCTOR (1990), *Nonlinearity,* 3 ; 127–153.

R. KHIRI (1992), *Ondes, tourbillons et chaos dans les écoulements isochores.* Thèse de Doctorat (Mécanique, option Fluides), soutenue le 17 décembre 1992 à l'U.S.T.L., Villeneuve d'Ascq.

A. S. MONIN (1972), *Weather Forecasting as a Problem in Physics.* MIT Press, Cambridge, Mass. (Engl. Translation).

R. K. ZEYTOUNIAN (1974), *Arch. Mech. Stosow,* 26, 3 ; 499.

R. K. ZEYTOUNIAN (1984), *C.R. Acad. Sci.,* I, 299, 20 ; 1033–36.

R. K. ZEYTOUNIAN (1990), *Asymptotic Modeling of Atmospheric Flows.* Springer-Verlag, Heidelberg.

R. K. ZEYTOUNIAN (1991), *Meteorological Fluid Dtnamics.* New Series m 5, Lecture Notes in Physics. Springler-Verlag, Heidelberg.

CHAPITRE X.

J. P. GUIRAUD et R. K. ZEYTOUNIAN (1971), *La Recherche Aérospatiale* n$^{\underline{o}}$ 1971-2 (pp. 65–87) et n$^{\underline{o}}$ 1971-5 (pp. 237–256).

J. P. GUIRAUD et R. K. ZEYTOUNIAN (1977), *J.F.M.*, vol. 79, pt. 1 ; pp. 93–112.

J. P. GUIRAUD et R. K. ZEYTOUNIAN (1977), *La Recherche Aérospatiale*, n⁰ 1974-4 ; pp. 205–212.

J. P. GUIRAUD et R. K. ZEYTOUNIAN (1979), *J.F.M.*, vol. 90, pt. 1 ; pp. 197–201.

J. P. GUIRAUD et R. K. ZEYTOUNIAN (1980), *J.F.M.*, vol. 101, pt. 2 ; pp. 393–401.

J. P. GUIRAUD et R. K. ZEYTOUNIAN (1986), *C.R.A.S.*, t. 302, série II, n⁰ 7 ; pp. 386–388.

S. HUBERSON (1980), *La Recherche Aérospatiale*, n⁰ 1980-3 ; pp. 197–204.

H. KADEN (1931), *Ingénieur Archiv*, 2,2 ; pp. 104–168.

K. W. MANGLER and J. WEBER (1967), *J.F.M.*, 30, 1 ; pp. 177–196.

D. W. Mc. LAUGHIN, G. C. PAPANICOLAOU et O. R. PIRONNEAU (1985), SIAM *J.Appl. Math.* 45 ; pp. 780–797.

D. W. MOORE (1975), *Proc. Roy. Soc.* London A 345 ; pp. 417–430.

O. R. PIRONNEAU (1981), *Rapport INRIA* (DRET, Contrat n⁰ 81/683) . 144 pages.

J. P. VEUILLOT (1973), *Calcul de l'écoulement moyen dans une roue de turbomachine axiale.* Publication ONERA, n⁰ 155 ; 45 pages.

C. H. WU (1952), *NACA TN* 2604.

R. K. ZEYTOUNIAN et J. P. GUIRAUD (1980), *Note au C.R.A.S.*, T. 290, série B ; pp. 75–77.

R. K. ZEYTOUNIAN (1987), *Les Modèles Asymptotiques de la Mécanique des Fluides II.* Lecture Notes in Physics, vol. 276, Springer-Verlag, Heidelberg.

CHAPITRE XI.

M. J. BOUSSINESQ (1877), *Essai sur la Théorie des Eaux courantes.* Mémoire présenté par divers savants à l'Acad. des Sciences. Institut de France (série 2), 23 ; 1–60 et 24 ; 1–64.

W. CRAIG, C. SULEM and P. L. SULEM (1992), *Nonlinearity* 5 ; 497–522.

N. C. FREEMAN et A. DAVEY (1975), *Proc. Roy. Soc.* London A 344 ; 427–433.

H. HASIMOTO et H. ONO (1972), *J. Phys. Soc. Japan*, 33 ; 805–811.

J. KEVORKIAN et J. D. COLE (1981) *Perturbation Methods in Applied Mathematics.* Springer-Verlag, New-York.

D. J. KORTEWEG et de VRIES (1895), *Phil. Mag.*, 39 ; 422–443.

C. C. MEI (1983), *The Apllied Dynamics of Ocean Surface Waves.* John Wiley and Sons, New-York.

J. Scott. RUSSELL (1844), *Report on Waves.* Brit. Ass. Rep. ; p. 369.

F. URSELL (1953), *Proc. Cambridge Phil. Soc.* 49 ; 685–694.

G. B. WITHAM (1974), *Linear and Nonlinear Waves*. Wiley, New-York.

H. C. YUEN et B. M. LAKE (1982), *Advances in Applied Mechanics*, vol.22 ; pp. 67–229.

V. E ZAKHAROV (1968), *J. Appl. Mech. Techn. Phys.* 2 ; 190–194.

R. KH. ZEYTOUNIAN (1992), *A Quasi-One-Dimensional Asymptotic Theory for the Nonlinear Water Waves Pivotal Problem*. Université de Lille I. LML, 70 pages.

BIBLIOGRAPHIE

Pour ce qui concerne la mécanique des fluides théorique, nous recommandons tout spécialement le livre de :

R. E. MEYER, *Introduction to Mathematical Fluid Dynamics*. Wiley-Interscience, 1971.

Naturellement, on ne peut que recommander le livre en tout point remarquable de :

L. LANDAU et E. LIFSCHTIZ, *Mécanique des Fluides*. Editions MIR de Moscou (Traduction de la quatrième édition russe de 1988). oú l'on trouvera un exposé "plus physique" de la mécanique des fluides.

Enfin, citons notre Cours :

R. K. ZEYTOUNIAN, *Mécanique des Fluides Fondamentale*. Lecture Notes in Physics, New Series m 4. Springer-Verlag, 1991.

Pour ce qui concerne la mécanique des fluides, dits, géophysiques, citons en premier lieu le livre de :

J. PEDLOSKY, *Geophysical Fluid Dynamics*. Springer-verlag, 1982.

Ainsi, que notre livre récent :

R. K. ZEYTOUNIAN, *Meteorological Fluid Dynamics*. Lecture Notes in Physics, New Series m 5. Springer-Verlag, 1991.

et celui de :

A. S MONIN, *Weather Forecasting as a Problem in Physics* MIT Press. Cambridge Mass. U.S.A., 1972.

Pour ce qui concerne, plus spécialement l'océan, nous recommandons le livre très complet de :

P. H. Le BLOND et L. A. MYSAK, *Waves in the Ocean*. Elsevier Oceanography series 20. Elsevier Sci. Pub. Co. Amsterdam, 1978.

Pour ce qui concerne le phénomène de la turbulence dans les fluides, on pourra consulter le livre de :

H. TENNEKES et J. L. LUMLEY, *A first Course in Turbulence*. MIT Press, 1983.

L'un des phénomènes fondamentaux dans les écoulements de fluide est lié aux ondes et on pourra à ce sujet lire avec beaucoup de profit le livre remarquable de :

J. LIGHTHILL, *Waves in Fluids*. Cambridge University Press, 1978.

Pour ce qui concerne la MDAR, citons le livre de l'un des fondateurs de la théorie, celui de :

P. A. LAGERSTROM, *Matched Asymptotic Expansions (Ideas and Techniques)*. Springer-Verlag, 1988.

La MEM est exposée en détail dans les livres de :

A. H. NAYFEH, *Perturbations Methods* . Wiley, 1973.

J. KEVORKIAN et J.D. COLE, *Perturbations Methods in Applied Mathematics*. Springer-Verlag, 1981.

Naturellement, nous citerons pour ce qui concerne la modélisation asymptotique en mécanique des fluides notre monographie en deux volumes :

R. K. ZEYTOUNIAN,*Les modèles asymptotiques de la mécanique des fluides*. Tome I (1986) et Tome II (1987). Springer-Verlag, dans la série : Lecture Notes in Physics, volumes 245 et 276.

Il ne faut, toutefois, pas oublier le livre classique de :
MILTON VAN DYKE, *Perturbation Methods in Fluid Mechanics*. The Parabolic Press. Stanford, California, 1975.

Ainsi que les Conférences de :

Paul GERMAIN, "Méthodes Asymptotiques en Mécanique des Fluides", dans le livre *"Fluid Dynamics"*, publié chez Gordon and Breach, London : pp. 1 à 147, 1977.

Citons encore le livre relativement complet (en langue française) de :

Cl. FRANCOIS, *Les méthodes de perturbation en mécanique*. ENSTA (Département énérgétique), Paris, 1981.

Pour un exposé plus rigoureux sur les perturbations singulières on pourra consulter le livre de :

W. ECKHAUS, *Asymptotic Analysis of Singular Perturbations*. North-Holland, Amsterdam, 1979.

Si l'on veut revenir aux sources mêmes de la MDAR on consultera le livre de :

S. KAPLUN, *Fluid Mechanics ans Singular Perturbations*. Eds. P. A. Lagerstrom, C. N. Howard and C. S.Liu. Academic Press, New-York, 1967.

Pour l'application des techniques asymptotiques aux oscillations non linéaires on consultera le livre trés intéressent et instructif de :

N. N BOGOLIUBOV et Y. A. MITROPOLSKY, *Asymptotic Methods in the Theory of Nonlinear Oscillations*. Hindustan Publ. Co, 1961.

Un livre moderne avec l'utilisation de techniques d'homogénéisation en milieu non homogènes et en théorie des vibrations est celui de :

E. SANCHEZ-PALENCIA, *Non-Honogeneous media and Vibration Theory*. Lecture Notes in Physics, vol. 127, Springer-Verlag, 1980.

On trouvera des résultats mathématiquement rigoureux dans le livre de :

J. L. LIONS, *Perturbation singulières dans les problèmes aux limites et en contrôle optimal.* Lecture Notes in Mathematics, vol. 323, Springer-Verlag, Berlin, 1973.

On peut à ce sujet consulter aussi les "Proceedings" :

C. M. BRAUNER, B. GAY and J. MATHIEU (eds), *Singular Perturbations and Boundary Layer Theory.* Lecture Notes in Mathematics, vol. 594. Springer-Verlag, 1977.

Citons aussi les livres de :

A. BENSOUSSAN, J. L. LIONS et G. PAPANICOLAOU, *Asymptotic Analysis for Periodic Structures.* North-Holland, 1978,

sur l'homogénéisation en Analyse, Mécanique, Physique et Probabilité, et celui édité par la Direction des Etudes et Recherches de l'E.D.F. :

Les Méthodes de l'Homogénéisation : Théorie et Applications en Physique. chez Eyrolles, Paris, 1985, (préface de R. DAUTRAY).

Enfin, pour ce qui concerne la théorie nonlinéaire des ondes à la surface de l'eau (Chapitre XI), on pourra consulter le livre récent de :

E. INFELD et G. ROWLANDS, *Nonlinear Waves, Solitons and Chaos.* Cambridge University Press, 1992.

INDEX ALPHABÉTIQUE

L'indication donnée est celle de la page. Le présent Index Alphabétique se présente comme un complément à la Table des Matières placée au début du livre (p.5 à 8).

Déjà parus dans la même collection